高职高专机电一体化专业规划教材

机电一体化控制技术

杨柳春　主　编

傅继军　副主编

化学工业出版社

·北京·

本书以机电一体化设备为载体，将设备中涉及的机械与电工电子方面的主要知识与技术，用现代新技术进行深度融合，按照以电控机，突出用电检测、用电驱动、用电控制的思路进行编写。

本书从介绍机电一体化控制系统的基本结构和技术体系开始，重点介绍了机械基本知识和各种机械零件结构、特点，以及各种机械机构运动过程，传感器结构原理及应用，各种执行驱动电机的结构原理，液压、气动执行装置的应用，A/D（或 D/A）转换的工作原理、接口技术、内部组网技术等，最后介绍了机器人控制的具体实例。

为了便于教学，本教材配有电子课件，可从化学工业出版社教学资源网 www.cipedu.com.cn 免费下载使用。

本书可作为高职高专机电类、设备类、自动化类、计算机控制类及其他相近专业的专业技术教材，也可作为职业技能培训教材，以及从事机电一体化工作的工程技术人员的技术参考书。

图书在版编目（CIP）数据

机电一体化控制技术/杨柳春主编 .—北京：化学工业出版社，2016.1

高职高专机电一体化专业规划教材

ISBN 978-7-122-25692-8

Ⅰ．①机… Ⅱ．①杨… Ⅲ．①机电一体化-控制系统-高等职业教育-教材 Ⅳ．①TH-39

中国版本图书馆 CIP 数据核字（2015）第 272349 号

责任编辑：刘　哲　　　　　　　　　　装帧设计：王晓宇

责任校对：吴　静

出版发行：化学工业出版社（北京市东城区青年湖南街 13 号　邮政编码 100011）

印　　装：三河市万龙印装有限公司

787mm×1092mm　1/16　印张 14½　字数 384 千字　2016 年 3 月北京第 1 版第 1 次印刷

购书咨询：010-64518888（传真：010-64519686）　售后服务：010-64518899

网　　址：http://www.cip.com.cn

凡购买本书，如有缺损质量问题，本社销售中心负责调换。

定　　价：32.00 元　　　　　　　　　　　　　　　　　　版权所有　违者必究

机电一体化控制技术是采用电子技术控制机械运动的一门技术，是在微型计算机为代表的微电子技术、信息技术迅速发展，向机械工业领域迅猛渗透，机械、电子技术深度结合的现代工业的基础上，综合应用机械技术、微电子技术、信息技术、自动控制技术、传感测试技术、电力电子技术、接口技术及软件编程技术等群体技术，从系统的观点出发，根据系统功能目标和优化组织结构目标，以智能、动力、结构、运动和感知组成要素为基础，对各组成要素及其间的信息处理、接口耦合、运动传递、物质运动、能量变换机理进行研究，使得整个系统有机结合与综合集成，并在系统程序和微电子电路的有序信息流控制下，形成物质和能量的有规则运动，在高功能、高质量、高精度、高可靠性、低能耗意义上实现多种技术功能复合的最佳功能价值系统工程技术。

"机电一体化"根源于"Mechatronics"，作为一个新兴的边缘学科，代表着机械工业技术革命的前沿方向，充分体现于高度融合后的机电设备之中。然而，作为机电类和电气类专业所从事的职业岗位的主要工作对象大多是机电设备，其工作任务就是围绕机电设备完成维修、控制与管理，在完成这些工作任务中最能代表现代职业技术水平的恰恰正是对机电一体化设备进行维修、控制与管理。

职业教育是传授专业知识、培养职业技能，促进劳动就业的教育，如何向现代职业技术的最高水准看齐，为结构调整、转型升级后的现代化企业更好地服务，将成为高等职业教育义不容辞的责任。为适应企业的结构调整和转型升级，高等职业教育必须进行专业结构调整，重构专业课程体系，提升课程内容的有效性，以确立课程教材内容的适应性。为此，《机电一体化控制技术》作为一门新构课程，所编写教材集机电技术于一体，汇机电学科交叉为节点，教材脉络以机电一体化设备为载体，将设备中涉及到的机械与电工电子方面的主要知识与技术，用现代新技术进行深度融合，按照以电控机，突出用电检测、用电驱动、用电控制的编写思路，全面提升学生对机电一体化知识与技能的应用能力。

本书从介绍机电一体化控制系统的基本结构和技术体系、对技术和经济的影响、机电一体化的控制理论以及机电一体化控制技术的展望开始；再从机械技术基础起步，引入机械基本原理、材料力学基础、机械零件、机械机构等知识，掌握机械基本知识和各种机械零件结构、特点，掌握各种机械机构运动过程，改变原来电专业学生缺乏机械运动的形体概念；然后转入传感器技术，重点讲述力传感器、位移传感器、位置传感器、速度传感器、加速度传感器、距离传感器、光敏传感器、温度传感器、气敏传感器、化学传感器等，这些都是机电一体化设备中常见的传感器，选取几个常用传感器的电子电路，让学生明白传感器的控制连接方法，掌握传感器的结构原理及传感器的应用；接着在电机原理及应用的基础上对执行驱动技术进一步深化，介绍步进电机、使用步进电机的传送装置的控制、步进电机的控制连接，微型直流电机、微型直流电机的线性控制与 PWM 控制、微型直流电机的正反转控制电路以及微型直流电机的控制连接、螺线管的控制电路、伺服电机驱动、液压执行装置、气动执行装置等知识，以掌握机电设备各种执行驱动电机的结构原理，学会各种执行驱动电机的选择及应用方法，了解液压、气动执行装置的应用，从而掌握被控的机电一体化装置动起来的技术。计算机控制技术是机电一体化控制技术的核心部分，重点介绍计算机与控制、计算机与信号流、计算机与 A/D（或 D/A）转换、PIC 控制和嵌入式控制，明确计算机控制技术的意义及应用场合，掌握 A/D（或 D/A）转换的工作原理。另外，机电一体化装置的接口技术也是要重点介绍的，讲解接口电路、接口的功能、数据传输标准与通用接口、输入用外部接口的作用、输出用外部接口的作用、开关用接口电路、电磁继电器与接口、小型直流电机的接口、8255 输入输出接口和 LED 接口监视器，了解并行串行 I/O 接口电路，掌握接口电路的应用。在控制技术应用方面选取实用的典型简单实例，如交通信号灯控制系统、自动检票机、A/D 转换的室温控制系统、固体继电器的驱动电路、用气动执行机构的传送装置的控制、简易自动门的控制、气缸的控制等，从而学会如何对机电一体化的模拟量、开关量、线性量、非线性量以及系统等方面的控制应用。既可让学生学习知识的应用，又可作为实训项目或毕业设计课题。还有在机电一体化系统的内部组网技术中，重点介绍局域网和现场总线的组网形式，较为详细地讲述这两种组网形式的数据传输方式、线路通信方式、传输速率、差错控制、传输介质和串行通信接口标准等，以及组网链接系统的上位、下位及同位的链接。最后，机器人控制技术介绍了机器人的构成、运动与分类，机器人的控制、机器人的编程语言、气动机器人系统、双足步行机器人、焊接机器人、装配机器人等。

本书作为技术入门，考虑到是初学机电一体化的读者，在编写时注重了以下几点：

① 内容表达尽量做到通俗易懂、循序渐进、叙述精练；

② 尽量利用插图帮助读者直观地理解相关内容，图文并茂、易读易学；

③ 以学习机电一体化的基础知识作为出发点，不详述学术理论方面的细节，而以实用为主，引用大量紧密结合实际的实例，使教材内容更适应现代化企业的转型升级，更贴近职业标准，更讲究课程教学的有效性，有助于学生通过课程的学习，实现一门课程掌握一项技术或多个技能；

④ 由于受课程学时的限制，本书只是起着穿针引线的作用，书中许多知识是介绍性的，学习者可在此基础上进一步拓展提高。

本书在教学实施中，学时数建议上限为 60 学时，下限为 48 学时，各院校可根据自身专业的特点制定的教学要求来选定上下限。

为了便于教学，本教材配有电子课件，可以从化学工业出版社教学资源网 www.cipedu.com.cn 免费下载使用。

本书可作为高职高专机电类、设备类、自动化类、计算机控制类及其他相近专业的专业技术教材，也可作为职业技能培训教材，以及从事机电一体化工作的工程技术人员的技术参考书。

本书由兰州石化职业技术学院杨柳春教授、傅继军副教授、孙红英和广东理工职业学院张冰洁、周婷等编写完成的，其中杨柳春教授担任主编，傅继军副教授为副主编。另外，张冰洁、周婷在课件制作上做了大量的工作，在此表示感谢。

由于编者水平有限，疏漏之处在所难免，欢迎广大读者批评指正。

编者

2015 年 10 月

目 录
Contents

第①章
绪　论

1.1　机电一体化控制概述

机电一体化控制就是"利用电子、信息（包括传感器、控制、计算机等）技术使机械柔性化和智能化"的技术。

1.1.1　机电一体化控制技术的基本概念

机电一体化控制技术是机械、电子、计算机和自动控制等技术有机结合的一门复合技术，它是在大规模集成电路和微型计算机为代表的微电子技术高度发展，并向传统机械工业领域迅速渗透、与机械电子技术深度融合的现代化工业基础上，综合运用机械、微电子、自动控制、信息、传感测试、电力电子、接口、信号变换以及软件编程等技术构成的群体技术。

机电一体化控制技术不是机械与电子的简单组合，而是在信息论、控制论和系统论的基础上把两者有机组合起来的应用技术。由于引进了微电子技术，工业生产从机械自动化跨入了机电一体化阶段，使机械产品的技术结构、产品结构、产品功能和构成、生产方式和管理机制均发生了巨大变化。

机电一体化控制技术还赋予机械产品一些新的功能，如自动检测、自动显示、自动记录、自动处理信息、自动调节控制、自动诊断、自动保护等，从而使机械具有智能化的特征。如果说传统机械可替代和增强人的体力，那机电一体化控制技术则将取代并延伸人的部分智力，当然，也给机电设备维修与管理人员提出了更高要求，需要具备更高的机电综合技术。

1.1.2　机电一体化控制技术的发展历程

20 世纪 70 年代，机电一体化（mechatronics）一词起源于日本，是由机械和电子的两个英语单词 mechanism 和 electronics 合成的一个新的专用名词。到了 1976 年，机电一体化已在日本得到普遍展开，这一时期通常被称为是机电一体化控制技术的萌芽发展时期。

进入 20 世纪 80 年代，欧、美等国也把机电一体化控制技术作为先进技术，机电一体化控制技术和产品如雨后春笋般涌现，现代化的机械将电子技术、自动化技术、计算机技术融为一体，使机电一体化控制技术进入大发展阶段，现在已作为极普通的术语，在各种传播媒体中广泛使用，是机械意义上的机械技术与电子电气技术和电子意义上的电子学技术的有机结合。

我国机电一体化控制技术虽然发展较迟，但近十几年普遍引起重视，得以飞速发展。

图 1-1 所示的机械手是机电一体化的典型实例，其机械部分由螺钉、齿轮、弹簧等极为

常见的机械零件和连杆机构组成，而作为信息处理的电子装置部分，为了得到更好的控制性能，由集成电路、电阻、电感与电容等电子电路元器件构成。

综上所述，机电一体化控制技术的产生不是孤立的，而是各种技术相互渗透的结果，它代表着正在形成中的新一代生产技术，虽产生的时间不长，但已显示出强大的威力。在世界范围内，机电一体化热潮正在兴起，并已渗透到国民经济、社会生活的各个领域，用更新的技术进行设计、制造与开发，创造出高度机电一体化的机器设备。新型产业的发展促使世界各国在发展机电一体化控制技术上的竞争加剧，更进一步推动机电一体化控制技术在机电设备系统的迅速发展。

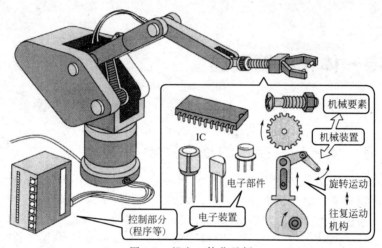

图 1-1   机电一体化示例

1.1.3　机电一体化控制技术的作用

当生产采用机电一体化控制技术后即可产生以下作用：
① 使产品具有原来所不具备的新功能；
② 增强产品的柔性；
③ 改善操作性能；
④ 容易满足多样性的需求；
⑤ 扩大设计的灵活性；
⑥ 改善生产的工艺性操作性能；
⑦ 使产品的体积小、重量轻；
⑧ 减少产品的零、部件数量；
⑨ 提高可靠性；
⑩ 提高品质；
⑪ 节能省力；
⑫ 降低成本。

机电一体化控制技术的本质是将电子技术引入机械控制中，利用传感器检测机械运动，将检测信息输入到计算机，经计算得到能够实现预期运动的控制信号，由此来控制执行装置。这项工作就是开发计算机软件，即编制计算机程序的内容，使之具有一定的功能，并通过键盘将程序输入计算机。不需要用螺栓和螺母来重新组装机械，也不需要电烙铁焊接电子线路，只需修改程序就可灵活地改变机械的运动。在计算机上，通过适当的软件进行控制，无论如何复杂的运动都可实现。

1.2 机电一体化控制系统的基本结构

一个较为完善的机电一体化系统，主要是由机械本体、动力部分、测试传感部分、执行机构、驱动部分、控制及信息处理单元和接口等基本结构组成，最后通过接口将各结构部分及环节联系起来。

1.2.1 机械本体

机械本体是系统所有功能元素的机械支持结构，包括机身、机架、机械连接等。根据机电一体化产品的技术性能、水平和功能，要在结构、材料、加工工艺性及几何尺寸等方面适应产品的高效、多功能、可靠性和节能、小型、轻量、美观等要求。

1.2.2 动力部分

动力部分是按照系统控制要求，为系统提供能量和动力，使系统能够正常运行。用尽可能小的动力输入，获得尽可能大的功能输出，是机电一体化产品的显著特征之一。

1.2.3 测试传感器部分

测试传感器部分是对系统运行中所需要的本身和外界环境的各种参数及状态进行检测，变成可识别信号，传输到信息处理单元，经过分析、处理后产生相应的控制信息。其功能一般由专门的传感器和仪表完成。

1.2.4 执行机构

执行机构是根据控制信息和指令，完成要求的动作。运动部件一般采用机械、电磁、电液等机构。根据机电一体化系统的匹配性要求，需要考虑改善性能，如提高刚性，减轻重量，实现组件化、标准化和系统化，提高系统整体可靠性等。

1.2.5 驱动部分

驱动部分是在控制信息作用下提供动力，驱动各种执行机构完成各种动作和功能。一体化系统一方面要求驱动的高效率和快速响应特征，同时还要求有较高的可靠性和对水、油、温度、尘埃等外部环境有较强的适应性。由于几何尺寸上的限制，要求动作范围狭窄，所以还需考虑维修和标准化的要求。随着电力电子技术的高速发展，高性能步进驱动、直流和交流伺服驱动被大量应用于机电一体化系统。

1.2.6 控制及信息处理单元

控制及信息处理单元是将来自各传感器的检测信息和外部输入命令进行集中存储、分析、加工，根据信息处理结果，按照一定的程序和步骤发出相应的指令，控制整个系统有目的地运行。该单元一般由计算机、可编程控制器（PLC）、变频器、数控装置以及逻辑电路、A/D 与 D/A 转换、I/O 接口和计算机外部设备等组成。机电一体化系统对控制和信息处理单元的基本要求是：提高信息处理速度、可靠性，增强抗干扰能力，完善系统自诊断功能，实现信息处理的智能化和小型化、轻量化、标准化等。

1.2.7 接口

接口是系统中各单元和环节之间进行物质、能量和信息交换的连接界面，具有对信号进行交换、放大及传递的功能。由于接口的作用，使各组成部分连接成为一个有机整体，由控制和信息处理单元的预期信息导引，使各功能环节有目的地协调一致运动，从而形成机电一体化系统工程。

1.3 机电一体化控制的技术系统

1.3.1 机电一体化控制的相关学科

机电一体化控制技术是一门新兴学科，支撑它的学科主要有：

① 机械工程学科　包括机械设计、机械制造、机械动力学等；

② 电子学　包括数字电路、模拟电路等；

③ 电工学　包括电机、电器等；

④ 微电子学　包括微处理机及接口技术、计算机科学、CAD/CAM技术及软件技术等；

⑤ 检测与控制学科　包括传感器、执行装置、控制器（PLC、变频器）；

⑥ 控制论　包括经典控制和现代控制理论。

以上各项构成一棵学科树，如图1-2所示。

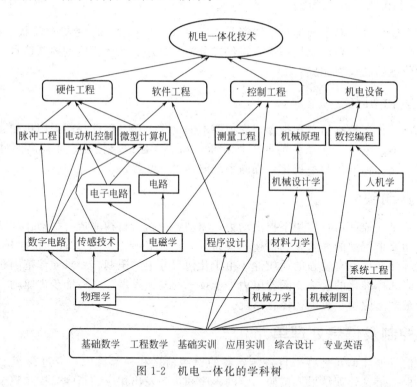

图1-2　机电一体化的学科树

1.3.2 机电一体化控制的相关技术

机电一体化控制技术是一门正在发展的交叉技术，是在传统技术的基础上，与一些新兴技术相结合而发展起来的。与此相关的技术很多，涉及到机械技术、电子技术、控制技术以及信息技术等。机电一体化的共性相关技术可归纳为6个方面。

（1）检测传感技术　为提高产品的性能，扩展功能，通常需对机械进行实时控制、监视、安全检查等，以提高其自动化和智能化的程度，这些都需要通过检测传感手段来实现，因此检测传感技术是机电一体化系统安全运行与提高产品质量的有力保障。

传感器是检测部分的核心，相当于人的感官，将被测量变换成系统可识别的、与被测量有确定对应关系的电信号的一种装置。传感器按测试原理和被检测的物理量可分为多种，机械运动主要有位移、速度、加速度、力、角度、角速度、角加速度和距离等，这些物理量可转换成两极板间的电容量、应变引起的电阻变化、磁场强度与磁场频率的变化、光与光的传播、声音的传播、哥里奥利力等其他物理量，最终都转换成电压或频率等电量信号输入到信息处理系统，并作为相应的控制信号。检测精度的高低将直接影响力学性能的好坏，现代工程技术要求传感器能快速、精确地获取信息，并能经受各种严酷环境的考验。传感器还应具有宽的功能范围、准确的工作精度、好的动态响应、高的灵敏度和分辨率、强的抗干扰能力和可靠性。其主要指标是分辨率和精度。

例如，利用半导体传感器对液面进行控制，以改变原浮子进行的沉浮控制实现的阀门开关操作，如图 1-3 所示。只要把随时间变化的液面高度及变化幅度等物理量信息，变换为电信号提取出来，就能按要求进行控制。

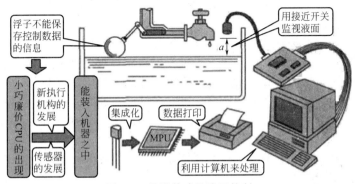

图 1-3　检测传感的液面控制

（2）信息处理技术　信息处理技术通常是指信息的输入、交换、运算、存储和输出等技术，它包括计算机及外围设备、微处理机及可编程控制器（PLC）、变频器、接口技术。在机电一体化系统中，信息处理部分相当于人的大脑，指挥整个系统的运行。由传感器检测的机械运动信号一般都要转换成与机械运动成比例的连续电压信号，这种连续信号是模拟信号，而模拟信号是无法直接输入计算机的，经过 A/D 转换器转换成数字信号后再输入计算机。另外，若要将计算机内的信号输出时，必须采用 D/A 转换器转换成模拟信号。图 1-4 所示的是计算机与传感器和执行机构的连接框图。

（3）自动控制技术　自动控制技术包括精准定位控制、速度控制、自适应控制、自诊断、校正、补偿、示教再现、检索等技术。在机电一体化控制技术中，自动控制主要解决如何提高产品的精度、提高加工效率、提高设备的有效利用率等问题。其主要技术关键在于现代控制理论在机电一体化控制技术中的工程化和实用化、优化控制模型的建立及边界条件的确定等，计算机动态仿真技术的出现和发展为在控制系统的物理模型建立之前就能预见其动态性能，并为正确选择控制系统的有关参数提供了方便。

（4）伺服驱动技术　伺服驱动包括电动、气动、液压等各种类型的传动装置。这部分相当于人的手足，直接执行各种有关的操作。伺服传动技术是直接执行操作的技

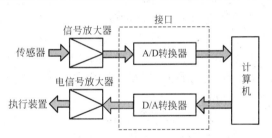

图 1-4　计算机与传感器和执行机构连接框图

术，伺服系统是实现电信号到机械动作的转换装置与部件，对系统的动态性能、控制质量和功能具有决定性的影响。常见的伺服驱动由电动机、液压马达、脉冲液压缸、步进电动机、直流伺服电动机和交流伺服电动机完成。由于变频技术的进步，交流伺服驱动技术已取得了突破性进展，可为机电一体化系统提供高质量的伺服驱动单元，极大地促进了机电一体化控制技术的发展。

（5）精密机械技术　机械技术是关于机械的机构及利用这些机构传递运动的技术。与一般的同类型机械相比，机电一体化系统中机械部分的精度要求更高，要有更好的可靠性及维护性，同时要有更新颖的结构，要求零部件模块化、标准化、规格化等。在机电一体化产品中，对机械本体和机械技术本身都提出了新的要求。这种要求的核心就是精密机械技术，要求机械结构减轻重量，缩小体积，提高精度，改善性能，提高可靠性。

（6）计算机技术　由于计算机无法直接处理模拟信号，计算机在内部处理数字信号，外部通过传感器进行 A/D（模拟—数字）转换成数字信号。在计算机内部，以传感器信号为基础，采用计算机的程序语言来编制处理程序。计算机的通用程序语言有汇编语言和编译语言（如 C 语言等），在机电一体化控制设备上一般采用专用的程序语言。

机电一体化控制技术不是几种技术的简单叠加，而是通过系统总体设计使它们形成一个有机整体。系统总体技术是从整体目标出发，用系统的观点和方法，将总体分解成若干功能单元，找出能完成各个功能的技术方案，再将各个功能与技术方案组合成方案组进行分析、评价、优选的综合应用技术。总体技术包括机电一体化机械的优化设计、CAD/CAM 技术、研究和解决各组成部件之间功能上的协调，可靠性设计及价值工程等。这就是说，即使各部分技术都已掌握，性能、可靠性都很好，但整个系统不能很好地协调，那它仍然不可能正常、可靠地运行。

上述技术的综合，形成了多学科技术领域综合交叉的技术密集型系统工程。机电一体化相关技术之间的关系如图 1-5 所示。

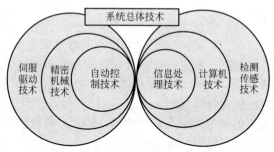

图 1-5　机电一体化控制的相关技术

1.3.3　机电一体化控制对技术的影响

（1）提高精度　机电一体化控制技术使机械传动部件减小，从而使机械磨损、配合间隙及受力变形等所引起的误差大大减小，同时由于采用电子技术实现自动检测和控制、补偿、校正，从而减小因各种干扰因素造成的动态误差，达到单纯机械装备所不能实现的工作精度。如采用计算机误差分离技术的电子圆度仪，其测量精度可由原来的 $0.025\mu m$ 提高到 $0.01\mu m$；大型镗床装感应同步器数显装置可将加工精度从 $0.06\mu m$ 提高到 $0.02\mu m$。

（2）增强功能　现代高新技术的引入，极大地改变了机械工业产品的面貌，具有多种复合功能，成为机电一体化产品和应用技术的一个显著特征。如加工中心机床可将多台普通机床上的多道工序在一次装夹中完成，并且还有自动检测工件和刀具的精度、自动显示刀具动态轨迹图形、自动保护和自动故障诊断等极强的应用功能；配有机器人的大型激光加工中心，能完成自动焊接、划线、切割、钻孔、热处理等操作，可加工金属、塑料、陶瓷、木材、橡胶等各种材料。这种极强的复合功能，是传统机械加工所不能比拟的。

（3）改善操作性和使用性 机电一体化装置或系统各相关传动机构的动作顺序及功能协调关系，可由程序控制自动实现，并建立良好的人机界面，因而可通过简便的操作得到复杂的功能控制和使用效果。有些机电一体化设备可实现操作全部自动化；有些更高级的机电一体化系统，还可通过被控对象的数学模型和目标函数，以及各种运行参数的变化情况，随机自寻最佳工作过程，协调对内对外关系，以实现自动最优控制，如电梯全自动控制系统、智能机器人等。

（4）简化结构，减轻重量 由于机电一体化设备系统采用新型电力电子器件和传动技术代替笨重的老式电气控制的复杂机械变速传动，由微处理器和集成电路等微电子元件和逻辑软件完成过去靠机械传动链来实现的关联运动，从而使机电一体化产品体积减小，结构简化，重量减轻。如换向器电动机，将电子控制与相应的电动机电磁结构相结合，取消了传统的换向电刷，简化了电动机结构，提高了电动机寿命和运行特性，并缩小了体积。

（5）增强柔性应用功能 机电一体化系统可根据使用要求的变化，对产品的应用功能和工作过程进行调整修改，满足用户多样化的使用要求。如利用数控加工中心或柔性制造系统，可通过调整系统运行程序适应不同零件的加工工艺。机械工业约有 75% 的产品属中小批量，利用柔性生产系统，能够经济、迅速地解决这种中小批量、多品种的自动化生产，对机械工业发展具有划时代的意义。

1.3.4 机电一体化控制对经济的影响

（1）提高生产效率，降低成本 机电一体化生产系统能够减少生产准备和辅助时间，缩短新产品的开发周期，提高产品合格率，减少操作人员，提高生产效率，降低生产成本。如数控机床的生产效率比普通机床高 5～6 倍，柔性制造系统可使生产周期缩短 40%，生产成本降低 50%。

（2）节约能源，降低消耗 机电一体化产品通过采用低能耗的驱动机构、最佳的调节控制和提高设备的能源利用率，来达到显著的节能效果。如工业锅炉，若采用微机精确控制燃料与空气的混合比，可节煤 5%～20%；电弧炉是最大的耗电设备之一，如改用微机实现最佳功率控制，可节电 20%。

（3）提高安全性，可靠性 具有自动检测监控的机电一体化系统，能够对各种故障和危险情况自动采取保护措施，及时修正运行参数，提高系统的安全可靠性。如大型火电设备中，锅炉和汽轮机的协调控制、汽轮机的电液调节系统、自动启停系统、安全保护系统等，不仅提高了机组运行的灵活性和积极性，而且提高了机组运行的安全性和可靠性，使火电设备逐步走向全自动控制。

（4）减轻劳动强度，改善劳动条件 机电一体化控制技术一方面能够将制造和生产过程中极为复杂的人的智力活动和资料数据记忆查找工作改由计算机来完成，另一方面又能由程序控制自动运行，代替人的紧张和单调重复的操作，以及在危险或有害环境下的工作，因而大大减轻了人的脑力和体力劳动，改善了人的工作环境条件。如 CAD 和 CAPP 极大地减轻了设计人员的劳动复杂性，提高了设计效率；搬运、焊接和喷漆机器人取代了人的单调重复劳动；武器弹药装配机器人、深海太空工作机器人、在核反应堆和有毒环境下的自动工作系统，则成为人类谋求解决危险环境中劳动问题的唯一途径。

（5）降低价格 由于结构简单，材料消耗减少，制造成本降低，同时由于微电子技术的高速发展，微电子器件价格迅速下降，因此机电一体化产品价格低廉，而且维修性能改善，延长使用寿命。

1.4 机电一体化控制的理论

1.4.1 反馈控制与顺序控制

（1）术语的来源 英文的反馈一词 feedback 中前缀 feed 的意思是"提供食物，供给燃料等"，将 feed 与 back 连起来就是反向提供信号、信息的意思，是控制领域的专用术语。

英文中 sequence 一词是顺序的意思，当控制过程为按顺序连续控制时，就称为顺序控制。

（2）反馈控制的概念 全自动洗衣机如图 1-6 所示，向洗衣机的水桶内注水的过程只是整个顺序控制过程的一个步骤。首先要给出启动指令，再判断是否满足"水桶内无水"、"排水阀已关闭"等条件，当条件满足时，打开进水阀，开始注水。当检测到满水位信号时，发出注水的停止信号（关闭进水阀），同时发出波盘旋转的启动信号，使波盘电机开关接通。在发出搅动轮电机启动信号的同时，还要发出计时器的置位信号，由计时器的计时终了信号切断波盘电机开关。在漂洗时，洗衣机要一边流水一边搅动，还必须保持一定的水位。对于一般的洗衣机，只要水没有从洗衣机中溢出就可以，所以通常采用溢流的方法来维持水位恒定，但在水位要求十分严格

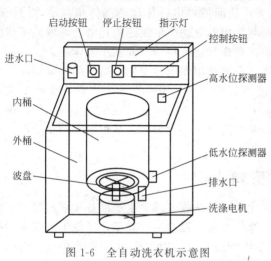

图 1-6 全自动洗衣机示意图

的场合，就需要采用反馈控制。

采用反馈控制是对连续量进行控制，需要有能够确定从桶底到上面任何位置的水位传感器，水阀也必须是能够调节流量的流量控制阀。根据当前水位与设定值之差来控制进水流量，就可以使水位保持不变。当改变水位的设定值，发出从原来平衡状态的水位向新水位变化的指令时，就要调节流量，使水位迅速达到新的平衡状态；当水位由于某种外界原因（干扰）突然发生变化时也要调节流量，使水位返回到原来位置，这些控制过程都是反馈控制。

（3）反馈控制的作用 反馈控制的目的是使被控变量保持一定值，按控制目的可以将反馈控制分为定值控制和跟踪控制两种。

① 定值控制。控制目标值保持不变的反馈控制称为定值控制。生产实际中常见的液位、流量、温度、压力和浓度等控制过程都属于定值控制。

② 跟踪控制。随时间的变化，控制目标值也发生变化的反馈控制称为跟踪控制。在跟踪控制中，目标值呈不规则变化的称为随动控制，目标值的变化规律事先已经确定的称为程序控制。为了与其他类型的控制相区别，通常将对物体的位置或角度等进行随动控制的系统称为伺服系统。

（4）顺序控制的作用 在顺序控制中，已经事先确定了应该控制的顺序，一旦达到了某一状态值就认为该时刻、该阶段的控制结束，开始进入下一个控制阶段的控制。在达到某一状态值并发出控制结束信号后，就不再进行修正，直接转入下一个控制阶段。如在进行移动

控制时，只需控制其是否达到某一控制点，而不必连续控制其正确的位移量。这一点是顺序控制与反馈控制的最大区别。

在顺序控制中，人们采用开关或阀门等对执行装置和其他设备依次进行启动和停止控制，所以在某一顺序控制阶段，也可以采用反馈控制来实现混合控制。以数控机床为例，更换刀具时采用顺序控制，实际加工过程则利用伺服装置实现位置控制。加工结束后，再返回到顺序控制的程序，完成退刀、取出工件和安装新的毛坯等操作。

在控制精度要求较低的工艺过程中，可以完全采用顺序控制，而在精度要求较高的环节上可以插入反馈控制，使两者有机地结合起来，分别发挥各自的特点。

1.4.2 反馈控制系统的构成

在反馈控制系统中，由检测控制结果的检测装置和将检测结果与设定值进行比较的比较器构成一个反馈环节，通过反馈环节使控制系统实现了封闭的控制回路，这种控制称为闭环控制。

（1）反馈控制系统框图　如图 1-7 所示，当通过指令信号给出设定值时，在比较器中求出设定值与当前值的差值（偏差），将该差值作为误差信号，在控制器中作出误差修正，生成执行控制量。将这种控制量输入到执行装置，就可以得到对被控对象的控制输出量。被控对象当前值的变化直接由检测装置检测出来，反馈到比较器上。

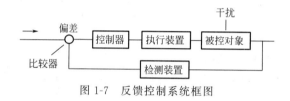

图 1-7　反馈控制系统框图

（2）电动伺服装置的构成　图 1-8 所示是由伺服电机和进给丝杠组成的位置控制机构。

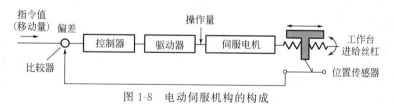

图 1-8　电动伺服机构的构成

首先，将位移量作为指令值给出，在控制器中产生作为执行控制量的速度指令。驱动机构接受这个速度指令后，经电力放大器提供给伺服电机能量，驱动电机开始旋转，通过与电机相连的进给丝杠带动工作台上的位移传感器，就可以检测出工作台的移动位置，并反馈到比较器。比较器不断地向控制器输出误差信号，直至指令值与移动位置之差减小到 0 为止。当然，如果工作台的位置超过了指令位置，就要产生反方向的速度指令来进行校正。

要检测工作台的坐标值，必须采用位移传感器，一般可以采用电感式位移传感器或磁栅尺等位移传感器。在较为简单的机构中，常在进给丝杠上安装脉冲编码器，通过检测脉冲来实现反馈控制。这时的控制量不是工作台的位移，而是电机的旋转角度。这也是一种常用的控制方式。

（3）液压伺服装置的构成　图 1-9 所示是采用液压伺服控制的仿形加工装置。图中的椭圆凸轮处于平均半径的位置，下面驱动油缸内的活塞也处于中间位置。

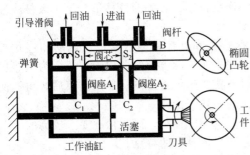

图 1-9   液压伺服控制的仿形加工装置机构

驱动凸轮开始旋转，凸轮的长径部分使引导滑阀的阀杆 B 向左移动，阀芯 S_1 相对阀座 A_1 的位置发生偏离，液压油流入工作油缸的左腔 C_1。由于该系统的工作油缸的活塞是固定的，所以工作油缸向左移动。此时，由于工作油缸和引导滑阀为整体结构，引导滑阀也跟着向左移动。结果使阀座 A_1 与阀芯 S_1 之间的间隙变小，这恰好符合反馈控制原理。当间隙变为 0 时，工作油缸也停止移动。当凸轮转到短径位置时，阀杆 B 在弹簧的作用下向右移动。S_2 与 A_2 之间的间隙增大，使液压油流入工作油缸的右腔 C_2，刀具也随着向右移动。

这种机构中，指令值（即设定值）就是由凸轮确定的引导滑阀中阀芯的移动量，控制的结果就是刀具相对工件的左右移动量。引导滑阀的运动为反馈量，阀座 A_1、A_2 相对阀芯 S_1、S_2 的偏移相当于比较器。控制量是通过阀间隙流入油缸腔内的液压油量。该系统的检测装置、比较器、控制器和驱动器全部为一体化结构。

1.4.3   现代控制的理论

反馈控制理论是以线性系统为前提，无法对非线性系统和多变量系统进行控制，因而被称为古典控制理论。

对于线性系统，都是在某一较窄的变化范围内符合线性关系的，因此，大多数情况下都可通过近似的线性模型实现反馈控制。

而现代控制理论是对系统的可控性和稳定性的分析，得到设计最佳控制系统的方法，利用状态变量来表示控制变量，通过评价函数来求得最佳控制量。目前，主要的现代控制理论如下。

（1）模糊控制   模糊控制是近些年发展起来的控制技术之一。模糊控制属于反馈控制的一种方法。模糊控制是将具有控制对象一定性质的样本集合作为模糊集合，利用模糊理论推理并进行定量化（含有一定的模糊成分）的计算，最后求得最佳控制量的控制方法。

（2）鲁棒控制   在一般的反馈中，如果控制系统的特性发生变化，就有可能产生较大的偏差，甚至出现突然失控等现象。鲁棒（robust）控制是在控制系统即使特性稍有变化时，也不会改变控制性能的一种控制方法，具有较强的矫顽能力。

（3）自适应控制   通过建立理论模型，使其实际使用向其的自适应控制和自校正控制。

（4）神经网络控制   构建人工智能（AI）的神经网络，利用神经网络的自学习能力，将控制规则图形化并加以记忆，随着不断的学习来提高控制精度。

1.4.4   反馈控制系统的特性

性能优良控制系统的标志是能够"准确、快速、稳定"地逼近控制目标值。

（1）响应与特性   由于反馈系统的输入信号只有设定值和外界的干扰两种，所以针对这两种信号来分析系统的特性与响应。图 1-10 所示为某一控制系统当目标值突然发生变化时的输出响应曲线。

曲线左半部分表示的是过渡状态的瞬态响应，右半部分表示的是稳定状态下系统达到平衡时的稳态响应。由于从系统的过渡响应和稳态响应中分别可以得到过渡特性和稳态特性，因此在控制领域认为响应和特性具有同样重要的意义。

系统的特性可按时间进行划分，分为动特性和静特性，稳态特性属静特性，过渡特性属于动特性。在动特性中，除了过渡特性以外，还包括频率响应特性，实际上它们都有相似的特性。

（2）稳态特性 控制系统最终达到的控制值（最终稳态值）与设定值之差称为稳态偏差或静态误差。稳态偏差越小，系统控制精度越高。实际系统的稳态偏差值可以利用传递函数求得。

（3）过渡特性 控制系统在阶跃输入信号的作用下所得到的输出曲线，称为阶跃响应或过渡响应。对于系统的过渡响应，具有决定性的评价指标是响应速度的快慢。如果控制系统是由若干个积分环节和一阶延迟环节组成的，那么这些独立环节的过渡响应综合起来将影响整个控制系统的过渡响应。因此，对于整个系统，要改善其过渡响应特性，必须知道各个环节的过渡响应特性。实际应用的反馈控制系统几乎都是二阶以上的高阶延迟控制系统。

图 1-11 所示的是一个二阶延迟系统的过渡响应曲线。图中曲线的上升阶段反映了系统的响应速度。超调量称为系统的动态误差，它是系统调节强度的标志。调节时间当然也是系统响应速度的指标，同时还是系统稳定性的标志，因为即使上升速度很快，超调量很小，但若振荡的衰减特性很差，那么系统的调节时间也会相对很长。

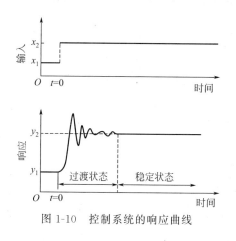

图 1-10 控制系统的响应曲线

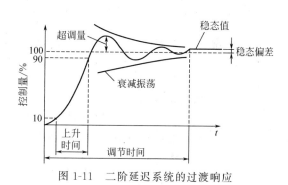

图 1-11 二阶延迟系统的过渡响应

（4）稳定性 稳定性可分为过渡特性中的稳定性和频率响应特性中的稳定性。在过渡响应中，调节时间的长短是稳定性的标志，因为有无调整强度的超调量，以及由于超调而导致的振荡是收敛性的还是发散性的，这是划分稳定和不稳定的界限。

（5）频率响应 除了从过渡特性来研究系统的稳定性以外，频率响应特性也是判别系统稳定性的一种方法。频率响应就是当给系统输入不同频率的正弦波输入信号时，检测到的系统输出振幅的稳态响应和输出相位的滞后量。由此可判断出系统的跟踪特性，它是控制系统控制精度和稳定性的标志。

利用频率响应判断系统稳定性的方法有奈奎斯特（Nyquist）稳定判别法和波特（Bode）图稳定评价法等。

1.4.5 顺序控制

顺序控制的实质，是对"顺序"及"时间"进行控制。

（1）顺序控制系统的结构 图 1-12 所示为顺序控制系统的结构框图。系统所发出的指令几乎都是启动某项作业的命令。命令处理装置按预先规定的指令执行顺序向各执行装置发出相应的控制命令后，执行装置控制各执行机构实现具体的 ON、OFF 操作，从而使被控对象发生某种状态变化。

图示中的检测部分是输出执行机构是否达到预想状态的二值信号。这些二值信号通

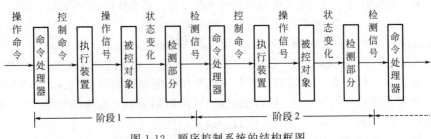

图 1-12　顺序控制系统的结构框图

常表示作业是否结束、移动的位置或定时时间是否到达等指示性信息。在顺序控制系统中，几乎所有的指令都是通过按键输入的，命令处理装置的输出一般多于一个。当有多个输出时，就需要产生输出信号的组合。这种组合在逻辑上是预先设定好的，属于命令处理的一部分。

（2）组合逻辑　在顺序控制系统中，控制指令通常都是指示某项作业的开始信号，由此需要复杂的组合逻辑才能实现上述功能。

在具体的电路中，AND、OR、NOT、NAND、NOR 等是基本逻辑单元，通常利用定时器将这些基本逻辑单元进行组合，构成有时间顺序的逻辑电路。要想由输入信号得到所需要的输出信号，关键是如何组合各逻辑单元。为了能够使用最少的逻辑单元构成电路，常常需要利用布尔代数将逻辑表达式进行某些变换和化简处理。

（3）时序逻辑　时序逻辑就是通过事先确定的控制顺序程序，将各个阶段的控制顺序固定下来。整个顺序控制程序从开始到结束，并不要求各个阶段都是单线顺序控制，可以根据条件设定几个分支，构成多条路径的控制方式。

时序逻辑要明确地表示出控制顺序在时间上的前后关系。为了使各个阶段的前后关系更简洁、准确，通常使用时序图来描述。

（4）条件控制　根据事先规定好的条件进行逻辑判断，确定顺序控制的执行流向。为了能够实现时间上的前后关系、判断和互锁等安全保护措施，希望能够预先设定好条件控制。在具体的电路中，通常由复杂的逻辑电路、锁存器等具有记忆功能的单元电路来实现条件的逻辑判断。

（5）时间控制　在顺序控制系统中，一旦将控制权交给执行装置，检测装置只能检测出操作的结束状态，不能检测出这段时间内的中间状态。为此，还需要采用定时器来进行辅助的时间控制，对执行机构的超时执行等情况进行处理。

1.5　机电一体化控制技术的展望

进入 21 世纪以来，机电一体化控制技术得到了更大的发展。特别是传感器的性能得到进一步提高后，对传感器信号的处理和判断的智能化程度也达到更高的水平，出现了具有更高柔性和自适应性的机电一体化系统。

（1）传感器性能的提高　高性能传感器应具有如下性能之一：

① 高精度传感器　自身的检测精度高，对温度变化不敏感，可抗噪声干扰；

② 智能传感器　在传感器内部装有微型计算机，可以进行智能化处理；

③ 组合传感器　将几个传感器组合成一体，形成能够检测单个传感器无法检测的高性能的信息传感器系统。

（2）高智能化处理　高智能化处理就是像人的大脑一样，能够在一些基本知识的基础上对其进行合理的组合和判断。能够进行这种处理的软件称为人工智能软件。智能化处理过程就是将基本知识以知识库的形式存储在计算机的存储器中，自动提取与某一知识相关联的知识数据，再将这些知识进行合理的推理组合。

（3）自适应性 机械启动后，不需要人的干预，就能自动地完成指定的各项任务，并且在整个过程中能够自动适应所处状态和环境的变化。机械一边适应各种变化，一边做出新的判断，以决定下一步的动作。如自适应移动机器人，能够通过自己的眼睛观察所处的状态和环境，自动寻找目标路线移动。

（4）微型机械 随着微细加工技术的发展，也出现了小型的机械结构，如 $1\mu m$ 大小的电动机。在必须进行微小运动的工作中，需要利用这种超微小型机械来开发机电一体化系统。

思 考 题

1. 说明机电一体化控制技术的基本概念。
2. 机电一体化控制技术是怎样产生与发展的？
3. 机电一体化系统的基本构成是什么？
4. 机电一体化有哪些相关技术？
5. 为什么机电一体化系统具有柔性而又设计灵活？
6. 要使机械具有自适应性能，机电一体化系统中的哪些要素必须具有何种功能？
7. 机电一体化控制的主要理论有哪些？

第 ② 章
机械基础知识

2.1 机械基本原理

所谓机械，就是将具有一定强度的物体组合起来，接受外界提供的能量，按照人们的要求实现确定的相对运动，从而完成某些有效工作的装置。

2.1.1 机械本体

机电一体化设备的机械本体主要由 4 个部分组成：

（1）输入部分　接受能量、物质和信息的部分；

（2）转换和转动部分　将接受的能量、物质和信息等传递给其他机械或转换成其他形式的部分；

（3）输出部分　直接完成指定工作的部分；

（4）安装固定部分　使机械上的各个部分保持确定位置的部分。

2.1.2 运动副

机械和仪器等都是由许多构件组成，各构件互相接触并做相对运动。这种构件的组合称为运动副。

运动副可分为做相对直线运动的移动副、做相对转动的转动副和做相对螺旋运动（在做旋转运动的同时还做直线运动）的螺旋副。如图 2-1 所示。

图 2-1　运动副示意图

2.1.3 机构

机械由各种运动副组成，由此来依次传递运动。以传递运动或变换运动为目的，由若干个运动副组成的具有确定运动的系统，称为机构（mechanism）。

图 2-2 所示为几种机构的示意图。图中的"无级变速"其实就是能够平滑加速的环面

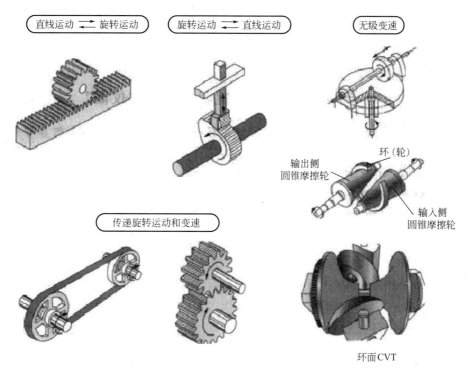

图 2-2　运动转换与传动机构示意图

CVT（无级变速器），它不仅是 20 世纪初比较流行的固体摩擦转动的实际应用，同时也要依靠 CAD（计算机辅助设计）/CAM（计算机辅助制造）技术和特殊性能润滑油的不断开发。

2.1.4　通用机械零、部件

　　机械由许多零、部件组成。这些零、部件中，螺栓、螺母、轴、齿轮和弹簧等，在各种机械中几乎都会用到，统称为通用机械零、部件（machine element）。

　　由于在各种机械上都要使用通用零、部件，所以实现标准化对于应用十分方便。除了各国有能代表本国经济利益的国家工业标准之外，国际上还有国际标准化组织（ISO）制定的国际标准。

　　通用机械零、部件已全面实现标准化，在设计中积极采用标准件，对于提高效率、降低成本是非常重要的。对于没有实现标准化的零、部件，要按照强度、刚度来确定尺寸。在确定其尺寸数值时，也应尽量采用优先数。

2.2　材料力学基础

　　当物体受到外部载荷作用时，会在内部产生应力（stress），外部形成应变（strain）。载荷的类型不同，所产生的应力的类型也不同。构成物体的材料具有应力、应变和膨胀系数等特有的力学性能，在实际应用中，必须根据具体的使用条件来进行强度设计。

2.2.1　载荷的种类

　　载荷的种类如图 2-3 所示。
　　按载荷的性质可分为拉伸载荷、压缩载荷和剪切载荷。

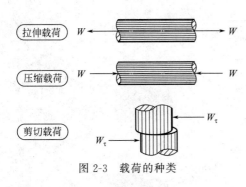

图 2-3　载荷的种类

按载荷的变化速度可分为静载荷和动载荷。动载荷又分为大小呈周期性变化的交变载荷和较短时间内施加的冲击载荷。

2.2.2　应力

应力分为由拉伸载荷引起的拉应力、由压缩载荷引起的压应力和由剪切载荷引起的剪应力。拉应力和压应力都产生在横截面的法线方向上，这种应力通常称为正应力 σ（normal stress）；而剪应力产生在横截面的切线方向上，通常称为切应力 τ（tangential stress）。

正应力

$$\sigma = \frac{W}{A} \tag{2-1}$$

式中　W——拉伸（或压缩）载荷，kg；
　　　A——载荷体的横截面积，mm²。

切应力

$$\tau = \frac{W_\tau}{A} \tag{2-2}$$

式中　W_τ——剪切载荷，kg；
　　　A——载荷体的横截面积，mm²。

2.2.3　应变

单位长度材料的变形值称应变量，简称应变。

（1）轴向应变　材料在轴向载荷的作用下产生的轴向变形量 λ 与材料的原有轴向长度 l 的比值，称为轴向应变 ε，如图 2-4 所示。

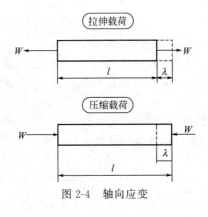

图 2-4　轴向应变

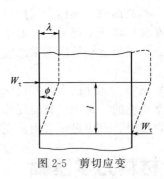

图 2-5　剪切应变

轴向应变

$$\varepsilon = \frac{\lambda}{l} \tag{2-3}$$

式中　λ——轴向变形量，mm；
　　　l——原有轴向长度，mm。

（2）剪切应变　在距离为 l 的两个平行平面内的剪切力 W_τ 的作用下产生的很小的剪切变形量 λ 与距离 l 的比值，称为剪切应变 γ，对应的剪切变形角 ϕ 称为剪切角，如图 2-5 所示。

剪切应变 $$\gamma = \frac{\lambda}{l} = \tan\phi \approx \phi \qquad (2\text{-}4)$$

式中　λ——剪切变形量，mm；

　　　l——两剪切力作用的距离，mm。

（3）横向应变　材料在轴向载荷的作用下产生轴向拉伸或压缩变形的同时，在垂直于轴线方向将产生相应缩小或延伸变形。其横向变形量 δ 与横截面直径 d 两者的比值 ε_1 称为横向应变。如图 2-6 所示。

横向应变 $$\varepsilon_1 = \frac{\delta}{d} \qquad (2\text{-}5)$$

式中　δ——横向变形量，mm；

　　　d——横截面的直径，mm。

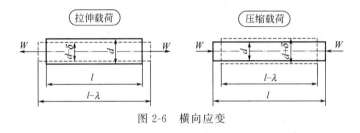

图 2-6　横向应变

2.2.4　应力与应变的关系

（1）应力-应变曲线　通过拉伸实验可得到载荷-拉伸变形曲线，根据这条曲线，将载荷转换成应力，将拉伸变形转换成应变，就得到如图 2-7 所示的应力-应变曲线。

（2）比例极限　在应力较小时应力与应变成正比。在应力-应变曲线上，应力与应变保持一定比值不变的极限点所对应的应力值，称为比例极限（limit of proportionality）。

（3）弹性极限　材料在卸载后能够恢复到原始状态，不产生塑性变形的极限点 B 所对应的应力值，称为弹性极限（limit of elasticity）。

（4）屈服点　在点 C 与 D 之间发生的变化是碳素钢特有的现象。这时，即使应力减小应变也会增大，这种现象称为屈服，此时的应力值称为屈服点。

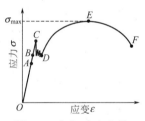

图 2-7　应力-应变曲线

（5）极限强度　在应力-应变曲线上，E 点的应力达到最大值 σ_{max}，该极限应力值称为极限强度（ultimate strength）。

2.2.5　弹性模量

在弹性变形区内，应力与应变的比值恒定，该比值称为弹性模量，即胡克定律：

$$应力/应变 = 常量弹性模量$$

（1）轴向弹性模量　在拉伸实验中的弹性范围内，轴向应力与轴向应变之间存在一定的比例关系，其比例常数称为轴向弹性模量 E（modulus of longitudinal elasticity）。

轴向弹性模量 $$E = \frac{\sigma}{\varepsilon} = \frac{Wl}{A\lambda} \qquad (2\text{-}6)$$

式中　σ——轴向正应力，kg；

　　　ε——轴向应变；

W——轴向拉伸（或压缩）载荷，kg；

l——轴向长度，mm。

A——载荷体的横截面积，mm^2；

λ——轴向变形量，mm。

（2）剪切弹性模量　在弹性范围内，剪应力 τ 与剪应变 γ 之间也存在一定的比例关系，其比值称为剪切弹性模量（modulus of transverse elasticity）G。

$$剪切弹性模量 \qquad G=\frac{\tau}{\gamma}=\frac{Wl}{A\lambda}=\frac{W}{A\phi} \tag{2-7}$$

式中　τ——剪切应力，kg；

γ——剪切应变；

ϕ——单位轴向长度发生的轴向变形量。

2.2.6　疲劳破坏与 S-N 曲线

材料经过反复加载后，载荷即使比极限强度低很多，也会使材料遭到破坏，这种现象称为疲劳破坏。如图 2-8 所示的 S-N 曲线中，S 为反复加载的载荷，N 为发生疲劳破坏的加载次数，曲线的水平部分称为疲劳极限。当材料在疲劳极限以下使用时，材料不会发生破坏。疲劳极限是材料的强度指标之一。

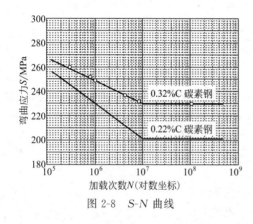

图 2-8　S-N 曲线

2.2.7　安全系数

材料的极限强度 σ_{max} 与许用应力 σ_s 的比值称为安全系数 S（factor of safety）。

$$安全系数 \qquad S=\frac{\sigma_{max}}{\sigma_s} \tag{2-8}$$

式中　σ_{max}——材料的极限强度，kg；

σ_s——许用应力，kg。

在零件设计过程中，制定许用应力要慎重。如果零件是受静载荷的作用，那么对脆性材料，σ_{max} 应是抗拉强度；对塑性材料，σ_{max} 应是抗拉强度、屈服点（或屈服极限）。如果零件是受交变载荷的作用，σ_{max} 应是疲劳强度。

安全系数要根据载荷的种类、工作环境、材料的可靠性以及对社会的影响等因素制定，安全系数是决定许用应力的依据。通常一般结构材料 S 选 3，曲轴 S 选 15。

2.2.8　应力集中

具有相同横截面的材料受到拉伸或压缩时，在截面的各部分所产生的应力都相等。但是，在截面形状发生急剧变化的部位，所产生的应力就会大于截面上的平均应力，如图 2-9 所示。x—x 截面上的局部最大应力 σ_{max} 大于载荷除以截面积所得到的平均应力 σ_n。

由于截面形状的突变，导致截面上局部应力增大的现象称为应力集中（stress concentration）。因为应力集中点上容易发生疲劳破坏，所以应当特别重视。

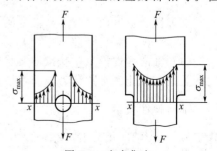

图 2-9　应力集中

2.2.9 热应力

若有一金属棒原始长度为 l，两端处于自由状态，其热膨胀系数为 α，当温度由 t 上升至 t' 时，金属棒的长度延长至 l'，延长量为 λ，关系式为：

$$\lambda = l' - l = \alpha(t' - t)l \qquad (2\text{-}9)$$

式中　l'——延长的金属棒的长度，mm；

　　　l——金属棒的长度，mm；

　　　α——热膨胀系数；

　　　t'——热膨胀后的温度，℃；

　　　t——热膨胀前的温度，℃。

若金属棒的两端固定，不能自由伸长，当温度由 t 上升至 t' 时，就相当于材料的长度由 l' 被压缩至 l，压缩量为 λ，此时的应变可由下式计算：

$$\varepsilon = \frac{\lambda}{l'} \approx \frac{\lambda}{l} = \frac{\alpha(t' - t)l}{l} = \alpha(t' - t) \qquad (2\text{-}10)$$

$$\alpha = E_\varepsilon - E_\alpha(t' - t)$$

2.2.10 蠕变与低温脆性

(1) 蠕变　对于塑性材料，如果长时间施加小于弹性强度的拉伸载荷，随着时间的增加，应变逐渐增大的现象称为蠕变。这种现象在高温状态下特别明显，因此，在设计高温环境下工作的零件时必须考虑材料的蠕变极限。

(2) 低温脆性　碳素钢构件在零度以下使用时，发生塑性降低的现象称为低温脆性。焊接等构件的低温脆性特别明显。

2.2.11 轴的扭转

在力偶的作用下，杆件发生绕轴扭转变形的过程称为扭转，受扭转作用的杆件称为轴。

当长度为 l、直径为 d 的轴一端固定、另一端受到力矩 T 的作用时，就会发生扭转变形，达到平衡时的扭转变形角度为 θ。这时轴所受的力矩称为扭矩或转矩（torque），所产生的扭转变形角 θ 称为扭转角。如图 2-10 所示。

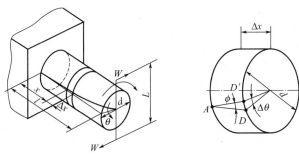

图 2-10　轴的扭转

若剪切角为 ϕ，剪切应变为 γ，剪切弹性模量为 G，则剪应力 τ 可由下式求得：

$$\gamma = \tan\phi = \frac{\frac{d}{2}\Delta\theta}{\Delta x} = \frac{\frac{d}{2}\theta}{l} = \frac{d\theta}{2l} \qquad (2\text{-}11)$$

$$\tau = G\gamma = G\frac{d\theta}{2l}$$

式中　$\Delta\theta$——扭转变形角度增量；
　　　Δx——扭转变形厚度增量；
　　　ϕ——剪切角；
　　　γ——剪切应变。

2.3　机械零件

机械零件可按其用途分为连接、轴用、传动、制动、缓冲、管等类型。
(1) 连接件　螺栓、螺母和铆钉等。
(2) 轴用件　轴、联轴器、轴承和键等。
(3) 传动件　齿轮、V带、链和凸轮等。
(4) 制动件和缓冲件　制动器和弹簧等。
(5) 管件　管、管接头和阀等。

2.3.1　齿轮

齿轮传动是通过轮齿之间的啮合实现直接接触的传动方法。这种方法的传动比精确、传动功率较大。机电一体化设备完成的各种运动，都需要传动机构来实现，齿轮副是其中最重要的传动机构之一。

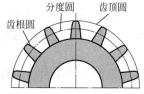

图 2-11　齿轮各部位的名称

(1) 齿轮分类　齿轮是在圆盘形毛坯上规则地加工出齿形而制成的零件。齿轮传动是将齿轮安装在轴上，通过两齿轮的轮齿直接接触来传递转矩的传动方式。齿轮各部位名称如图 2-11 所示。

① 直齿轮　如图 2-12(a) 所示。不存在轴向力，容易制造。
② 斜齿轮　如图 2-12(b) 所示。与直齿相比强度高，噪声小。运行时会产生轴向力，在设计轴承时要注意。
③ 内齿轮　如图 2-12(c) 所示。在内圆柱的表面上加工齿轮，可得到紧凑的结构。
④ 齿条与齿轮　如图 2-12(d) 所示。可将旋转运动变成直线运动。
⑤ 直齿圆锥齿轮　如图 2-12(e) 所示。能够实现两相交轴之间的传动。
⑥ 螺旋齿圆锥齿轮　如图 2-12(f) 所示。将圆锥齿轮的轮齿加工成螺旋齿，可使之强

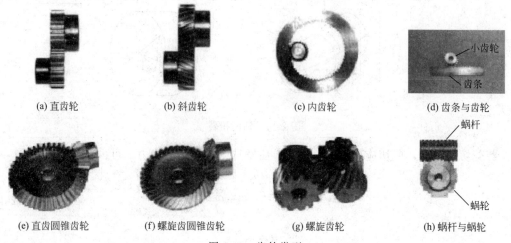

(a) 直齿轮　　　(b) 斜齿轮　　　(c) 内齿轮　　　(d) 齿条与齿轮

(e) 直齿圆锥齿轮　　(f) 螺旋齿圆锥齿轮　　(g) 螺旋齿轮　　(h) 蜗杆与蜗轮

图 2-12　齿轮类型

度高，传动平稳。

⑦ 螺旋齿轮　如图 2-12(g) 所示。两斜齿轮的轴线交错安装的齿轮副。

⑧ 蜗杆与蜗轮　如图 2-12(h) 所示。蜗杆（形状与螺杆相同）和蜗轮（相当于齿轮）的轴线垂直交叉安装，减速比大，但不能实现由输出轴到输入轴的逆向传动。

（2）齿轮原理

① 模数（m）　表示轮齿大小的参数。即使是相同直径的齿轮，若模数不同也不能互相啮合。模数较大的齿轮，齿形也较大，其关系式为：

$$模数(m)＝分度圆直径(d)/齿数(z) \qquad (2-12)$$

② 中心距（a）　是两互相啮合齿轮的节圆半径之和。利用模数和齿数来计算中心距较为方便，其关系式为：

$$中心距＝模数(m)/2(齿数\ z_1＋齿数\ z_2) \qquad (2-13)$$

此外，在模数和齿数不变时，可采用变位齿轮来改变中心距。

③ 减速比　齿轮传动的减速比等于被动齿轮的齿数与主动齿轮的齿数之比。如果固定中心距，提高减速比，则应减少模数。小齿轮的最少齿数是有界限的（不同压力角的齿轮略有不同），在选择时必须注意。

另外，齿顶圆直径（d_k）的关系式：

$$齿顶圆直径(d_k)＝分度圆直径(d)＋2×模数(m) \qquad (2-14)$$

分度圆直径（d）的关系式：

$$分度圆直径(d)＝模数(m)×齿数(z) \qquad (2-15)$$

齿根圆直径的关系式：

$$齿根圆直径≤齿顶圆直径(d_k)－2×2.25×模数(m) \qquad (2-16)$$

④ 渐开线　如图 2-13 所示，将绕到圆柱上的线绳蜡纸展开时，将线端的轨迹称为渐开线曲线。除钟表上使用的小齿轮为摆线齿轮外，一般齿轮的齿形曲线均为渐开线。

图 2-13　渐开线曲线

2.3.2　带传动

带传动方法适用于主动轴和从动轴之间距离较大的场合，其特点是传动平稳，振动噪声小。由于带传动是利用摩擦力来传递力矩的，容易产生打滑现象，因而不能精确地传递运动。

2.3.3　链传动

链传动与带传动在传递运动方面很相似，链传动是将链轮安装于传动轴上，通过绕在链轮上的链条来传递运动，链条由内链节和外链节相互连接构成。由于不是利用摩擦力来传递运动，所以传动效率高。但这种方法容易产生振动和噪声，所以不适用于高速传动。

2.3.4　离合器

当要求被动轴做间歇运动时，需要采用离合器。离合器分为摩擦离合器（圆盘离合器、圆锥离合器）、同步离合器（牙嵌式离合器）、电磁离合器（磁性离合器）等。

2.3.5　制动器

制动器是将机械运动部件的动能转换成热能，从而使机械降速或停止的装置。它大致可分为机械制动器和电气制动器两类。

（1）机械制动器　机械制动器有螺旋式自动加载制动器、盘式制动器、闸瓦式制动器和

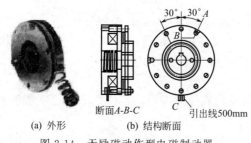

（a）外形　　（b）结构断面

图 2-14　无励磁动作型电磁制动器

电磁制动器等，最典型的是电磁制动器。

在机电一体化的驱动系统中常使用伺服电机。伺服电机本身的特性决定了电磁制动器是不可缺少的部件，如图 2-14 所示。

电磁制动器的原理是用弹簧力制动的盘形制动器，当有励磁电流通过线圈时制动器打开，这时制动器不起制动作用。而当电源断开，线圈中无励磁电流时，在弹簧力的作用下制动器处于制动状态的常闭方式。所以这种制动器称为无励磁动作型电磁离合器。又因为常用于安全制动场合，也称为安全制动器。

（2）电气制动器　电动机是将电能转换为旋转机械能的装置，它也具有将旋转机械能转变为电能的发电功能。伺服电动机是一种能量转换装置，可将电能转换成机械能，同时也能够通过其反过程产生的电能来达到制动的目的。但对于直流电机、同步电机和感应电机等各种不同类型的感应电机，必须分别采用适当的制动电路。

对移动工作的机电一体化设备，尽量避免采用机械制动器，因为它会增加设备重量，不利移动。采用电气制动器，在不增加驱动系统重量的同时又具有制动功能，是非常理想的情况，但电气制动器不能达到完全停止不动的制动效果，所以在需要保持静止状态时必须采用机械制动器。

2.3.6　凸轮

凸轮可按接触部位的运动形式分为平面运动的平面凸轮（plane cam）和空间运动的空间凸轮（solid cam）。平面凸轮包括盘形凸轮、移动凸轮、框形封闭凸轮和逆向凸轮等。

（1）盘形凸轮　在平面凸轮中，应用最广的是具有特殊轮廓形状的旋转盘形凸轮，如图 2-15(a) 所示。

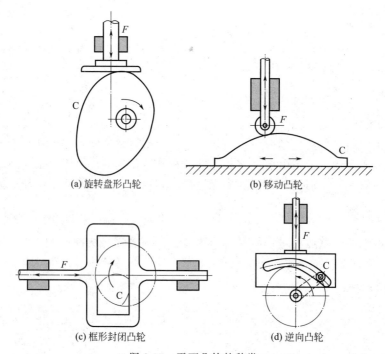

（a）旋转盘形凸轮　　　　　　　　（b）移动凸轮

（c）框形封闭凸轮　　　　　　　　（d）逆向凸轮

图 2-15　平面凸轮的种类

（2）移动凸轮　做往复直线运动的凸轮，如图 2-15（b）所示。

（3）框形封闭凸轮　将凸轮整体装入从动件的框形结构中，形成几何封闭形状。这种能够精确传递运动的凸轮称为确动凸轮，框形封闭凸轮是其中的一种，如图 2-15（c）所示。

（4）逆向凸轮　从动件制成特殊形状的凸轮，如图 2-15（d）所示。

空间凸轮包括旋转体凸轮、端面凸轮和斜盘凸轮等。

（1）旋转体凸轮　在圆柱、圆锥或球面等回转体的表面上加工出具有特殊曲线规律的沟槽，将从动件嵌入沟槽内，通过主动件的旋转来传递运动的凸轮机构，称为旋转体凸轮机构，其中的主动件称为旋转体凸轮，如图 2-16（a）所示。

（2）端面凸轮　通过在轴的端面上加工出特殊轮廓而制成的凸轮，如图 2-16（b）所示。

（3）斜盘凸轮　可使从动件实现间歇振动的凸轮，如图 2-16（c）所示。

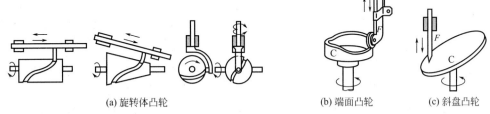

(a) 旋转体凸轮　　　　　　　　　(b) 端面凸轮　　　(c) 斜盘凸轮

图 2-16　空间凸轮的种类

2.3.7　弹簧

弹簧是一种利用材料的弹性变形实现以下功能的零件：

① 吸收能量，起到缓冲和防振作用；

② 利用弹簧的变形量与载荷大小成正比的性质进行测量；

③ 利用弹簧变形的储能性质来缓慢释放能量；

④ 利用弹簧的弹性实现复位等。

从广义上讲，所有以材料的弹性作为使用功能的机械零件都可称为弹簧。由弹簧的弹性产生的力称为弹簧力。

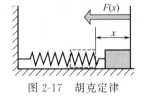

图 2-17　胡克定律

若将弹簧的一端固定，拉住另一端使其从自由长度伸长 x，则所需要的拉力为 $F(x)$，如图 2-17 所示。

若在弹簧的末端悬挂一重物，那么伸长了 x 的弹簧就会对重物产生一个反作用力 $-F(x)$。当弹簧的变形长度相对于其自由长度足够小时，$F(x)$ 与 x 成正比，即胡克定律

$$F(x)=kx \tag{2-17}$$

式中　k——弹簧常数；

　　　x——弹簧变量，mm。

2.3.8　键

键用于联轴器、齿轮等与轴的连接。键的种类如图 2-18 所示。

2.3.9　轴承

用于旋转轴的支承，是使轴能够旋转的机械零件。轴承安装在轴的轴颈上。轴承依据承受载荷受力的方向，分为向心力和推力两种。

（1）向心轴承　承受径向载荷的轴承。如图 2-19 所示。

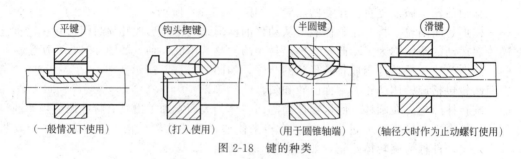

图 2-18　键的种类

（一般情况下使用）　（打入使用）　（用于圆锥轴端）　（轴径大时作为止动螺钉使用）

（2）推力轴承　承受轴径向载荷的轴承。如图 2-20 所示。

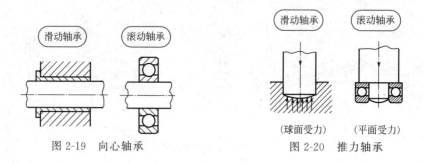

图 2-19　向心轴承

图 2-20　推力轴承

（球面受力）　（平面受力）

依据轴在轴承中的运动方式分为滑动和滚动两种轴承。

（3）滑动轴承　轴承与轴颈之间为滑动接触的轴承，称为滑动轴承，图 2-21 所示为滑动轴承中的向心轴承。若使铸铁制成的轴承座与轴颈直接接触，摩擦面将发生磨损，为避免这种现象，应在轴承接触面上安装轴瓦。轴瓦的材料一般为锡青铜、黄铜、青铜和铝合金等。也可用巴氏合金、铅青铜轴承合金等质地较软的材料作为铸铁、青铜等材料的轴瓦里衬。

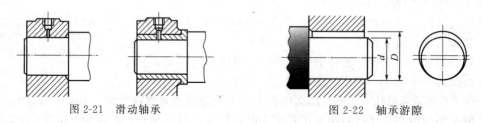

图 2-21　滑动轴承

图 2-22　轴承游隙

① 轴承游隙　滑动向心轴承的内径与轴颈的直径差，称为轴承游隙，轴承游隙对油膜的形成有很大的影响。轴承游隙与轴颈的直径之比，称为轴承游隙比，普通轴承的游隙比为 0.001 左右。如图 2-22 所示，如轴承的内径为 D，轴颈的直径为 d，则轴承游隙为 $D-d$，而轴承的游隙比为 $(D-d)/d$。

② 滑动轴承的润滑方法　使用滑动轴承时，在轴承与轴颈的间隙中必须加入润滑脂或润滑油进行润滑，图 2-23 所示为手动加油的润滑方法。

手动给油法：由人工使用注油器适时地进行手动加油的润滑方法。

油线滴油法：使用油杯通过油线随时滴油

图 2-23　润滑方法

手动给油法　油线滴油法　飞溅法

的润滑方法。

飞溅法：使油箱内的润滑油飞溅到轴承上进行润滑的方法。

（4）滚动轴承 在轴承与轴颈之间加入滚珠或滚柱等滚动体，实现滚动接触的轴承，叫滚动轴承，其种类如图 2-24 所示。

(a) 深沟球轴承　(b) 角接触球轴承　(c) 调心球轴承　(d) 圆锥滚子轴承　(e) 滚针轴承

图 2-24　滚动轴承的种类

① 深沟球轴承 可同时承受径向载荷和较小的轴向载荷，在一般场合使用较多。

② 角接触球轴承 可同时承受径向载荷和一个方向的轴向载荷。

③ 调心球轴承 外环的内表面为球面，在转动中即使轴心稍有倾斜也能自动调整，从而使之正常转动。

④ 圆锥滚子轴承 可承受较大的径向载荷和轴向载荷。

⑤ 滚针轴承 使用多个较细小的滚针作为滚动体，可以减小轴承的外径尺寸。

（5）滚动轴承的润滑方法 滚动轴承的润滑应考虑滚动接触的滑动摩擦部分、保持架与滚动体（滚珠、滚子）之间的摩擦部分的润滑及轴承内部的防锈问题。

润滑方法有如下几种。

① 润滑脂润滑 采用向轴承内注入润滑脂的方法进行润滑。

② 油浴润滑 将轴承的部分滚动体浸在润滑油中进行润滑。

③ 循环润滑 将使用过的润滑油过滤后循环供油的润滑方法。

④ 喷射润滑 用喷嘴向轴承内喷入压力润滑油的方法。

2.4　机械机构

2.4.1　直线导轨

直线导轨是机电一体化设备中保证顺利运行的连接机构。导轨有滑动导轨、滚动导轨、静压导轨和磁悬浮导轨等，滚动导轨的应用较为多一些。

（1）直线滚动导轨 根据所使用的滚动体和导轨形状分类如下。

① 按导轨的形状分 圆轴形、平板形和轨道形。

② 按有无滚动体分 循环式和非循环式。

③ 按滚动体分 滚珠、滚子和滚针。

选择滚动导轨的关键在于根据具体情况选择适合使用目的的导轨。通常，安装滚珠的滚动导轨适用于轻、中载荷，且需要摩擦小的场合；安装滚子的滚动导轨刚性大，适用于大载荷场合。图 2-25～图 2-27 所示是 3 个典型实例。

图 2-25 是最典型的直线导轨，由长导轨和滑动体组成，在导轨和滑动体的对应面安装了滚子，为 90°X 形 4 列分布，是 4 个方向均分布载荷的规格，刚性大，适用于重载荷场合。

图 2-25　轨道循环式滚子导轨

图 2-26 是圆轴非循环式滚珠导轨。这种导轨的结构是在外筒上安装了保持架和滚珠。它具有滚球轴承的特点，能够承受直线运动和旋转运动。

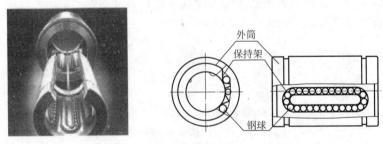

图 2-26   圆轴循环式滚珠导轨实物及结构图

图 2-27 是圆形循环式滚珠导轨。保持架与外筒固定，滚珠在保持架循环槽内的循环极其顺滑。轴向运动不受限制，摩擦小，能够保证较高的进给精度。

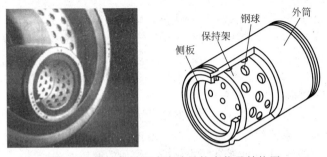

图 2-27   圆轴非循环式滚珠导轨实物及结构图

（2）直线运动的执行元件　对可移动的机电一体化设备，如果给直线导轨单独配置驱动装置，就不如使用直线运动执行元件简单。图 2-28 所示是作为可移动的机电一体化设备模块已经产品化的直线导轨示例。

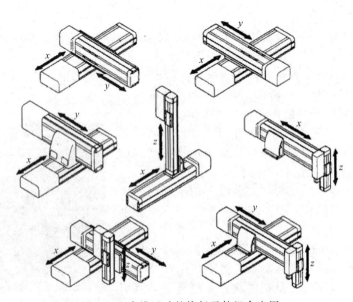

图 2-28   直线运动的执行元件组合应用

2.4.2　减速器

所谓减速器就是使速度（或转速）降低的机械机构，也可认为是力（或力矩）放大机。与减速器相连的电机的输出功率为转速与转矩之积。功率一定时，当转速 n 降低，则输出转矩增加。其关系式

$$P=2\pi \times n \times T/(60 \times 1000) \tag{2-18}$$

式中　P——电机的输出功率，kW；

　　　T——转矩，N・m；

　　　n——转速，r/min。

（1）直齿圆柱齿轮减速机构　这种减速机构能够在减速的同时传递较大的力矩，但不适用于大减速比的情况。

（2）蜗杆蜗轮机构　这种机构具有自锁功能，没有制动器也能保持位置不变。因输入轴与输出轴交错布置，所以只适用于专门位置机构的驱动。

（3）齿轮齿条直线运动机构　使用小齿轮与齿条可将旋转运动变为直线运动。它适用于需要将电机等的旋转运动转换为直线运动机构的场合。

2.4.3　柔性传动机构

要在两轴之间传递旋转运动和力矩，可采用在两轴上分别安装带轮，并在带轮上环绕传动带的传动方法。这种方法称为柔性传动，特别适合传递轴间距较大的运动。

（1）柔性传动的分类　按传动是否存在相对滑动现象，可将柔性传动分为以下类型。

① 利用摩擦的传动　包括平带传动、V 带传动和绳索传动，都是存在相对滑动。

② 利用啮合传动　包括滚子链传动和同步带传动，都不存在相对滑动。

当两轴间距离较大，不能使用齿轮传动时，可采用滚子链或同步带传动。采用滚子链传动时，必须考虑松弛和润滑问题。而在采用同步带传动时，虽然带轮的制造比较复杂，但完全采用单元化结构，无需带的张紧和注油等维护工作，机电一体化设备应用的越来越多。

（2）绳索传动　常用于起重机、电梯、索道等设备。绳索与齿轮和链传动相比价格便宜，适用于较长区间内传递力矩。

如起重机利用滚筒卷曲绳索，通过滑轮 1 传动，滑轮 2 的作用是使重物的运动距离为绳索卷曲长度的一半，而提升力为绳索拉力的 2 倍，如图 2-29(a) 所示。传递绳索动力的驱动滑轮结构［如图 2-29(b) 所示］与支承和导向普通滑轮的结构［如图 2-29(c) 所示］不同，传递绳索动力的驱动滑轮导向槽截面形状为三角形，它是利用内侧夹紧力来产生较大的摩擦力。

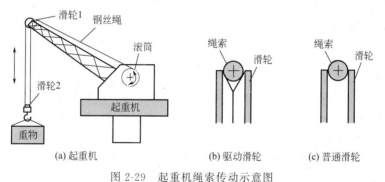

图 2-29　起重机绳索传动示意图

（3）滚子链（臂杆的内部结构）　滚子链与齿轮相比用于低速、大转矩的传动，可实现与同步带相同的同步运转。由于采用金属结构，使用寿命较长。适用于多关节机电一体化设备等，希望将驱动系统尽可能安装在本体上的传动机构。它与同步带相比价格较便宜，可布置在较小的空间内，但在长距离传动时会产生松弛现象，必须采用张紧机构。

（4）同步带　同步带传动机构是在带的内侧和带轮外圆周上加工出与齿轮相似的齿形，完全由齿形的啮合来传动，能够实现同步运转。与 V 带轮传动机构相比，不需要带的张紧机构；与齿轮传动相比，噪声小，不需要润滑，适用于轴间距较大的轻载传动。同步带的材质可采用橡胶等各种材料。同步带传动机构的造价比 V 带轮传动机构高出 15～20 倍。

2.4.4　连杆机构

用销钉等零件将细长的杆件连接组成的机构称为连杆机构。杆与杆之间可构成转动副或滑动副，其中，做旋转运动的杆称为曲柄，而只能在一定角度范围内做往复摆动的杆称为摇杆。图 2-30 所示为由转动副构成的连杆机构。

（1）连杆机构的结构　传递运动的机构中，带动其他部分运动的零件叫做主动件（driver），最后实现必要运动的零件叫做从动件（follower）。根据主动件与从动件之间的关系可将传动方式分为直接传动与间接传动。

（2）直接传动　主动件与从动件之间通过直接接触来传递运动的机构，称为直接传动机构。如图 2-31 所示，主动件凸轮 A 旋转，推动从动件阀杆 B 做往复运动，这就是一种直接传动机构。齿轮、摩擦轮、凸轮等传动机构均为直接传动机构。

（3）间接传动　如图 2-32 所示，有 4 根杆件组成的机构称为四连杆机构。主动件 A 与从动件 C 分离，主动件 A 的运动先传给杆件 B。再由杆件 B 将运动传给从动件 C，这样的运动形式称为间接传动。运动传递的中介杆件 B 称为连杆（中间杆）。固连于静止坐标系的固定件称为机架。中间件不单指连杆这样的刚性构件，也包括带等柔性件和压力油之类的流体等。

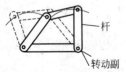
图 2-30　连杆机构示意图

图 2-31　直接传动示意图

图 2-32　间接传动示意图

（4）四连杆机构　杆件按使用方法可分为曲柄和摇杆。机架和连接件暂且不论，根据主动件和从动件的使用方法，可将四连杆机构按曲柄和摇杆的组合形式分为三种基本机构。

① 曲柄摇杆机构　如图 2-33 所示，如果杆 A 为机架，杆 C 为连杆，那么短杆 D 就是可回转的曲柄，长杆 B 则是可以进行往复摆动的摇杆。杆 B 和杆 D 都可作为主动件或从动件使用。

② 双曲柄机构　如图 2-34 所示，若将短杆 A 固定，杆 C 作为连杆，则杆 B 和杆 D 均可作为曲柄。这时，如果主动件为匀速回转，则从动件为非匀速回转。

③ 双摇杆机构　如图 2-35 所示，若以杆 A 为机架，C 作为连杆，那么 B、D 两杆均可作为摆杆。它主要应用于铲土机、水平牵引式起重机等，可以说是一种最典型的连杆机构。

④ 曲柄滑块机构　曲柄与滑块机构组合起来能够将旋转运动变为直线运动（或将直线运动变为旋转运动），如图 2-36 所示。

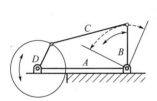

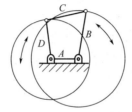

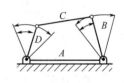

图 2-33 曲柄摇杆机构示意图　　图 2-34 双曲柄机构示意图　　图 2-35 双摇杆机构示意图

⑤ 曲拐机构　是连杆机构的一种应用，很早以前就开始在曲柄夹紧机构和冲压机构上使用。这种机构的往复运动范围大，并能够产生较大的压力，图 2-37 所示为曲拐机构在机械手夹紧部分的应用。

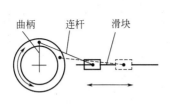

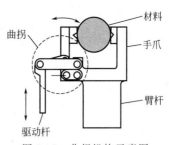

图 2-36 曲柄滑块机构示意图　　　　图 2-37 曲拐机构示意图

2.4.5　行星齿轮机构

如图 2-38 所示，将齿轮 A、齿轮 B 和系杆 R 安装在轴上，如果齿轮 A 固定，系杆 R 绕轴 O_1 旋转，那么齿轮 B 将在绕轴 O_2 自转的同时，还要绕轴 O_1 公转。这种机构称为行星齿轮机构（planetary gear），常被应用于减速装置中。

若图 2-38 中齿轮 A 和齿轮 B 的齿数分别为 $Z_A=80$，$Z_B=20$，逆时针旋转为＋，顺时针旋转为－，则可以做如下分析。

① 将齿轮 A、齿轮 B 和系杆 R 固连，同时绕轴 O_1 旋转＋1 周。

② 将系杆 R 固定，齿轮 A 旋转－1 周。因为齿轮 A 和齿轮 B 为外啮合，所以齿轮 A 和齿轮 B 的旋转方向相反，其转数为

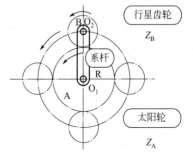

图 2-38 行星齿轮机构示意图

$$(-1)\times\left(-\frac{80}{20}\right)=+4$$

③ 这时齿轮 A、齿轮 B 和系杆 R 的正方向（＋）转数应为①、②两次旋转运动的转数之和，齿轮 B 的正向转数为＋1＋4＝＋5。

思 考 题

1. 什么是机械运动副？
2. 什么是机械机构？

3. 说明应力、应变的概念，两者的关系是什么？

4. 机电一体化系统中常用的机械零件有哪些？各自的功能是什么？

5. 机械机构在机电一体化系统中有何作用？

6. 轴承在机电一体化系统中有何功能？选择的原则是什么？

7. 机电一体化系统中直线运动的执行元件的应用有几种典型组合？

8. 简述四连杆机构的动作原理。

9. 说明柔性传动机构最大的好处是什么？最大的不足是什么？

10. 在图 2-39 所示的轮系中，各齿轮的齿数分别为 $Z_1=20$，$Z_2=50$，$Z_3=18$，$Z_4=45$。若齿轮 I 的转速为 1200r/min，试求齿轮 IV 的转速。

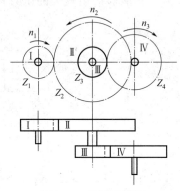

图 2-39　轮系示意图

第 ③ 章
传感器技术

3.1 力传感器

力传感器（force sensor）是一种能够检测拉力、牵引力、重量、压力、扭矩、材料内部应力和应变等力学量的传感器。在力传感器中，目前有金属应变片、测力计、半导体压力传感器等多种类型。

3.1.1 金属应变片

金属受到拉伸作用时，在长度方向发生伸长变形的同时会在径向发生收缩变形。金属的伸长量与原来长度之比称为应变。利用金属应变量与其电阻变化量成正比的原理制成的器件称为金属应变片（strain gauge）。普通金属应变片如图 3-1 所示，是在用苯酚和环氧树脂等绝缘材料浸泡过的玻璃基板上，粘贴直径为 0.025mm 左右的金属丝或金属箔制成的。

金属应变片采用惠斯通电桥（Wheatstone bridge）电路，将应力和拉力等力学量转换成电量，再将输出的微弱电压信号放大后进行检测的器件。如图 3-2 所示的电路中，假设 $R_1 = R_2 = R_3 = R_4$，当惠斯通电桥处于平衡状态时，电路的输出电压 $u = 0$。但是，当有一个金属应变片受力产生应变时，其阻值变为 $R_1 + \Delta R_1$，则输出电压 u 可由下式得出：

$$u = \frac{E}{4} \times \frac{\Delta R_1}{R_2} \tag{3-1}$$

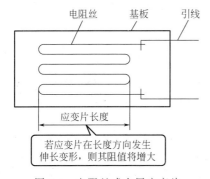

图 3-1 电阻丝式金属应变片

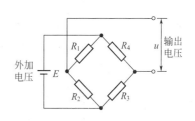

图 3-2 惠斯通电桥电路

若一个金属应变片产生的应变为 ε_1，则上式将变为

$$u = \frac{E}{4} K \varepsilon_1 \tag{3-2}$$

式中 K——应变系数（gauge factor），表示金属应变片的电阻应变灵敏度；

         ε_1——金属应变片产生的应变。

利用惠斯通电桥构成力学量传感器时，可采用电桥的一边为一个金属应变片，其他为固

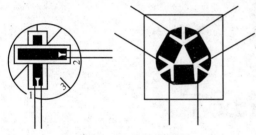

定电阻的方法，也可采用在电桥上用2～4片金属应变片组成的桥路结构，以此提高传感器的测量精度，如图3-3所示。

采用2片金属应变片组成检测电路时，就有2片金属应变片产生应变，可得到单片应变片电路的2倍输出电压。采用4片金属应变片组成检测电路时，可得到单片应变片电路的4倍输出电压。此外，有的检测电路还采用具有温度补偿功能的金属应变片替换

图3-3 组合式应变片

固定电阻，以达到提高电路测量精度的目的。普通金属应变片的阻值通常为120Ω，当需要检测微弱应变时，可采用10kΩ的金属应变片。

3.1.2 测力计

用于测量拉力、牵引力、重量等力学物理量的专用传感器，称为测力计（load cell）。其中，有的测力计采用粘贴多个金属应变片的结构，也有的采用半导体应变片作为转换元件，其结构如图3-4所示，它是在压力和拉力的检测部分贴有4～8个应变片。

在选择测力计时，可根据被测载荷的类型选择不同的测力计。其中，不仅有能测量拉力或测量压力的测力计，还有能同时检测拉力与压力的测力计。这些测力计的测量范围为50mN～5MN，有多种规格。在选型时不要采用满容量（或满刻度）使用，应考虑到冲击等因素而留有一定的余量。而且还应综合考虑是否有冲击载荷、测量精度要求、支撑点的个数、使用环境温度等诸多因素，这是非常重要的。

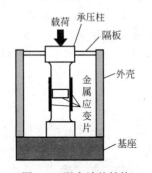

图3-4 测力计的结构

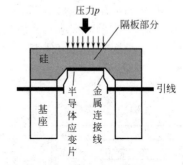

图3-5 半导体压力传感器结构

3.1.3 半导体压力传感器

在半导体晶体受到一个外力作用时，因半导体的压阻效应，其内部电阻将发生很大变化。利用半导体的这种特性制成检测压力的半导体压力传感器（semiconductor pressure sensor），其结构如图3-5所示。在制造时，先将硅单晶基板的中央部分腐蚀成薄膜状的硅杯（diaphragm），再用IC的扩散工艺制成由4个半导体应变片构成的惠斯通电桥，以此构成检测压力的传感器。

被测对象为空气、CO_2、He、Ne、Ar和硅酮油等物质时，可采用硅杯直接承压的测量方式；被测对象为水、海水、氟利昂、汽油、SO_2等物质时，可将硅杯通过玻璃贴在不锈钢的背面构成保护罩，通过保护罩承压。

3.2　位移传感器

位移传感器（displacement sensor）是一种用于检测物体位置（长度、距离）及转动角度等物理量的传感器。在常用的位移传感器中，有可变电位器、差动变压器、光电角度传感器、半导体角度传感器等多种类型。

3.2.1　可变电位器

图 3-6 所示为一个圆形可变电位器示意，当转动滑块沿圆周状的电阻材料滑动时，输出电阻与滑块在电阻材料间的转动角度成正比。

给电阻体施加一个固定的电压时，由滑块位置分压的输出电压，可由电阻材料的总电阻与滑块至固定端的电阻之比求得：

$$E_{\text{OUT}} = E_{\text{IN}} \times \frac{R_{\text{O}}}{R_{\text{A}}} \qquad (3\text{-}3)$$

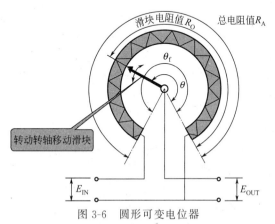

图 3-6　圆形可变电位器

式中　E_{OUT}——输出电压，V；

E_{IN}——外加固定电压，V；

R_{A}——材料的总电阻，Ω；

R_{O}——固定端至滑块间的电阻，Ω。

输出电压 E_{OUT} 也可由下式求出：

$$E_{\text{OUT}} = E_{\text{IN}} \times \frac{\theta}{\theta_{\text{f}}} (0 \leqslant \theta \leqslant \theta_{\text{f}}) \qquad (3\text{-}4)$$

式中　θ_{f}——可变电阻的最大转动角度；

θ——滑块的当前角度（位移量）；

E_{IN}——外加固定电压，V。

若可变电位器采用如图 3-7 所示的线绕型结构，则其分辨率将会呈离散式变化。线绕型结构也可依圈数分为单圈型（120°、340°）及如图 3-8 所示的多圈型（1800°、3600°）两种。

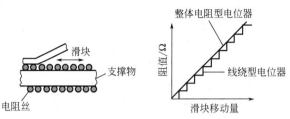

图 3-7　线绕型电位器的分辨率圆形可变电位器

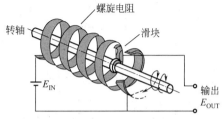

图 3-8　多圈型电位器的工作原理

在可变电位器中，电阻材料可采用金属电阻丝、碳膜、导电塑料、陶瓷电阻等材料。根据不同的用途，可变电位器可分为多种规格，阻值从 100Ω～100kΩ，有多种规格。由于可调电位器的阻值相对较大，因此在精度要求较高的检测和控制电路中，常采用高输入阻抗的差动放大器进行阻抗变换。

3.2.2　差动变压器

差动变压器（differential transformer）的原理及结构如图 3-9 所示。当给初级线圈施加一个交流电压时，铁芯中的磁通量将会随之发生变化，通过电磁感应，在次级线圈中将会产生一个与磁通量成正比的感应电动势。利用这一原理，若在初级线圈上施加一个稳定的励磁交流电压，则会在次级线圈上产生一个与铁芯位置成正比的感应电压。将这个电压整流成直流信号后取出，则可制成检测铁芯前端位移量的传感器。差动变压器的检测范围通常在 5～200mm 范围内，也有的差动变压器只能检测 ±1mm 范围内的位移量。

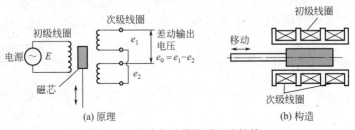

(a) 原理　　　　　　　　　(b) 构造

图 3-9　差动变压器的原理及结构

差动变压器的灵敏度一般为 80～300mV/mm 位移输出电压。它的信号电平高，输出阻抗低，具有很强的抗干扰能力。若采用在初级线圈两侧反向缠绕次级线圈，还可根据输出电压"＋"、"－"极性，判别出物体的位移方向。由于励磁电源会造成初级线圈发热，因此这一类传感器多在 1～5V、20mA 以内的条件下使用。

3.2.3　光电式角度传感器

光电式角度传感器的结构如图 3-10 所示。它的转动盘上带有螺线状的栅缝，当转动盘转动时，从发光元件发出的光按转动盘的转动角度照射到半导体位置检测元件的相应位置上，将轴的旋转角度变换成对应的电压信号，通过放大电路就可以检测出物体的旋转角度。

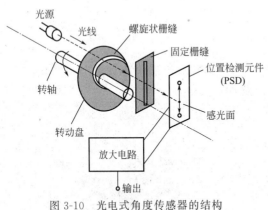

图 3-10　光电式角度传感器的结构

此类传感器的最大转动角为 120°和 340°，电源电压为直流 5V 或直流 12V，输出电压为 0.5～4.5V，分辨率较高。机械特性的扭矩小于 0.245mN·m，最高转速可达 200r/min。其应用领域与可变电位器相同，也是一种角度传感器，用于检测各种轴的旋转角度。

3.2.4　半导体角度传感器

以半导体材料制成的半导体磁阻元件为感应器件，当磁性齿轮转动时，由于外部磁场的强弱变化而引起元件的阻抗发生改变，使其输出的正弦曲线发生变化。若将该输出电压中仅有的一小段直线部分取出，就可以准确地检测出轴的转动角度。此外，采用这种传感器时，通过对输出脉冲的计数，还可以检测出轴的旋转角度及转数。该传感器结构示意如图 3-11 所示。

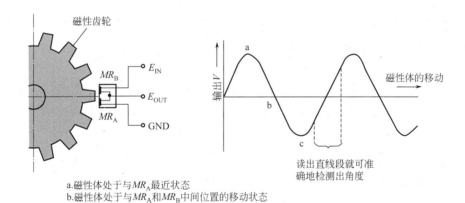

a.磁性体处于与MR_A最近状态
b.磁性体处于与MR_A和MR_B中间位置的移动状态
c.磁性体处于与MR_B最近状态

图 3-11 半导体角度传感器结构

在半导体角度传感器中，电源电压有 5V、6V、8V 等多种规格，转动角度可自由设定。机械特性的扭矩较小，一般小于 0.1mN·m，适用温度范围为 -10~+80℃，常作为检测角度及位置的传感器，用于加工机床的测量仪器或建筑机械等设备中。这种传感器通常根据传感器中采用半导体磁阻数目的不同，输出电压可分为 2 相、4 相等多种类型。也可用来完成转向控制和高精度的位置控制。

3.3 位置传感器

位置传感器（position sensor）是用于检测物体有、无或对物体的位置及形状进行识别和判别的传感器。在位置传感器中，有限位开关、接近开关、固体图像传感器等多种类型。

3.3.1 限位开关

如图 3-12 所示，在限位开关（limit switch）的内部通常都具有可检测是否有物体与其发生接触的机械式的执行机构（actuator）。

当移动的物体碰撞到执行机构时，凸轮发生转动，使凸轮槽内的弹子落下，从而触动微动开关实现电路的接通或断开。使用它可以检测出机床或机器人等移动物体的位置。

限位开关的内部为小间隙的触点结构，由凸轮槽和弹子的相互关系保证微动开关的位移量，不会发生超程现象。

执行机构有按直线上下运动的撞针式、做摆线运动的摆杆式及带有滚轮的折页式等多种类型，可根据需要加以选择。执行机构的主要类型如图 3-13 所示。

执行机构可在 4.5~7N 力的作用下动作，执行机构从自由位置至极限位置的动作范围为限位开关的行程。撞针式限位开关的行程为 1~2mm，摆杆式限位开关的行程为 60°。

根据应用环境的需要，有些产品将限位开关密封于金属或树脂盒内，制成防水、耐油或防尘的结构。限位开关有 15A AC 125V、6A AC 250V、3A AC

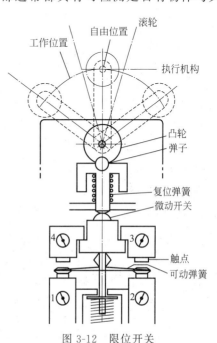

图 3-12 限位开关

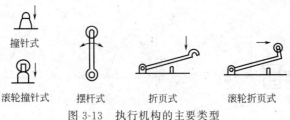

图 3-13　执行机构的主要类型

500V、5A DC 24V、0.8A DC 125V 等多种规格。有的限位开关中还装有霍尔 IC 芯片，构成能够防止误碰撞、具有去抖动功能的无触点型限位开关。

3.3.2　接近开关

在非接触式位置检测传感器中，有高频振荡式、磁感应式、电容感应式、超声波式、电波发射式、气动式、光电式、光纤式等多种接近开关（proximity switch）。

电容感应式（electrostatic capacity type）是较为典型的接近开关，能够检测金属和非金属的被测物。其工作原理是当有物体接近时，因静电感应使传感器中单极电容的电容量发生变化，从而使传感器内部的振荡电路起振或停振，利用振荡信号的大小可判断是否有物体接近，如图 3-14 所示。

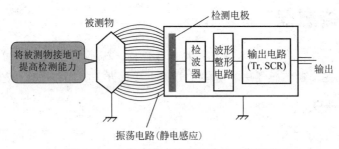

图 3-14　电容感应式接近开关的工作原理

在此类传感器中，电容 C 可由下式求出：

$$C = 8.854 \times 10^{-12} \times \frac{\varepsilon_\tau A}{l} (\text{F}) \qquad (3-5)$$

式中　8.854×10^{-12}——真空介电常数，F/m；

ε_τ——导体的相对介电常数；

A——电极的面积，m^2；

l——接近距离，m。

因此，只要检测出与电容量成正比的电压值，就可以求出被测物体的距离为

$$l = K \times \frac{8.854 \times 10^{-12} \times \varepsilon_\tau A}{E} \qquad (3-6)$$

式中　K——灵敏度；

E——输出电压，V。

图 3-15 所示为用晶体管构成的电容感应式接近开关的电路原理图。在电容感应式接近开关中，既有为了防止在发生电气故障时产生电火花引燃易燃性气体的低压（8V）小电流（5～6.5mA）的直流电流变化型接近开关，也有 12V

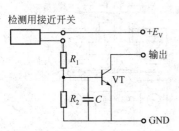

图 3-15　接近开关的应用电路

直流电压输出型、24V 直流开关输出型及 100～200V 交流开关输出型等多种类型。此类传感器的检测距离也有 6～10mm、3～25mm 等多种规格。在外形封装上，多采用圆柱形或棱柱形。

3.3.3　固体图像传感器

图像传感器（image sensor）有摄像管及固体传感器两种。

固体图像传感器（Charge Cougled Device）是将几十微米左右的光电转换元件排列成线状或面状结构，按时间顺序将各单元产生的光信号电荷作为图像信息取出，通过给传感器阵列施加移位脉冲，从而实现信号电荷传递的一种位置传感器。其结构如图 3-16 所示。

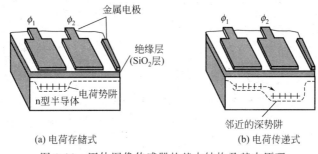

图 3-16　固体图像传感器的基本结构及基本原理

CCD 是在半导体表面涂敷的薄绝缘层上排列多个 MOS 结构构成的一种传感器。其工作原理是：给某一金属栅极施加一电压时，则在该栅极下形成电荷势阱，势阱中储存的电荷量与外部光照有关，光照越强电荷越多。该栅极上的电位越高，其下的势阱就越深，所以当给邻近的栅极施加一个更大的电压时，因在各栅极上的栅极电压不同，就可以使储存在势阱中的电荷向邻近的势阱中移动，由此完成信号电荷的顺序传递。

3.4　速度传感器

速度传感器是用于监测物体运动快慢或流体流动快慢等运动量的传感器，有光栅尺、旋转编码器、压电振动式陀螺传感器、电磁式流速传感器等多种类型。

3.4.1　光栅尺

光栅尺（linear encoder）是一种用于检验沿光栅尺运动的物体速度或移动距离的传感器。它的工作原理是以发光二极管为光源，通过在光栅尺上按固定间隔排列的栅缝，断续地将光照射到对面的光敏二极管上，再通过对光敏二极管接收的脉冲信号进行计数，来检测物体的移动距离。有的光栅尺的分辨率可达 0.8nm。

用光栅尺检验物体的运动速度时，常采用增量方式，通过在固定时间内对光敏二极管接收的脉冲进行计数来测量物体运动的速度。如图 3-17 所示的光栅尺，通过在固定栅板上配置两个能产生 1/4 间距相位差的栅缝，可得到两相脉冲输出信号，通过对其相位差的检测，还能判断物体的移动方向。

3.4.2　旋转编码器

光电旋转编码器（rotary encoder）是检验转数或转速的数字式传感器。光电旋转编码器的工作原理同光栅尺一样，都是通过检验脉冲信号来检测速度的。旋转编码器通过转动圆形光栅盘来检测轴的转数或转速。按其结构的不同，可将旋转编码器分为增量型及绝对型两种。

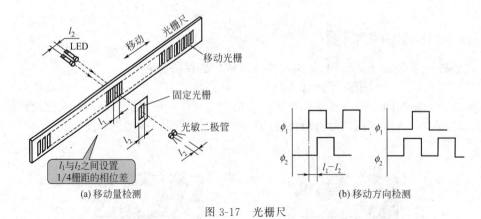

(a) 移动量检测　　　　　　　　　(b) 移动方向检测

图 3-17　光栅尺

增量型（incremental type）旋转编码器的结构如图 3-18 所示。当动光栅盘与固定接收光栅板之间有光透过时，两栅板缝隙之间可产生 1/4 间距的相位差，通过两相输出可判定旋转的正反方向。此外，为了使动光栅盘在转动一周时能发出一个归零信号，动光栅盘上还刻有零点栅缝，通过它可以检验机器的原点，并对检验电路的计数累计误差进行修正。增量型旋转编码器通过脉冲计数来检验轴的旋转角度，因此它能对旋转量做无限制的计数，这是此类传感器的一个显著特点。

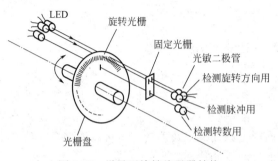

图 3-18　增量型旋转编码器结构

绝对型（absolute type）旋转编码器的结构如图 3-19 所示。该编码器是将动光栅盘按分辨率的位数划分成一系列同心圆，并将各同心圆的圆周按 2、4、8、16 的方式进行等分（构成编码盘）。在此类传感器中都会配有与同心圆数相等的发光二极管及光敏二极管，其输出为脉冲式编码信号。无论编码盘是否转动，它都会并行输出动光栅盘当前角度所对应的绝对位置的编码信号。这类编码器都具有与分辨率位数相等的数字输出信号线。

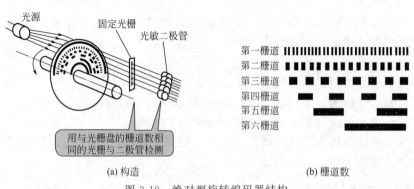

(a) 构造　　　　　　　　　(b) 栅道数

图 3-19　绝对型旋转编码器结构

在增量型旋转编码器中，电源电压为 DC5～30V，分辨率最高可达 10～9000 脉冲/圈。绝对型旋转编码器的电源电压为 DC10～26V，分辨率最高可达 2048 脉冲/圈（11 位编码）。

3.4.3 压电振动式陀螺传感器

陀螺传感器（gyroscope sensor）可分为振动式和气动式两种。振动式陀螺传感器的工作原理是当给单方向振动的物体施加角速度，那么在与它垂直的方向上也会因向心力（coriolis force）而发生振动，从而通过检测该向心力来获得角速度。

图 3-20 所示为压电振动式陀螺传感器的结构。它在恒弹性金属镍铬合金（elinvar）制成的正三棱柱体表面粘贴有压电陶瓷片。当它不动时，由励振侧压电元件产生的振动，与其他两面压电元件产生的振动振幅相等；当它转动时，在正三棱柱体上产生应变，压电元件输出的振幅会出现差值。将此差值进行放大检波，就可得到如图 3-21 所示的输出电压。这种传感器的最高检测能力可达 $\pm 90^\circ/\mathrm{s}$，电源电压为 $8 \sim 13.5\mathrm{V}$，输出电压为 $20\mathrm{mV}/(^\circ/\mathrm{s})$。

压电振动式陀螺传感器可用来控制移动物体的姿态、方位及转动速度，所以常用于汽车、船舶、飞机、机器人的定位及姿态控制等方面。还用于照相机和录像机中，以防止在拍照时产生的颤抖等。

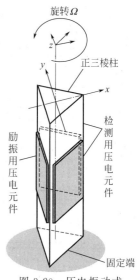

图 3-20 压电振动式
陀螺传感器结构

3.4.4 电磁式流速传感器

电磁式流速传感器（electromagnetic induction type current sensor）是用于测量流体流速的传感器，其制作原理是导体在磁场中与磁力线成直角运动时，该导体将产生一个感应电动势并有电流流过。若利用这种电磁感应效应，在由导电性流体流过的管道垂直方向上施加一个外部磁场，则通过检测安装在管道上的两个电极电位差，就可以测量出该导电性流体的流速。工作原理如图 3-22 所示。

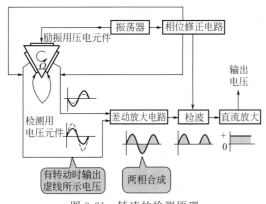

图 3-21 转速的检测原理

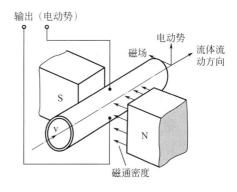

图 3-22 电磁式流速传感器的工作原理

这种传感器的特点是不会妨碍流体的流动，也不会造成流体的能量损耗。

3.5 加速度传感器

将加速度传感器与被测对象接触或将传感器安装在被测对象上来测量物体的加速度，它广泛地应用于振动或动态力的测量及控制等领域。使用时，可根据被测对象加速度的大小、频率范围等多种因素选择合适的传感器。

3.5.1　理论基础

加速度传感器是由弹簧系统支撑惯性质量构成的"振动子"的结构，其原理结构如图3-23所示，运动方程为：

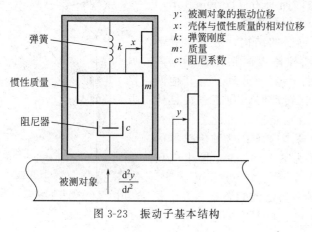

y: 被测对象的振动位移
x: 壳体与惯性质量的相对位移
k: 弹簧刚度
m: 质量
c: 阻尼系数

图 3-23　振动子基本结构

$$\frac{\mathrm{d}^2 x}{\mathrm{d}t^2} + 2\xi\omega_n \frac{\mathrm{d}x}{\mathrm{d}t} + \omega_n^2 x = -\frac{\mathrm{d}^2 y}{\mathrm{d}t^2}$$

(3-7)

$$\omega_n = \frac{k}{m} = (2\pi f_n)^2 \qquad \xi = \frac{c}{2\sqrt{mk}}$$

式中　ω_n——共振频率；
　　　ξ——阻尼系数。

当检测仪的共振频率 ω_n 远大于被测对象的频率时，壳体与惯性质量的相对位移 x 与被测对象的加速度成正比；ω_n 很小时，壳体与惯性质量的相对位移 x 与被测对象的位移成正比。振动传感器就是根据这一原理制成的。

3.5.2　电容式加速度传感器

它是一种利用振子作为电容的一个电极制成的传感器，其基本结构如图3-24所示。

因电容的极板间距随惯性质量的相对运动而变化，因此传感器中的电容量也随之变化。这种传感器体积小，重量轻的特点，可以测量从静态加速度至几百赫兹的动态加速度。

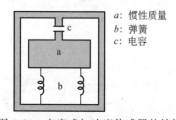

a: 惯性质量
b: 弹簧
c: 电容

图 3-24　电容式加速度传感器的结构

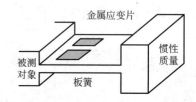

图 3-25　金属应变片式加速度传感器的结构

3.5.3　金属应变片式加速度传感器

它是一种在振子上安装金属应变片构成惠斯通电桥的传感器，其基本结构如图3-25所示。金属应变片能够将振子弯曲产生的应变量以阻抗变化的形式输出。这种传感器虽然体积小，重量轻，可测量静态加速度，但其灵敏度较低，近来已很少使用。

3.5.4　半导体应变片式加速度传感器

其基本原理与金属应变片式加速度传感器基本相同。它是利用半导体材料的压阻效应，采用半导体应变片替代金属应变片而制成的一种传感器。半导体应变片式加速度传感器的灵敏度比较高，可广泛应用于各种领域，正在逐步取代金属应变片式传感器，逐渐得到广泛普及。由于其灵敏度随绝对温度的升高几乎是成正比地减小，因此在使用此类传感器时需要采取温度补偿才能正常工作。

3.5.5　压电式加速度传感器

　　压电材料受压产生应变时，会在该材料上产生与应变量成正比的电荷，这种现象称之为压电效应。根据压电效应原理制成的加速度传感器称为压电式加速度传感器。这是一种应用领域最为广泛的加速度传感器，它的测量范围及频率响应范围都很宽，并且具有体积、质量小等特点。但由于这种传感器是以高阻电荷方式输出，因此在使用时需按图 3-26 所示在输出端接入电荷放大器。

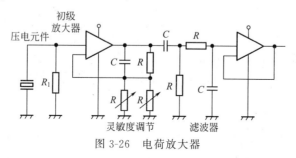

图 3-26　电荷放大器

3.5.6　使用加速度传感器的注意事项

　　（1）质量附加效应　　在使用加速度传感器时，由于被测对象上安装了传感器（质量附加），因此实际的共振频率将会减小，而且还会出现衰减增加现象。当被测物体的质量较小、振动频率较高时，这个问题将会成为影响测量精度的主要问题。

　　（2）接触共振问题　　由于被测对象与传感器之间处于接触状态，因此传感器的频率响应特性将会受到影响，特别是在高频情况下影响更大。若安装方法不当，就不能很好地发挥传感器的特点。由此可知，在实际应用时，所采用的加速度传感器的质量应远小于被测对象。

3.6　距离传感器

　　在工厂自动化（FA：Factory Automation）领域，常采用距离传感器进行控制与检查。在照相机等光学仪器中，也会利用距离传感器做自动对焦（AF：Auto Focus）的位置检测传感器。

　　距离传感器可分为超声波、光学和涡流式三种。

3.6.1　超声波距离传感器

　　超声波距离传感器由发射器和接收器构成。几乎所有超声波距离传感器的发射器和接收器都是利用压电效应制成的。发射器是利用给压电晶体加一个外加电场时晶片将产生应变（压电逆效应）这一原理制成的。接收器的原理是当给晶片加一个外力使其变形时，在晶体的两面会产生与应变量相当的电荷（压电正效应），若应变方向相反，则产生电荷的极性反向。图 3-27 所示为一个共振频率在 40kHz 附近的超声波发射、接收器的结构。

　　超声波距离传感器的检测方式有如图 3-28 所示的脉冲回波式和如图 3-29 所示的 FM-CW 式。

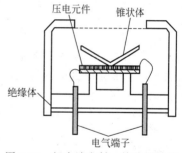

图 3-27　超声波发射、接收器结构

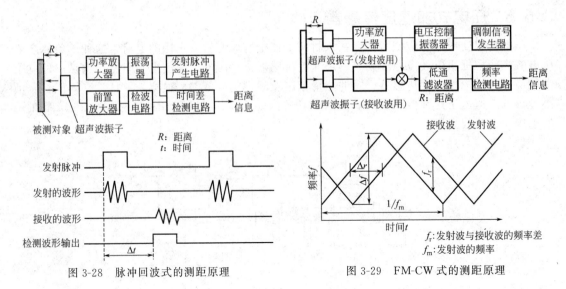

图 3-28   脉冲回波式的测距原理   图 3-29   FM-CW 式的测距原理

在脉冲回波式中，先将超声波用脉冲调制后发射，根据被测物体反射回来的回波延迟时间 Δt，计算出被测物体的距离 R：

$$R = V \times \Delta t / 2 (\text{m}) \tag{3-8}$$

式中 V——空气中的声速，m/s；

Δt——回波延迟时间，s；

R——被测物体与传感器间的距离，m。

如果空气温度为 $T(\text{℃})$，则声速可由下式求出：

$$R = 331.5 + 0.607T (\text{m/s}) \tag{3-9}$$

FM-CW 方式是采用连续波对超声波信号进行调制。将由被测物体反射延迟时间 Δt 后得到的接收波信号与发射波信号相乘，仅取出其中的低频信号，就可得到与距离 R 成正比的差额信号频率 f_t。假设调制信号的频率为 f_m，调制频率的宽带为 Δf，由下式可求出被测物体的距离 R：

$$R = \frac{f_t V}{4 f_m \Delta f} (\text{m}) \tag{3-10}$$

式中 V——空气中的声速，m/s；

R——被测物体与传感器间的距离，m；

f_t——差额信号频率，Hz；

f_m——调制信号频率，Hz；

Δf——调制频率的宽带增量，Hz。

3.6.2   光学距离传感器

光学距离传感器的工作原理如图 3-30 所示。它是由聚光元件（半导体激光或 LED）发射的光，经聚光镜聚焦后照射到被测物体的表面上，被测物体表面反射的光用采光镜接收并在 PSD（位置检测器件）上成像，成像的位置因被测物体的位置不同而异。在 PSD 上的成像位置不同，会导致其两个输出端的输出电流比发生变化。这种传感器的结构如图 3-31 所示。

假设 PSD 的成像位置与 I_b 输出端的距离为 X，则 I_a 与 I_b 的比值可由下式求出：

$$I_a/I_b = X/(L-X) \tag{3-11}$$

式中　L——位置检测器件的长度，mm；

I_a——a 端输出电流，mA；

I_b——b 端输出电流，mA；

X——感光位置，mm。

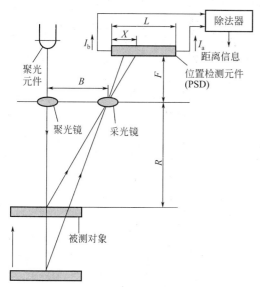

图 3-30　光学距离传感器的工作原理

L—PSD 的长度；X—感光位置；R—被测对象与镜头的距离；F—镜头与 PSD 的距离；B—采光镜与聚光镜的距离；I_b、I_a—电流

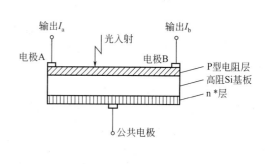

图 3-31　位置检测元件（PSD）的结构

若发光镜与接收镜的间距为 B，接收镜与 PSD 的间距为 F，通过除法器求出电流比 I_a/I_b，即可得出被测物体的距离 R：

$$R = \frac{\left(1 + \dfrac{I_a}{I_b}\right) BF}{L} \text{（m）} \tag{3-12}$$

式中　B——采光镜与聚光镜的距离，mm；

F——镜头与位置检测器件的距离，mm；

I_a——a 端输出电流，mA；

I_b——b 端输出电流，mA；

L——位置检测器件的长度，mm。

3.6.3　涡流式距离传感器

涡流式距离传感器利用线圈和电容构成的检测头产生高频磁场，当被测物体接近检测头时，就会在被测物体上产生涡流，由于这个涡流的磁场效应，检测头的线圈阻抗将发生变化，由此可以测量被测物体的距离。

涡流式距离传感器的特点是环境适应性好，响应特性及精度都很出色，但只能检测金属物体。相对于其他距离传感器能检测几十至几百毫米的检测范围，涡流式距离传感器的检测范围比较窄，在 10mm 以内。另外，它对微小物体的检测也比较困难。

3.6.4 选择距离传感器的注意事项

超声波距离传感器、光学距离传感器和涡流式距离传感器各有其优缺点，在使用时，必须根据被测物体、所需精度及使用环境等条件，选择适当的传感器。

超声波距离传感器测量范围宽，但分辨率低；而光学距离传感器的测量范围窄，但分辨率高。两者的响应速度都在毫秒级，同属高速型传感器。

在使用时需要注意：超声波距离传感器不受被测物体的透明度、颜色及导电率的影响，但它不适用于测量海绵或棉织物等吸音材料；而光学距离传感器会因被测物体的颜色不同而产生测量误差，若以白色为基准，对黑色表面的测量误差将达到最大，因而使用受到限制。

3.7 光敏传感器

光敏传感器是一种能将光信号转换成电信号的传感器，如照相机的曝光器、遥控器的接收器、CD唱机的拾音器、光通信等。光敏传感器的应用范围很广，各领域都有光敏传感器的应用，今后它的应用范围还会进一步拓展。

光敏传感器可分为两大类：一类是将光直接转换成电信号的光电效应型光敏传感器；另一类是先将光转换成热量，再由热量转换成电信号的热转换型光敏传感器。通常，光电效应的光敏传感器应用较多。

光电效应的光敏传感器根据工作原理的不同，进一步分为光电子释放型、光电导型及光生伏特型三种。

3.7.1 光电子释放型传感器

光照射到此类传感器时，传感器上产生的光电子会释放到真空或空气中。某些材料对可见光的释放率很大，利用这种材料制成的感光面称为光电面。利用这种现象制成的光检测或光计量器件中，最典型的有光电管及光电倍增管。光电倍增管是通过对光电面上释放出的光电子进行二次放大制成的一种光敏传感器，它能检测出光电管测量不出来的微弱光信号，其放大率一般在 $10^5 \sim 10^7$ 范围内。

3.7.2 光电导型传感器

光电导效应是指因光的照射使固体内产生自由电子和空穴对，从而使其电导率发生变化的一种现象。通过求出光电导效应，从而引起元件电极间的阻抗变化来检测光强的器件，称为光电导型传感器。这种传感器中最常使用的对可见光比较敏感的材料有硫化镉（CdS）及砷化镉（CdSe）。不论采用哪种材料，这种传感器都是在陶瓷等基片上采用粉末烧结工艺制成的，因其具有体积小、重量轻、价格低等特点，被广泛应用于曝光器、路灯的自动开关控制器、光控继电器等方面。由于光电导型传感器的响应速度比较慢，因此这类传感器不适用于检测快速变化的光信号，其结构如图3-32所示。

有些物质对于红外线的电导率很大，典型的有水银、镉、锑镉化汞（HgCdTe）等。其中，锑镉化汞器件对波长为 $10\mu m$ 附近的红外线具有很高的灵敏度，常作为红外线分光计或

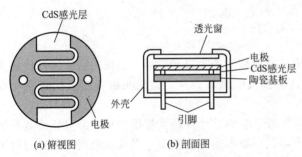

(a) 俯视图　　　(b) 剖面图

图 3-32　光电导型传感器的结构图示

热成像（红外线分布图像）的感光器使用。

3.7.3 光生伏特型传感器

采用半导体晶体制成的 PN 结受到光照时，会在 PN 结上产生一个电动势，这种现象称为光生伏特效应。对于光生伏特型传感器，按给 PN 结施加的反向偏压不同，可以分为三种类型，即不加反向偏压的光电池、施加反向电压低于 PN 结击穿电压的光敏二极管以及施加反向偏压几乎与 PN 结击穿电压相等的雪崩式光敏二极管。

（1）光敏二极管 图 3-33（a）所示为 PN 结的伏安特性。当外部电压 $U_b = 0$ 时，若有光照射到 PN 结上，就会在 PN 结上产生与入射光强度成正比的反向光电流 I_{ph}。如果这个光电流流过外部电路，就会在负载 R_L 的两端产生电压 U_L，而这个电压又将使光敏二极管正偏置，从而使光敏二极管中流过一个正向电流 I_F，因此流过外部电路的电流上 I_L 为两个电流之差，即 $I_L = I_{ph} + I_F$（电流方向不同）。当负载电阻 R_L 极小、器件的两个输出端之间几乎短路时，电压 U_L 也极小，因此 $I_L \approx I_{ph}$，说明入射光量很少、负载电阻很小时，光电流及光生电动势都与入射光强度成正比。图 3-33（b）所示为光敏二极管的结构。光敏二极管能在无电源的条件下工作，因此作为一种简易设备的光敏传感器被广泛应用于各个领域。

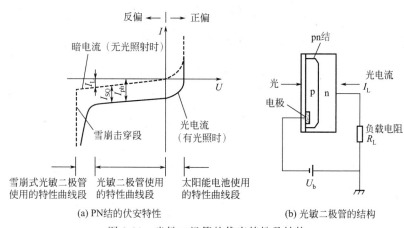

(a) PN结的伏安特性　　　　　　　(b) 光敏二极管的结构

图 3-33 光敏二极管的伏安特性及结构

（2）雪崩式光敏二极管 给 PN 结加一个几十伏至 200V 左右的反向偏压时，该 PN 结就会产生光电流的放大作用。这种现象称为雪崩效应，利用雪崩效应制成的光敏器件，能得到远大于光敏二极管的光电流。因雪崩式光敏二极管的响应速度快，在大容量的光通信系统中常采用作为感光元件。

（3）光敏三极管 在制造 NPN 型或 PNP 型半导体晶体管的过程中，若将基极开放作为感光面，制成与光敏二极管一样的两端器件，这种器件就称为光敏三极管。光敏三极管内部具有电流放大作用，因此它的灵敏度也为普通光敏二极管的数倍。虽然它的响应速度比雪崩式光敏二极管慢，但不需要很高的驱动电压，因此更适于一般性的应用。其基本结构如图 3-34 所示。

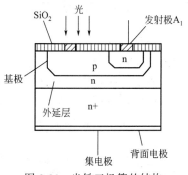

图 3-34 光敏三极管的结构

3.7.4 红外线光敏传感器

红外线光敏传感器将红外发光二极管与光敏三极管封装在一起构成，如图 3-35 所示。

通过调整发光强度、传感器与被测对象间的距离及感光起始电平等，就可以用它进行各种非接触式的测量与控制。在此类传感器中，有些传感器为了防止自然光及噪声等因素造成的误动作而制成在发光侧配备光信号调制电路。其基本电路结构如图3-36所示。

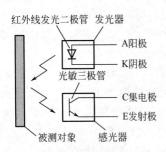

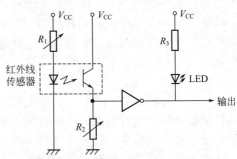

图 3-35 红外线光敏传感器的结构（反射式）   图 3-36 红外线传感器的应用电路

红外线遥控器的基本原理与红外线光敏传感器相同，为了能用相同波长的红外线实现对同类型多种装置的控制，在它的发射器与接收器中，分别采用了与之配套的专用编码器及解码器，从而防止与其他同类设备的信号混淆或因噪声干扰等引起的误动作。

3.7.5 应用光敏传感器的注意事项

图 3-37 所示为光波波长及相应光敏传感器的应用范围。

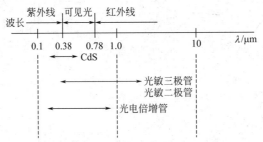

图 3-37 光波波长及相应光敏传感器的应用范围

3.8 磁敏传感器

磁敏传感器原本是用来测量磁场的，但现在更多地用于检测物体的位置及转动，也常用于检测电流或对开关等其他物理量的测量及控制。

在磁敏传感器中主要有半导体霍尔元件、半导体磁敏电阻、磁性体磁敏电阻、电磁感应式磁敏传感器等四种器件。如有特殊用途，还可以采用光纤磁敏传感器。

3.8.1 半导体霍尔元件

半导体磁敏传感器的基本工作原理是霍尔效应。当半导体中流过电流时，若在与该电流垂直的方向上外加一个磁场，则在与电流及磁场分别呈直角的方向上会产生一个电压，这种现象称为霍尔效应。

霍尔效应产生的电压与磁场强度成正比。为了减小元件的输出阻抗，使其易与外电路实现阻抗匹配，半导体霍尔元件多数都采用十字形结构，如图3-38所示。霍尔元件多采用锑化铟（InSb）及硅（Si）等半导体材料制成。由于这种材料本身对弱磁场的灵敏度较低，在使用时要加入数特斯拉（T）的偏置磁场，使器件在处于强磁场的范围内工作，从而可检测微弱的磁场变化。

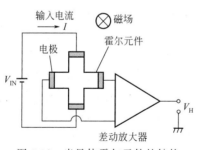

图 3-38　半导体霍尔元件的结构

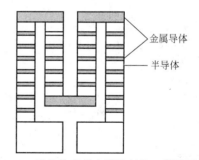

图 3-39　半导体磁敏电阻的结构（蛇形元件）

3.8.2　半导体磁敏电阻

半导体磁敏电阻是一种利用磁场作用产生的电流偏转使元件阻抗增加这一特点制成的双端磁敏传感器。与霍尔元件不同，这种元件采用缩短电流电极间距离的结构来提高其磁灵敏度。如图 3-39 所示，半导体磁敏电阻采用在半导体中埋入多根金属电极的方法，将多个磁敏电阻串联起来以提高其阻值。

3.8.3　磁性体磁敏电阻

磁性体磁敏电阻是一种利用强磁性材料的磁场异向性制成的磁敏元件。如图 3-40 所示，若在强磁体薄膜易磁化轴的垂直方向上加一个外部磁场，则由于材料内部的磁偏转，会使元件内部电阻发生变化。为了提高元件的输出幅值，磁性体磁敏电阻在结构上采用坡莫合金等强磁性材料薄膜以增大阻抗。与半导体磁敏电阻相比，这种传感器对弱磁场灵敏度相对较高，但它的线性范围较小。

3.8.4　电磁感应型磁敏传感器

在典型的电磁感应型磁敏传感器中，有线圈型磁头及拾音线圈等。这种传感器的灵敏度很高，力学性能也好，是一种通用型磁敏传感器。若线圈内的磁通量发生变化，在线圈的两端就会产生感应电动势。这是一种利用法拉第电磁感应定律制成的传感器，图 3-41 所示为线圈型磁头。由于这种传感器采用高磁导率轭铁聚集磁力线，因此它只能检测交流磁场，而不能检测直流磁场。

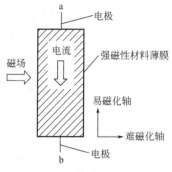

图 3-40　磁性体磁敏电阻的结构

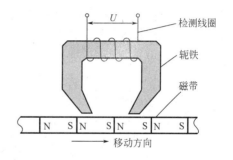

图 3-41　电磁感应型磁敏传感器磁头

3.8.5　光纤型磁敏传感器

如图 3-42 所示，若用光纤将光导入到 ZnSe 等光学材料中，并在与光平行的方向上施加一个外部磁场，则根据法拉第磁光效应，输出光的偏光面将会发生偏转。利用这种偏转角度与磁场强度有关的特点，可以对磁场强度进行测量。

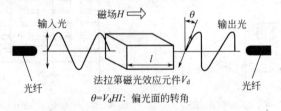

图 3-42　光纤型磁敏传感器的结构磁头

因为这种传感器能够做到完全电绝缘，因此在测量时完全不会受到电磁感应的影响，这是此类传感器的一大优点。

3.9　温度传感器

温度传感器是一种能将温度转换成电信号的传感器。在温度传感器中有双金属传感器、热敏电阻、热电偶、金属测温电阻、IC 温度传感器、红外线温度传感器等多种类型。

3.9.1　热敏电阻

热敏电阻（thermister）是一种当温度变化时电阻的阻值能敏感变化的元件，一般是由锰、镍、钴、铁、铜等金属氧化物烧结而成的。根据温度特性的不同，可将热敏电阻分为三种类型，即随温度升高其阻抗下降的 NTC 型热敏电阻（negative temperature coefficient thermistor）、当超过某一温度后其阻抗急剧增加的 PTC 型热敏电阻（positive temperature coefficient thermistor）和当超过某一温度后其阻抗急剧减小的 CTR 型热敏电阻（critical temperature resistor thermistor）。在温度测量方面，多数采用 NTC 型热敏电阻。这三种热敏电阻的温度特性曲线如图 3-43 所示。

热敏电阻按形状的不同，分为球形、圆形、条形三种，每种类型都有多种规格。

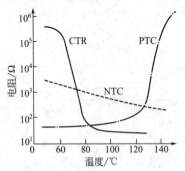

图 3-43　NTC、PTC、CTR 的温度特性曲线

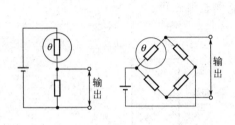

图 3-44　热敏电阻的连接示意图

热敏电阻的连接方法如图 3-44 所示，其使用温度为 $-50 \sim +350$℃。在需要求解被测物体的温度时，可根据热敏电阻的温度特性曲线进行对数运算。若将表示阻抗变化的电压变化信号进行 A/D 转换后，由计算机完成这种数据处理，就会使温度的计算变得非常简单。计

算公式为：

$$T=\frac{1}{\dfrac{\ln(R/R_0)}{B}+\dfrac{1}{T_0}}\qquad(3\text{-}13)$$

式中　T——被测温度，℃；

R——被测温度下的阻值，Ω；

T_0——基准温度，℃；

R_0——基准温度下的阻值，Ω；

B——热敏常数；

ln——自然对数。

热敏电阻的特点是灵敏度高，价格较低，因此在温度传感器中应用较多。

3.9.2　金属测温电阻

一般金属均是随着温度升高，其阻值将成正比例地增加。利用此特性，可制成金属测温电阻。由于白金测温电阻的特性十分稳定，因此被广泛应用于工业中的高精度测温。按使用温度范围的不同，铂测温电阻可分为低温型（－200～＋100℃）、中温型（0～＋350℃）及高温型（0～＋650℃）三种，图 3-45 所示为铠装白金测温电阻的结构。

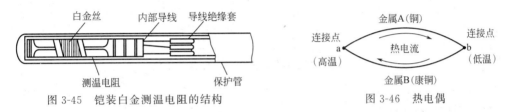

图 3-45　铠装白金测温电阻的结构　　　　　图 3-46　热电偶

3.9.3　热电偶

如图 3-46 所示，将两种不同金属的两端相连接构成闭合回路，当这两个连接点的温度不同时，会因为回路中产生一个电动势而有电流。这种现象称为塞贝克效应（Seebeck effect），所产生的电动势称为热电动势（thermoelectromortive force），流过的电流称为热电流（thermoelectric current）。热电偶（thermocouple）就是一种利用塞贝克效应制成的温度传感器。

若按图 3-47 所示用电压表可测量出热电偶的热电动势，就能求出连接点的温差，由此可计算出被测物体的温度。当冷接点为非 0℃的常温时，如果不对热电偶进行温度补偿，就不能得到正确的测量结果。热电偶的测温范围为－200～＋2400℃，因能测量高温，被广泛应用于工业测温中。另外，热电偶的热电动势很小，在将热电偶产生的信号输入给计算机处理前需要对该信号进行放大处理，图 3-48 所示为一个铠装热电偶传感器的结构。

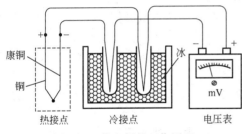

图 3-47　热电偶的工作原理

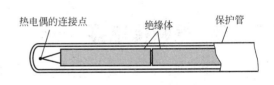

图 3-48　铠装热电偶传感器结构

3.9.4　IC温度传感器

二极管的正向偏压阈值及三极管基极与发射极间的正向偏压阈值都具有温度敏感特性。利用这种特性，可将二极管或三极管以及能对其输出电压进行线性补偿的电路集成在一个芯片上制成IC温度传感器。它具有体积小、线性好等特点，是一种使用方便的温度传感器。这种传感器有温度系数为8.0mV/K、测温范围为$-40\sim+100℃$的S-8100B芯片等产品。图3-49所示为一个采用IC温度传感器测温并进行A/D转换的示例。

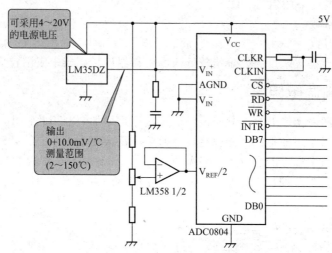

图 3-49　IC温度传感器的 A/D转换的示例

3.9.5　红外线温度传感器

只要不处于绝对零度，任何物体都会向外部发射以红外线为主的热辐射。能捕捉这种能量实现测温的传感器称为红外线温度传感器。采用这种传感器能实现传感器与被测物体的非接触测量，多用于测量高温或测量运动物体的温度。这种传感器分热能型与量子型，利用热电效应的热能性传感器应用较多。

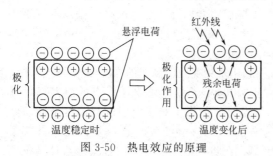

图 3-50　热电效应的原理

在钛锆酸铅或钽酸锂等能发生极化作用的物质中，当温度稳定时空气中的悬浮电荷会相互抵消，但受热后因发生极化作用而吸附了残余电荷，在电极间产生电压的现象叫热电效应，如图3-50所示。另外，因热电元件的阻抗高，要在热电型红外线传感器的内部安装 FET 模块。为了确定检测范围和检测距离，这种传感器通常都与光学透镜（菲涅尔透镜）组合使用，在使用上需要注意，只有在温度变化时才能产生检测信号。

3.10　气敏传感器

气体的种类有很多，其检测及测量的方法也有多种。需要检测、测量的气体主要有易燃性气体、氧气、有毒性气体等。

气敏传感器的检测方式有热传导式、固定电位电解式、原电池式等多种。

3.10.1 接触燃烧式气敏传感器

接触燃烧式气敏传感器是一种用于检测易燃性气体的传感器。它利用易燃性气体在与氧气发生反应时产生的反应热加热金属，再通过捕捉金属因受热引起的阻值变化来测量气体浓度。如图 3-51 所示，这种传感器采用铂等材料作催化剂，使被测气体更易与氧发生反应，催化剂是在加热及测量用的铂线圈周围掺入氧化铝等载体烧结而成的承载式结构。

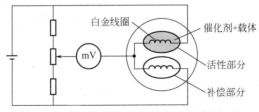

图 3-51 接触燃烧式气敏传感器及检测电路

3.10.2 固体电解质氧气传感器

固体电解质氧气传感器是一种采用电极夹住稳定的多孔氧化锆作固体电解质构成的气体传感器。在高温状态下，当两个电极之间存在氧气压差时，就会使电极发生化学反应而产生一个电动势。若已知一侧的氧气压力，根据产生的电动势，就可计算出另一侧的氧气气压，进而检测出氧气浓度。图 3-52 所示为汽车空燃比控制用氧气传感器的原理。

3.10.3 半导体气敏传感器

在半导体气敏传感器中，多数是采用金属氧化物半导体材料，通过测量因其表面吸附气体导致材料电导率的变化，来检测气体的浓度。通常的半导体气敏传感器可与多种气体发生反应，因此可对多种气体进行检测；但这种半导体气敏传感器并不适用于检测某种特定的气体。若在元件制造时采用适当控制烧结温度、向半导体内掺入添加物及改变使用时的加热温度等措施，通过多种方法组合，就可制成能够检测特定气体的半导体气敏传感器。其结构如图 3-53 所示。

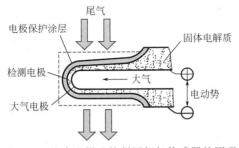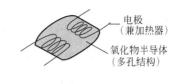

图 3-52 汽车空燃比控制用氧气传感器的原理　　图 3-53 半导体气敏传感器结构图示

3.11 传感器的应用

3.11.1 检测移动物体的电子电路

图 3-54 所示为反射式光传感器检测移动物体的电路原理。当发光二极管发光时，若没

有物体经过，发光二极管的光不会反射到光敏三极管中，光敏三极管中就没有光输入，继电器电路就不工作，反之，继电器电路将得电工作。

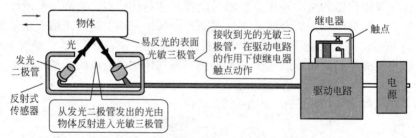

图 3-54　检测移动物体的电路原理图

当有物体通过反射式光传感器时，发光二极管发出的光被物体反射，反射光进入光敏三极管，于是光敏三极管有电流通过，再由驱动电路放大，使继电器触点动作。继电器是直流继电器，驱动电路所用的晶体管放大倍数为 100 倍左右。

图 3-55 所示为应用反射式光传感器的实际电路。当有物体通过光传感器时，光敏三极管接收到由物体反射的光，于是光敏三极管中的电流顺着 $+V_{CC}$→光敏三极管→R_i→$-V_{CC}$流动。电阻 R_i 上产生的电压，施加在晶体管的基极上，分流电流 I_{Bi} 作用到晶体管上，被放大得到集电极电流 I_C 就能使继电器动作。当光敏三极管未流过电流时，晶体管就不会导通，继电器不动作。由于晶体管的电流放大系数 β 是晶体管的固有特性，可用晶体管的基极电流 I_B 与集电极电流 I_C 来计算：

$$\beta = \frac{I_C}{I_B} \tag{3-14}$$

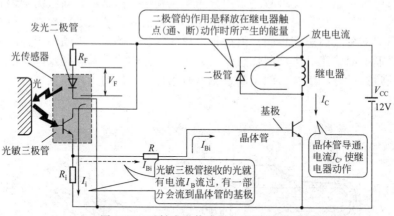

图 3-55　反射式光传感器的实际电路

另外，接在继电器两端的二极管用于吸收快速切断通过继电器线圈的电流时所产生的反电动势，是用于保护晶体管的。通过图 3-56 所示来计算 R_F 与 R_i 的值：

$$R_F = (V_{CC} - V_F)/I_F \qquad R_i = (V_{CC} - V_{BE})/I_B$$

若设 $V_{CC} = 12V$，$V_F = 1.5V$，$I_F = 20mA = 0.02A$，则

$$R_F = (12 - 1.5)/0.02 = 525(\Omega)$$

设 $V_{BE} = 0.6V$，继电器技术参数中可查得，$I_C = 30mA = 0.03A$，由

$$I_C = I_C/\beta = 0.03/100 = 0.0003(A)$$

$$R_i = (12 - 0.6)/0.0003 = 38000(\Omega) = 38(k\Omega)$$

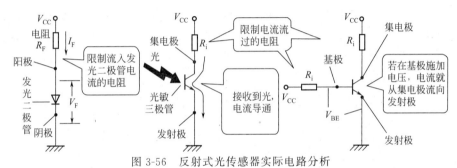

图 3-56　反射式光传感器实际电路分析

图 3-57 所示是常用的双晶体管放大器的反射式光传感器电路。若无反射物体，光敏三极管处在截止状态。电流 I_1 的途径为 $+V_{CC} \rightarrow R_1 \rightarrow VT_1$ 的基极 $\rightarrow -V_{CC}$，使晶体管 VT_1 导通。形成电流 I_2 的途径为 $+V_{CC} \rightarrow R_2 \rightarrow VT_1 \rightarrow -V_{CC}$，晶体管 VT_2 的基极没有电流流过，继电器不动作。

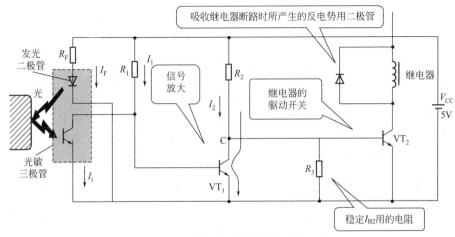

图 3-57　双晶体管反射式光传感器电路

当有物体反射光时，光敏三极管就导通，电流 I_1 的途径为 $+V_{CC} \rightarrow R_1 \rightarrow$ 光敏三极管 $\rightarrow -V_{CC}$，晶体管 VT_1 的基极没有电流，因此晶体管 VT_1 不导通，所以电流 I_2 的途径为 $+V_{CC} \rightarrow R_2 \rightarrow VT_2$ 的基极 $\rightarrow -V_{CC}$ 流动，晶体管 VT_2 导通使继电器动作。

当物体在光传感器前方经过时，发射光的时间应当比继电器的反应时间长。

3.11.2　应用温度传感器检测温度

用温度传感器检测温度就是用热敏电阻作为温度传感器检测温度。热敏电阻的阻值随着温度的升高而减小，随着温度的降低而增加。

图 3-58 所示是热敏电阻温度计的原理图。若温度升高，热敏电阻的阻值就减小，基极电流 I_B 的途径为 $+V_{CC} \rightarrow$ 热敏电阻 $\rightarrow R_1 \rightarrow$ 晶体管 $\rightarrow -V_{CC}$ 流动；集电极电流 I_C 的途径为 $+V_{CC} \rightarrow R_3 \rightarrow$ 晶体管 $\rightarrow -V_{CC}$ 流动。由于晶体管的基极电流 I_B 根据温度增减而变化，使之集电极电流 I_C 也随着温度的变化而变化，从而根据所检测的集电极电流的大小，就能检测出温度的高低。

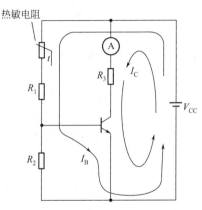

图 3-58　热敏电阻温度计原理图

图 3-59 所示是以热敏电阻作为温度传感器，使房间的温度保持在一定范围的电路。若房间的温度升高，冷风机就启动；如果温度降低到某一值以下，冷风机就停止。也就是说，根据需要的室温来接通、切断冷风机的电路。该电路是由温度检测电路、比较电路及继电器驱动电路构成的。温度检测电路由电阻 R_1、R_3、R_4 与热敏电阻 R_2 构成桥式电路。

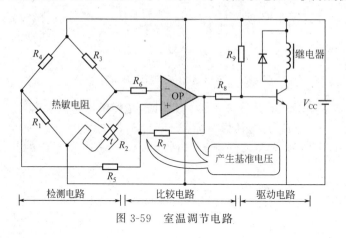

图 3-59　室温调节电路

比较电路是使用集成电路（IC）构成的放大电路，这个 IC 称为运算放大器（OP）。运算放大电路有反向输入端子、同相输入端子及正、负电源端子与输出端子。比较电路将基准温度所决定的电压与由检测温度决定的电压进行比较，当两者电压之差为正时，就产生输出电压；当两者电压之差为负时，就不产生输出电压。这样，当温度达到某一定值时，此电路就会产生输出电压，使驱动电路驱动继电器动作，从而启动冷风机。驱动电路是使继电器动作的晶体管电路，其动作原理与反射式光传感器所用的电路相同。

3.11.3　传感器的控制连接

如图 3-60 所示，现以温度控制连接为例说明利用传感器的连接。结束程序的开关输入信号接到 A 口的第 0 位上，热敏电阻温度传感器的 30℃ 以下的信号接在 A 口的第 4 位上，35℃ 以上的信号接在 A 口的第 5 位上，分别作输入信号。开始检测的输出信号接在 B 口的

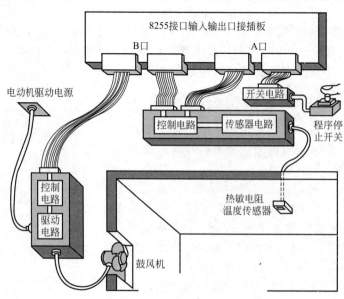

图 3-60　温度控制连接

第 0 位上，鼓风机启、停信号接在 B 口的第 1 位上。

动作步骤如下。

① 将开始测量的信号输出到传感器，输入温度数据后停止测量信号。

② 因测量温度与处理信号要花一定时间，当经过一定时间后，再输入测量结果。

③ 当输入 35℃以上的信号时，输出鼓风机启动信号。

④ 当输入 30℃以下的信号时，输出鼓风机停止信号。

⑤ 输出鼓风机启、停信号后，开始测量温度。

⑥ 接通程序停止开关（ON）使程序结束。

思　考　题

1. 力传感器中的金属应变片起何作用？

2. 位移传感器中多圈电位器的工作原理是什么？

3. 试述光电式角度传感器的工作原理。

4. 位置传感器中的接近开关有几种？各自工作原理有何区别？

5. 旋转编码器是属哪类传感器？它是如何工作的？

6. 压电振动式陀螺传感器应用于哪几个领域？该传感器的名称是如何起的？

7. 使用加速度传感器应注意哪些事项？

8. 超声波距离传感器的工作原理是什么？

9. 选择距离传感器应注意什么事项？

10. 光生伏特型传感器怎么使用？

11. 应用光敏传感器的注意事项是什么？

12. 半导体霍尔元件是什么？它是如何工作的？

13. 热敏电阻与热电偶有何区别？各自是如何工作的？

14. 绝对湿度和相对湿度是如何定义的？其各自应用面向是什么？

15. 接触燃烧式气敏传感器的工作原理是什么？

16. 化学传感器中常用的传感器有哪些？离子敏传感器与生物传感器各自侧重的应用范围是什么？

第 ④ 章
驱动控制技术

4.1 步进电机

步进电机（stepping motor）与普通电机不同，仅在线圈上施加电压是不会旋转的。

步进电机是通过施加脉冲信号，根据脉冲数来旋转的电机，因此利用脉冲数量，可以准确地控制步进电机的旋转角度。如图 4-1 所示，若发送 100 个脉冲时，步进电机轴的旋转角度为 180°，那发送 200 个脉冲时的旋转角度为 360°。这样，不但能通过传感器的信号而且也能通过计算机的输出信号来准确地控制旋转角度。这说明步进电机是适合计算机控制的电机。打印机打印头驱动用的电动机，就是步进电机。

4.1.1 步进电机的特点

步进电机有许多独到的特点，其最大特点是不需要反馈控制。
① 脉冲数与转角成准确的比例。
② 每一步所对应的角度误差很小。
③ 电机的正反转、停止响应速度快。
④ 能用数字信号的输出脉冲来控制（能开环控制）。
⑤ 只要施加电压，步进电机就有自锁（制动）力，因此能保持在停止位置。
鉴于以上特点，步进电机完全可用于计算机控制中。

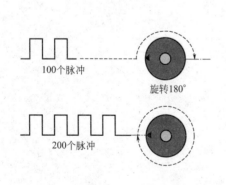

图 4-1 步进电机脉冲数与旋转角度成比例

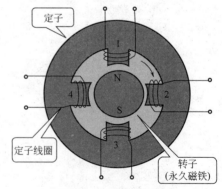

图 4-2 步进电机的构造

4.1.2 步进电机的构造

图 4-2 所示为步进电机的构造。位于中心的回转部分称为转子，材料是永久磁铁。转子

周围的固定部分称为定子，定子线圈绕制在定子的铁轭上。

设现在的状态为转子的 N 极正对定子线圈 1，则有以下动作：

① 电流流过线圈 2，受 2 号定子磁极吸引，转子顺时针转 90°；

② 线圈 2 断电，电流流过线圈 3，受 3 号定子磁极吸引，转子继续旋转，又顺时针转 90°；

③ 同样，顺序给线圈供电，转子沿 4→1→2→3 的方向旋转。

以上说明中虽然讲的是"电流流过线圈"，实际上加的是脉冲状的电流。加一个脉冲即旋转一定角度，就称为步进电机。

4.1.3 步进电机的驱动原理及分类

（1）驱动原理 当如图 4-3 所示的线圈 A 中流过电流时，定子变成 N 极，就吸引转子的 S 极。接着切断线圈 A 的电流，若使电流流过线圈 B，则转子的 S 极就被吸到线圈 B 所产生的 N 极处，从而随着励磁线圈的通电，转子连续旋转。

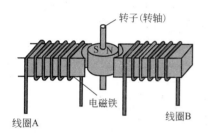

图 4-3 步进电机的驱动原理

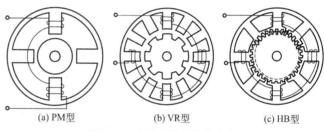

图 4-4 步进电机的结构分类

（2）结构分类 根据产生转矩的方式不同，将步进电机分为 VR 型、PM 型和 HB 型等几种。其结构分类如图 4-4 所示。

① PM（Permanent Magnet）型 转子为圆筒形磁性钢体，定子位于转子的外侧。定子线圈中流过电流时产生定子磁场。定子和转子磁场间相互作用，产生吸引力或排斥力，从而使转子旋转。步距角为 90°或 45°。

② VR（Variable Reluctance）型 转子由齿轮状的低碳钢构成。转子在通电相定子磁场的作用下，旋转到磁阻为最小的位置。通常使用的步距角为 0.9°、1.8°及 3.6°等。

③ HB（HyBrid）型 它是 VR 型和 PM 型的复合型步进电机，能获得与 VR 型相同的很小的步距角，因具有较大转矩而得到广泛应用。

4.1.4 步进电机的转矩特性

步进电机的脉冲频率与其产生的转矩之间的关系称为步进电机的转矩特性，如图 4-5 所示。

牵入转矩（pull-in torque）也称为启动转矩，是使处于静止状态的步进电机突然启动，并能以一定转速旋转的负载转矩的限值。牵入转矩以内的区域称为自启动区域。在步进电机的转矩特性自启动区域以外，当保持输入脉冲的频率一定而逐渐增大负载转矩时，或保持负载转矩一定而使输入脉冲的频率逐渐提高时，将能够跟踪负载的转矩限值称为牵出转矩（pull-out torque）。另外，步进电机停止时的转矩称为保持转矩

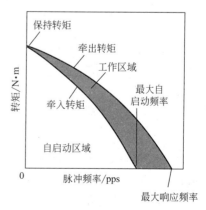

图 4-5 步进电机的转矩特性

（holding torque），这也是步进电机所能产生的最大转矩。

4.1.5 步进电机的励磁方式

根据步进电机的相数，两相励磁方式有单相励磁、双相励磁和单-双相励磁，五相励磁方式有标准接线的四相励磁和五角形接线的四相励磁等。励磁方式的选择是根据控制对象的特点而选择。

（1）两相步进电机的励磁　其励磁主要包括单相、双相和单-双相三种方式。

① 单相励磁方式　如图4-6（a）所示，是一种通常在定子线圈的一相中流有电流的方式，因此，每一步相对应的角度精度高，消耗电流小，但旋转时有较大的衰减振荡，容易引起"失步"现象。

② 双相励磁方式　如图4-6（b）所示，通常是两相线圈中通有电流，输出转矩约为单相励磁时的2倍，并且衰减振荡较小，可有较宽范围的脉冲频率响应，因此广泛应用于一般性的场合。

③ 单-双相励磁方式　如图4-6（c）所示，是一种单相励磁和双相励磁交互切换的励磁方式。由于步距角为单相励磁和双相励磁的1/2，因此能够进行微细的位置控制。

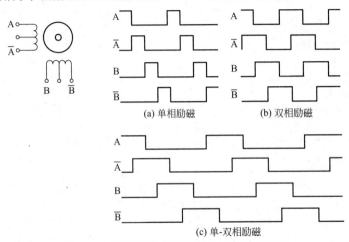

图 4-6　两相步进电机的励磁方式和驱动程序

（2）五相步进电机的励磁　五相是指电机的定子线圈为5组，接线方式有标准接线、五角形接线和星形接线，如图4-7所示。

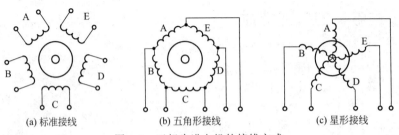

图 4-7　五相步进电机的接线方式

① 标准接线的励磁方式　图4-8（a）所示是标准接线步进电机的四相励磁方式，它使用双极驱动电路。

② 五角形接线的励磁方式　图4-8（b）所示是五角形接线步进电机的四相励磁方式，它也使用双极驱动电路。功率晶体管的个数是标准接线方式的1/2。

③ 星形接线的励磁方式　图 4-8（c）所示是星形接线步进电机的 2-3 相励磁交替进行的方式，使用单极驱动电路。功率晶体管的个数是标准接线方式的 1/4。

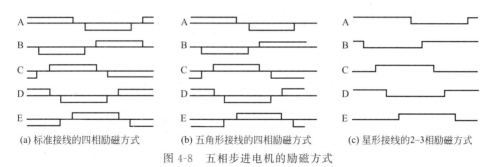

(a) 标准接线的四相励磁方式　(b) 五角形接线的四相励磁方式　(c) 星形接线的2-3相励磁方式

图 4-8　五相步进电机的励磁方式

4.1.6　步进电机的驱动电路

步进电机的线圈相数有双相、三相、四相、五相等。由于步进电机在低速旋转时有振动现象，为了得到更小的步进角分辨率，制造厂家通常推荐五相步进电机。图 4-9 所示为常用的四相步进电机的基本驱动结构。

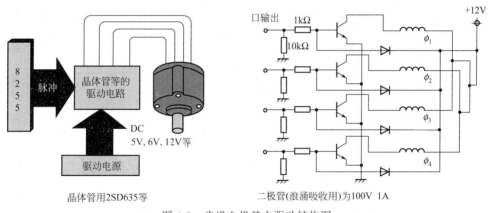

晶体管用2SD635等　　二极管(浪涌吸收用)为100V　1A

图 4-9　步进电机基本驱动结构图

由计算机来提供脉冲，再通过晶体管开关来切换流过线圈的电流。步进电机驱动常用的电源为直流 5V、6V、12V。额定电压越大，流过线圈的电流就越小。

（1）步进电机的驱动方式　步进电机驱动电路的构成是由电机的相数来决定的，与步进电机的形式无关（VR 型、PM 型、HB 型等）。根据电流在线圈中流动的方向不同，定子线圈产生正转磁场或反转磁场的方式有两种：单极型（uni-polar）驱动方式和双极型（bipolar）驱动方式。单极型驱动方式为标准驱动方式，电路构成较为简单；双极型驱动方式与单极型驱动方式相比，可以产生 2 倍的转矩，但驱动电路比较复杂。应根据控制对象的不同，适当选择不同的驱动方式。如图 4-10 所示。

① 单极型驱动方式　定子线圈中流过电流进行磁场切换时，线圈的中点与两端点之间无论哪一边都只流过一个方向的电流。

② 双极型驱动方式　定子线圈的中点不接线。定子线圈中流过电流进行磁场切换时，线圈两端点之所加电压作正、负切换，从而使线圈中电流方向改变。与单极型驱动方式相比，可产生 2 倍的转矩，因此电机效率较高。由于其引线端子数是单极型驱动方式的 2 倍，电路较为复杂。

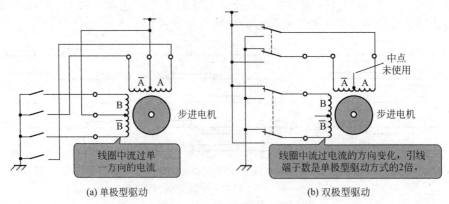

(a) 单极型驱动　　　　　　(b) 双极型驱动

图 4-10　步进电机的驱动方式

（2）步进电机的电路构成　图 4-11 所示出了步进电机的电路构成。其中的控制电路用以控制电机的旋转方向及旋转速度，脉冲发生电路按照来自控制电路的控制信号顺序分配给各线圈的脉冲。

驱动电路对脉冲幅度进行放大以供给线圈充分的电流，使脉冲电流流过各线圈。

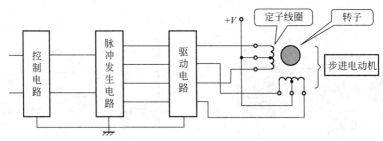

图 4-11　步进电机的电路构成

（3）步进电机驱动开关电路　为了把励磁信号变换成步进电机中随信号变化的励磁电流，要使用大功率晶体管或功率 MOSFET 作为切换开关。图 4-12 所示为大功率晶体管的单极性驱动方式的开关电路。

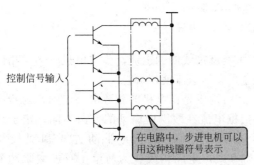

图 4-12　大功率晶体管单极性驱动开关电路

步进电机为了获得大输出转矩驱动，可以采用 PM 型步进电机及双向驱动和双相励磁方式等。不必采用齿轮减速换取大转矩的办法，同样能直接获得大的输出转矩。

功率 MOSFET 的驱动电路，是用 4V 信号驱动的功率 MOSFET，使得与微型计算机及其接口电路的连接变得很简单。从效率上看，与大功率晶体管相比，使用功率 MOSFET 也是有利的。图 4-13 所示为双极型驱动方式的电路。

4.1.7　步进电机控制电路

步进电机的驱动控制，可用微型计算机产生柔性信号，对机械系统实行柔性控制。在使用微型计算机时，一般通过并行接口电路或定时器/计数器电路与脉冲分配电路连接。当计算机的 CPU 采用 Z80 时，并行接口电路 LSI 常使用 8255PPI 或 Z80PIO，定时器/计数器常

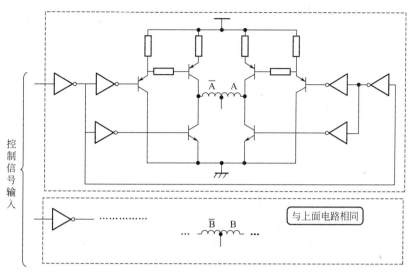

图 4-13 大功率晶体管双极性驱动开关电路

使用 8252PIT 或 Z80CTC 等。目前广泛使用的是在内部设置有上述接口电路的单片机。

（1）步进电机专用生成励磁模式 IC 芯片的控制电路 由 I/O 接口对步进电机进行直接控制时，电路结构简单，但增加了计算机 CPU 的负担，这对于来自传感器的输入信号和电机输出信号较多的系统，或者要求快速响应的系统会带来很多问题。采用步进电机专用的生成励磁模式 IC 芯片与计算机中断控制技术相结合，CPU 就可获得有效的利用。

图 4-14 所示为由生成励磁模式 IC 和 PMM8713 构成的控制电路，电路为单极型驱动方式。这种 IC 芯片输入为二进制信号，输出为励磁时序脉冲，具有驱动三相或四相步进电机的功能。图中来自微机的两个信号（正、反转信号和驱动脉冲信号）通过 I/O 接口送入 IC。E_A、E_B 为励磁脉冲的切换端子，有模拟开关按动作真值表所示的规律切换励磁脉冲。在实

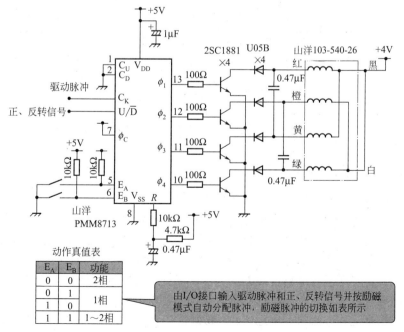

图 4-14 步进电机专用生成励磁模式 IC 芯片的控制电路

际中，在与微型计算机组合控制时，两个端子是固定使用的。接于复位端子的滤波电路是为了保证 IC 可靠复位而设置的。

该控制电路的四相步进电机的额定电压为 4V，额定相电流为 0.6A，步距角为 1.8°，常应用于 X-Y 绘图仪及软磁盘驱动器等。大功率晶体管 2SC1881 的内部为达林顿连接，可以使用到 3A 输出电流。用于步进电机驱动时，应适当选择达林顿晶体管的组合。另外，与电机线圈串联的二极管与相间电容器构成电气阻尼器，用于吸收步进电机的振荡并获得快速响应特性。

（2）步进电机生成励磁模式 IC 芯片的控制电路   图 4-15 所示为由 TD62803P（东芝）构成的控制电路。这种 IC 芯片可以为三相或四相步进电机提供励磁模式发生功能。另外在芯片内部设置了最大输出为 400mA 的功率放大电路，使控制电路变得简单，对于小功率步进电机来说使用起来非常方便。电路中的两相步进电机额定电压为 5V，额定相电流为 80mA，步距角为 1.8°，PM 型的，常应用于与仪器配套用小型打印机等场合。图中，端子"3/4"为三相和四相步进电机切换用的输入端子，出厂时固定在四相步进电机的位置上。应该指出的是，由动作真值表可知，输入端子 E_A、E_B 均为"1"时，电机处于全输出 ON 的测试状态。输入端子 E 为输出选通功能端，图中固定为"1"，由于端子 E 通过 I/O 接口由微型计算机来控制，当步进电机停止时，也可以做到无电流流过。

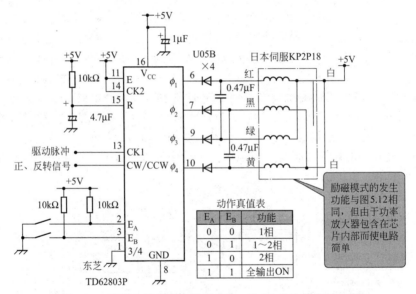

图 4-15   步进电机生成励磁模式又一种 IC 芯片的控制电路

4.1.8   步进电机的高速运行

为了使步进电机高速运行，需要提高脉冲频率，然而随着脉冲频率的升高，电机线圈的阻抗也随之增大，使线圈中的电流相应减小，同时电机转速也将减小。本来步进电机是一种不适合高速运行的电机，但可以从控制电路上来克服这一缺点，通常采用的方法如下。

（1）外部串联电阻法   这种方法如图 4-16 所示。在电机线圈回路中插入串联电阻，并使用比步进电机额定电压高出数倍的电源电压，当电机高速运转时，可控制电机的电流值不变，用来提高电机的转速。而当电机低速运行时，电阻上的能量损耗很大，反而导致电源的效率降低，这也是这种方法的不足之处。一般说来，选用的外部串联电阻值为步进电机线圈电阻的 2～3 倍较为适宜。

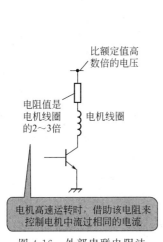

图 4-16　外部串联电阻法

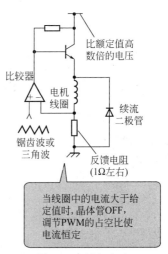

图 4-17　恒电流法

（2）恒电流法　这种方法是一种电机电流为恒值的负反馈控制方法，如图 4-17 所示。用比电机额定电压高出数倍的电源电压，将电机线圈中流过的电流信号与给定电压信号做比较，以此来控制高速运转时电机线圈的电流恒定不变。为了检测线圈电流，可在线圈回路中串联一个很小的电阻（1Ω 左右），这小电阻对电路的影响可忽略不计。恒电流法不仅可提高电机的转速，还能够改善电源的效率，节能效果明显，不存在外部串联电阻法的能量损耗问题。采用这种控制方式的步进电机驱动电路比较复杂，但利用专用的恒电流斩波驱动 IC 可以简单地构成恒电流法控制电路。

（3）由 PWM 恒电流方式 IC 构成的单极型驱动高速运行电路　图 4-18 所示为由 PWM 恒电流方式 IC 和 SLA7020 构成的控制电路。电路为单极型驱动方式，功率放大器采用功率 MOSFET。由于功率较小时电路的发热量较少，因此可把电路置于一个 IC 芯片中。对于两相步进电机采用两相励磁方式驱动时，当脉冲频率达到 10kpps 以上时，仍然可高速运行。

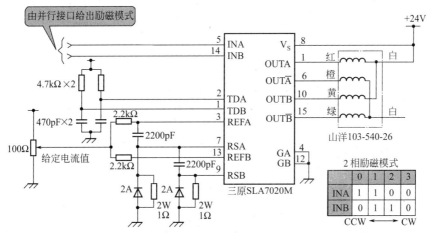

图 4-18　PWM 恒电流方式的高速运转控制电路（单极型驱动）

图 4-19 所示是由 TA8435H 构成的双极型驱动控制电路。这种 IC 同样是采用了 PWM 方式的恒电流斩波驱动电路，用于步进电机双极型驱动方式，芯片内具有多种励磁模式功

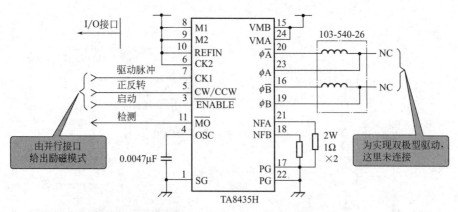

图 4-19　PWM 恒电流方式的高速运转控制电路（双极型驱动）

能。除具有单相、双相及单-双相励磁模式外，还具有微动驱动功能（32 倍细分），可进一步使系统的位置精度得以提高。

4.1.9　步进电机的控制应用

步进电机有着低功耗、可频繁启动、停止的特点，作为驱动电机广泛用于打印机、硬盘存储装置等计算机的外围设备上。图 4-20 所示是一个用步进电机实现直线运动的移动工作台。

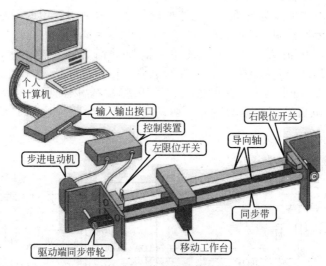

图 4-20　传动装置构造图

（1）控制装置构造　通过同步带轮与同步带，将步进电机的旋转运动转化为直线，使移动工作台左右移动，移动工作台用两根笔直的导向轨进行导向。

使用同步带轮与同步带，是为了使电机的旋转精确无滑动地传送到移动工作台。

使用每个脉冲 1.8°的步进电机，同步带的齿距为 2mm，同步带轮的齿数为 20，则每一转可使移动工作台移动 $2\times20=40$，即 40mm。步进电机每 200 个脉冲旋转一周，则每一个脉冲的移动量为 $40/200=0.2$，即 0.2mm。也就是说，此传送装置的控制精度是 0.2mm。

若最大移动量为 300mm，则 $300/0.2=1500$，即用 1500 个脉冲就可以从一端移动到另一端。

两端装有行程开关，用于确认端部。另外，以左端作为移动的起始点。

（2）步进电机控制电路　弄清步进电机的参数，决定着其性能的发挥。

① 步进电机的规格　双相步进电机的额定值为：

- 额定电压　12V
- 额定电流　每相 0.3A
- 额定力矩　最大静力矩 2.2kg·cm
- 步进角　1.8°/脉冲。

② 驱动电路 IC（东芝 TD62803T）　为简化电路，可使用市售驱动电路 IC。使用双相励磁，用输入脉冲信号与转向信号的方法驱动。主要 IC 引脚的连接如图 4-21 所示。

- 引脚 1：转向信号输入［高（1）右转、低（0）左转］。
- 引脚 2：高（1）⎫
- 引脚 3：低（0）⎬设定双相励磁驱动
- 引脚 4：低（0）⎭
- 引脚 6：电机的黑色线⎫
- 引脚 7：电机的红色线⎬
- 引脚 9：电机的绿色线⎬驱动电流流向地
- 引脚 10：电机的蓝色线⎭
- 引脚 14：脉冲信号输入

流入的最大驱动电流，每一引脚为 0.4mA。

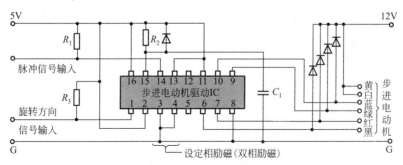

图 4-21　步进电机驱动电路 IC 引脚图

③ 脉冲信号　脉冲信号可通过脉冲发生电路与计算机两种方法来产生。在以固定频率驱动步进电机的场合，使用脉冲发生电路；而在使用各种不同频率来驱动步进电机的场合，则使用计算机来产生脉冲。

④ 脉冲发生电路　用定时电路 IC（555）来制作产生脉冲的电路（多谐振荡器），通过可调电阻 R_V 来调节脉冲频率。如图 4-22 所示，引脚 4 设置为高（1）时产生脉冲，而低（0）时停止产生脉冲。脉冲信号从引脚 3 输入。

⑤ 控制电路　如图 4-23 所示。

a. 计算机控制与手动操作的选择。转向信号用开关 SW_1，脉冲信号用开关 SW_2，是否用来自计算机的信号，通过手动开关来选择。

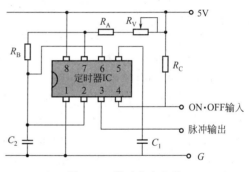

图 4-22　脉冲发生电路

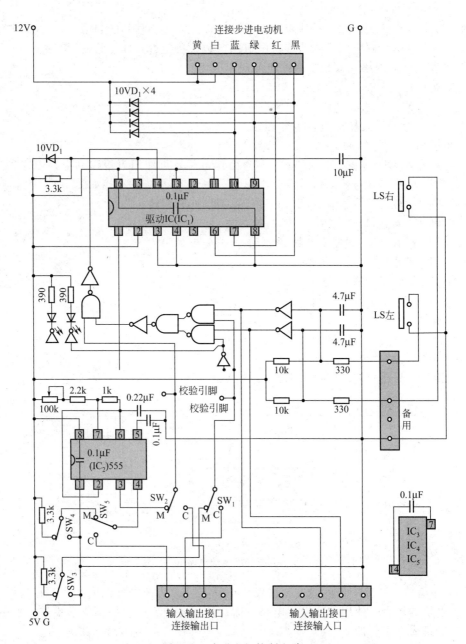

图 4-23 步进电机控制电路

b. 手动操作 将开关 SW_1、SW_2 设定在手动操作位置，如图 4-24 所示；用开关 SW_3 设定转向；用开关 SW_4 使脉冲停止。

c. 计算机控制可使用两种方法。

方法 1：将开关 SW_1、SW_2 设定在计算机控制位置，使用来自计算机的脉冲信号与转向信号，如图 4-25 所示。

方法 2：将开关 SW_1、SW_5 设定在计算机控制位置，将开关 SW_2 设定在手动操作位置。于是，转向信号与脉冲停止信号用来自计算机的信号，而脉冲信号则用来自脉冲发生电路的信号，如图 4-26 所示。

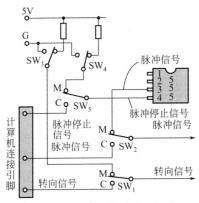

图 4-24　手动操作开关的设定

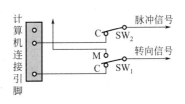

图 4-25　计算机控制的开关设置 1

⑥ 两端的界限处理　若移动两端的限位开关动作，步进电机就停止移动，但离开限位开关的方向仍可继续移动。如图 4-27 所示，其原理是用转向信号与限位开关信号进行逻辑与（AND）运算，其结果再与脉冲信号进行逻辑与（AND）运算。

⑦ 开关电路　两个限位开关和两个按钮开关（启动与返回起始点）的信号，经过波形整形电路输入到计算机中。

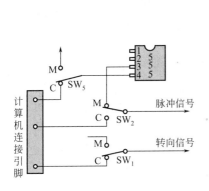

图 4-26　计算机控制的开关设置 2

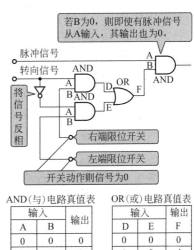

图 4-27　移动两端界限处理原理

4.1.10　步进电机的控制连接

用驱动控制电路 IC，通过步进电机驱动电路，对步进电机进行控制，其控制信号是脉冲信号与转向信号，如图 4-28 所示。

脉冲信号是用 0V 与 5V 电压信号互相交替的连续信号，输入到步进电机的驱动电路中，使所连接的电机旋转。一个脉冲的转角是 1.8°，以 200 个脉冲转一圈。转速根据脉冲的周期来决定。若停止脉冲信号的输入，电机就停止旋转。

通过键盘，可再次执行转数、正转、反转、启动的输入。

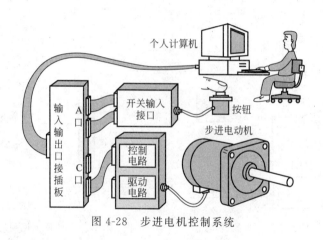

图 4-28　步进电机控制系统

4.2　小型直流电机

使用直流电源的电机叫做直流电机。直流电机使用简单，只需把直流电机的端子接到直流电源上，就可以使其旋转。直流电机是一种具有优良控制特性的电机。掌握直流电动机的使用，尤其要很好地掌握其基本特性。

4.2.1　小型直流电机的结构原理及特性

（1）结构　图 4-29 所示为直流电机的结构与图形符号。图中可见直流电机由永久磁铁制成的定子、绕有线圈的转子、换向器及电刷等构成。

（2）转动原理　当电流通过电刷和换向器流过线圈时产生转子磁场，这时转子成为一个电磁铁，在转子与定子之间产生吸引力或推斥力使转子旋转，由电刷和换向器来切换电流，使电机按同一方向旋转并带动负载做功。

（3）小型直流电机的特征　作为控制用电机，直流电机具有启动转矩大、体积小、重量轻、转矩和转速容易控制及效率高等十分优良的特性。但由于有电刷和换向器，在其寿命、噪声等方面必然存在不足，而无刷电机就能弥补这一缺点。在进行位置控制和速度控制时，需要使用转速传感器，实现位置、速度负反馈的闭环控制方式。

（4）小型直流电机的基本特性　直流电机的基本特性是通过转速 N 与转矩 T 之间和电流 I 与转矩 N 之间的关系曲线来反映的。图 4-30 所示为直流电机的基本特性曲线，即 T-N（T-I）特性曲线。图 4-31 所示为直流电机的等效电路。

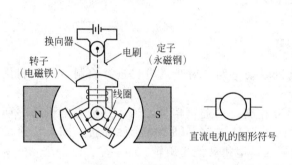

图 4-29　直流电机的结构原理与图形符号

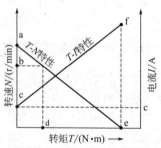

a:空载转速　b:额定转速　c:额定转矩
d:空载电流　e:启动转矩　f:启动电流

图 4-30　直流电机特性曲线

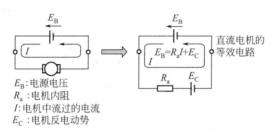

E_B：电源电压
R_a：电机内阻
I：电机中流过的电流
E_C：电机反电动势

图 4-31　直流电机等效电路

由图可知，直流电机产生的转矩与电机电流成比例。当电机转速为零时电流为最大值，同时产生最大转矩，即启动转矩。随着转速的升高，线圈的反电势相应增大，电流逐渐减小，转矩也随之变小。

4.2.2　小型直流电机的启-停简单控制

小型直流电机的启-停简单控制在家电及 FA 线路中被大量应用。通过继电器来实现直流电机的 ON-OFF 控制，此外也经常采用晶体管、FET、光电 MOS 继电器等无触点开关元件。

(1) ON-OFF 控制　ON-OFF 控制不是去进行速度控制或位置控制，只是一种简单地使电机运行或停止的控制方法。用于 FA 线路等场合时，常使用可编程控制器对电机的旋转或停止进行控制。ON-OFF 控制中经常使用的是继电器。由于存在机械触点，要想免维护是不可能的。当然，大功率晶体管、功率 MOSFET 及光电 MOS 继电器等无触点开关的应用正在逐渐增多。

(2) 使用继电器的直流电机 ON-OFF 控制　目前，直流电机的 ON-OFF 控制仍广泛使用继电器。采用继电器控制时，控制电路与电机主电路没有直接电的联系，所以不容易受到噪声信号的影响，即使电机主电路发生故障，控制电路也不会受到损坏。但是，由于使用机械触点，必须注意继电器的使用寿命问题。图 4-32 所示为使用继电器的直流电机 ON-OFF 控电路。其中图 4-32(a) 所示为使用小型继电器的小功率直流电机控制电路，运行时继电器触点闭合，停止时触点断开。图中的二极管是必需的元件，因为当继电器触点断开时，线圈产生的反电势有可能损坏三极管，设置该二极管可以起到保护三极管的作用。图 4-32(b) 所示为使用接触器的大功率直流电机控制电路，该电路可以用来控制电机的正反转、断电和能耗制动等四种状态。

(3) 使用大功率晶体管的直流电机 ON-OFF 控制　晶体管在作为开关元件使用时，

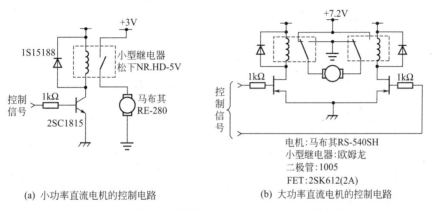

(a) 小功率直流电机的控制电路　　(b) 大功率直流电机的控制电路

图 4-32　使用继电器的直流电机 ON-OFF 控制电路

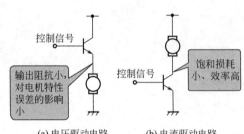

(a) 电压驱动电路　　(b) 电流驱动电路

图 4-33　晶体管的电压驱动和电流驱动

有电压驱动和电流驱动两种方法，如图 4-33 所示。

① 电压驱动电路。由于电压驱动电路是一个射极跟随器（共集电极）电路，其输出阻抗小，对电机特性误差的影响也小，这是电压驱动电路的优点。但是，由于晶体管的饱和损耗较大，与电流驱动相比，电压驱动的效率较低。

② 电流驱动电路。由于电流驱动电路为共发射极电路，功率增益大，效率较高，但是容易影响电机特性误差及晶体管放大倍数。这一点尤为引起注意。图 4-34 所示为使用大功率晶体管的直流电机 ON-OFF 控制电路。

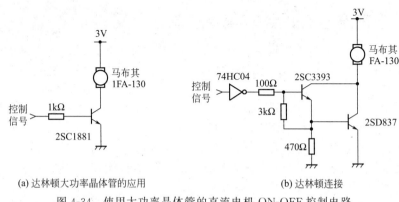

(a) 达林顿大功率晶体管的应用　　　　　　(b) 达林顿连接

图 4-34　使用大功率晶体管的直流电机 ON-OFF 控制电路

4.2.3　小型直流电机的线性控制与 PWM 控制

小型直流电机转速控制方法主要有线性控制方式和 PWM（Pulse Width Modulation）控制方式。当作为小功率电机平滑控制时，常使用线性控制方式，作为大功率电机高效控制时，则使用 PWM 控制方式。

（1）小型直流电机的转速、转矩控制　为了改变直流电机的转速和转矩，可以采取改变电源电压进行电机转速调节和改变电枢电流进行电机转矩调节的控制方法。由于进行调节时，电压和电流是同时变化的，因此电机的转速和转矩也在同时发生变化。如充电式电动扳手使用的直流电机，在转速变化时，紧固力矩也会发生变化。那么，在对直流电机进行转速、转矩控制时，一般均采用改变输入电压的方法。改变输入电压主要有线性控制方式和 PWM 控制方式。

① 线性控制方式。其原理如图 4-35 所示，也可称为电阻控制方式。在电机与电源之间插入晶体三极管，这个晶体三极管相当于一个可变电阻，也就相当于控制了加于电机上的电压，从而改变电机的转速和转矩。晶体管工作于不饱和区，基本上与低频功率放大器的电路结构相同。

由于直流电机线性控制方式不改变电流的波形，因此对电刷、换向器的换向作用影

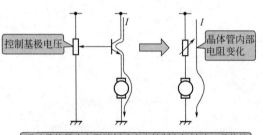

图 4-35　线性控制方式的原理

响很小，可以做到转速的平滑调节。但是，由于晶体三极管产生的功率损耗将变成焦耳热而消耗掉，使得线性控制方式的效率降低，因此这是一种不经济的控制方法，可用于额定功率为数瓦的小型电机的控制电路。

② PWM 控制方式。PWM 控制方式的原理如图 4-36 所示，是脉冲控制方式的一种。晶体三极管作为一个开关，使加到电机上电压的 ON-OFF 的时间占空比（duty ratio）发生变化，从而控制电机电压的平均值。由于三极管工作于饱

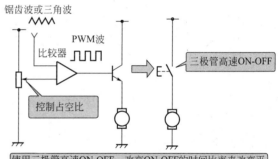

图 4-36 PWM 控制方式原理

和状态，几乎不消耗功率，因此 PWM 控制方式具有良好的经济性。但由于电机供电电压处于开关状态，因此会导致噪声、振动以及电刷、换向器损伤等问题，这些问题从控制技术上已经逐步得到解决。PWM 控制方式已经成为现代直流电机控制技术的主流。

（2）小型直流电机的线性控制电路 采用直流电机线性控制电路时，由于电机运转时的电流波形不变，因此对电刷、换向器的影响很小，可以做到平滑运转。实际中，为了增加直流电机的转速稳定性，多采用闭环控制方式。

采用直流电机线性控制方式时，为了使电机平滑运转，常使用转速传感器构成闭环控制方式来保持电机转速的稳定性。由于线性控制电路的晶体三极管工作于线性段，效率低，因此主要用于控制额定功率为几瓦的小型电机。

线性控制的直流电机转速稳定性电路如图 4-37 所示。根据转速检测方法的不同，反馈控制电路可分类如下。

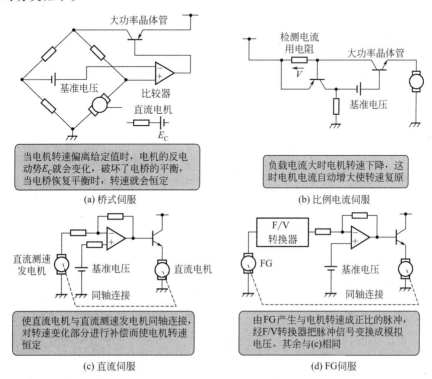

图 4-37 四种线性控制的直流电机转速稳定性电路

① 桥式伺服控制。检测直流电机旋转时产生的反电势（与转速成正比）。

② 比例电流伺服控制。由电阻检测直流电机的电流值。

③ 直流伺服控制。检测直流测速发电机（基本构造与直流电机相同）输出的与转速成比例的电压。

④ FG 伺服控制。由频率发生器 FG（Frequency Generator）或旋转编码器（rotary encoder）检测频率（与电机转速成比例）。旋转编码器其实就是将发光二极管和光电三极管组合起来构成的一个转速传感器。由于其输出为数字信号，因此不仅可很容易地测得转速，而且也可以容易地测得旋转角位移（位置信息），适用于速度控制和位置控制同时进行的场合。

以上①和②不需要特别的转速传感器，主要用于纸带记录仪等低频仪器，③和④大多用于对转速稳定性要求很高的机器人和数控机床等机械系统的控制。

（3）小型直流电机的 PWM 控制电路　当需要对电机转速进行控制的同时又要求正反转运行时，常采用 PWM 控制方式。由于 PWM 控制需要高速开关，常使用功率 MOSFET 做全桥连接。PWM 控制电路比较复杂，目前用于小型电机的控制电路已集成为专用 IC 芯片，应用起来十分方便。

① 直流电机 PWM 的控制原理　直流电机 PWM 的控制原理如图 4-38 所示。图 4-38(a) 所示为利用 PWM 发生器来调节电机转速的方法，PWM 波形的占空比由输入的模拟电压控制。在图 4-38(b) 中，由微型计算机的 I/O 接口直接产生 PWM 信号，用该信号来驱动大功率晶体管的开关，从而控制直流电机的转速。在任何情况下，都需要设置续流二极管，以便在晶体三极管 OFF 期间电机电流能够继续流通而使电机平滑地旋转。在 PWM 控制方式时，电机中将流过的平均电流与 PWM 波形的占空比成比例，如图 4-38(c) 所示，改变占空比就可以控制电机的转速。

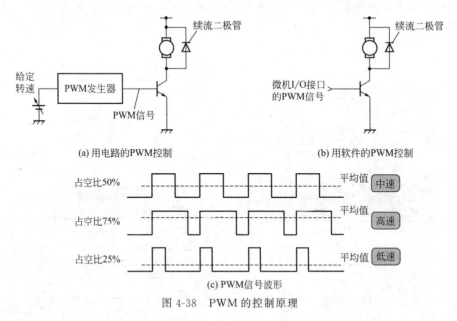

图 4-38　PWM 的控制原理

② 直流电机的 PWM 控制电路　图 4-38 所示为由 PWM 发生器产生 PWM 波来控制直流电机正反转和转速的电路，其中直流电机为 CYLINOID，用来代替液压油缸。机电一体化技术中，电机的控制很少使用图 4-38 所示的单方向控制，一般都采用图 4-39 所示的正反转控制与转速控制。PWM 发生器中，由控制二极管 1S1588 的 ON 和 OFF 的时间来产生 PWM 信号，调节可变电阻器可以改变 PWM 信号的占空比。当占空比为 50％时，电机停

止，占空比接近 0％时在正转方向高速运行，占空比接近 100％时在反转方向高速运行。

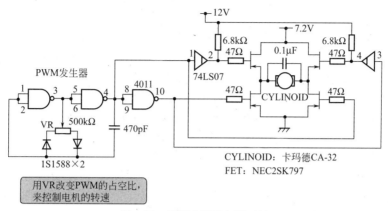

图 4-39　PWM 控制电路（1）

图 4-40 所示为一种可同时实现直流电机正反转控制和转速控制的电路。电路中同样采用了 CYLINOID，该控制电路要与微型计算机结合起来使用。8253PIT 为计数器/定时器用 LSI（大规模集成电路），具有按程序自动产生 PWM 信号的功能，因而不会增加 CPU 的处理负担，在机电一体化技术中是一种重要的接口电路。

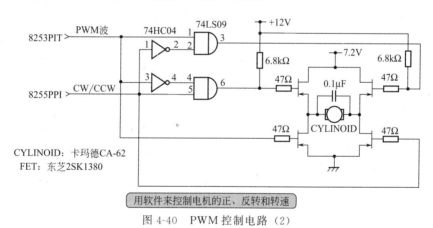

图 4-40　PWM 控制电路（2）

图 4-41 所示为一个电流约为 1A 的小型直流电机正反转和转速控制电路，它也是一种与微型计算机结合使用的控制电路，前两个图示电路是属分离式的，必须有脉冲分配电路和高

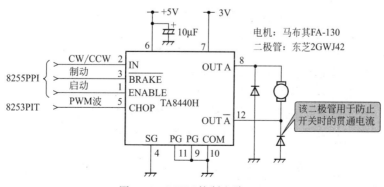

图 4-41　PWM 控制电路（3）

速开关的偏置电路，而图 4-41 中的 TA8440H 可以把上述功能集中于一个 IC 芯片中，使用十分方便。

4.2.4 直流电机单双电源方式控制电路

在进行点位控制时，电机的正反转控制技术是不可缺的。直流电机具有良好的控制性能，也容易实现正反转控制。直流电机的正反转控制电路有单电源方式和双电源方式两种。目前，用于点位控制时，常用的是 PWM 开关型单电源方式的正反转控制电路。

电机的正反转电路对于点位控制来说十分必要，由于直流电机的控制性能优越，特别适用于点位控制。为了实现直流电机的正反转运行，只需改变电机电源电压的极性即可。有双电源方式和单电源方式。

(1) 双电源方式正反转控制电路的构成　如图 4-42 所示，用于切换电机电压极性的两只晶体三极管分别为 npn 型（VT_1）和 pnp 型（VT_2）。这种切换方式也称为板桥方式。为使正反转动作特性在电气上完全相同，采用了互补性晶体三极管。

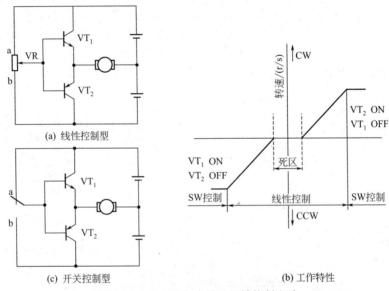

图 4-42　双电源方式的正反转控制电路

图 4-42(a) 所示为线性控制型正反转控制电路。由于晶体三极管 VT_1 和 VT_2 工作在线性段，当调节可变电阻 VR 时，通过正的或负的模拟电压使晶体三极管的基极电位增减，就可以使电机在正反转动作的同时实现转速控制。图 4-42(b) 所示为线性控制型正反转控制电路的工作特性。首先，VR 在偏向 a 的方向时，晶体三极管 VT_1 导通，电机正方向（CW）旋转。若 VR 在偏向 b 的方向时，晶体三极管 VT_2 导通，电机反方向（CCW）旋转。VR 位于 a、b 的中点时，VT_1、VT_2 均关断，这时电机停止运行。如图 4-42(b) 所示，在 VR 的中点附近，电机不工作的区域称为死区。由于线性控制方式时晶体三极管工作在线性段，因此工作效率较低，主要适用于小型电机的控制。

图 4-42(c) 所示称为开关控制型正反转控制电路。在这个电路中，晶体三极管工作于特性的饱和段，即作为开关来工作，可用作电机的正反转控制，工作效率较高。但该电路不能实现转速控制。

(2) 单电源方式正反转控制电路的构成　如图 4-43 所示，采用 4 只晶体三极管来切换电机端电压的极性。单电源方式又称为全桥方式或 H 桥方式。在图 4-43(b) 中，电机正转时晶体三极管 VT$_1$ 和 VT$_4$ 导通，反转时晶体三极管 VT$_2$ 和 VT$_3$ 导通。在这两种情况下，加于电机的电压极性相反。当 4 个晶体三极管全部关断时，电机停转（自由状态）。若使 VT$_1$ 和 VT$_3$ 关断而 VT$_2$ 和 VT$_4$ 同时导通时，电机处于短路制动状态，将瞬时停止转动。

单电源方式一般应用于数字控制。这种电路与微型计算机结合起来使用，可实现电机转速的开关（PWM）控制和短路制动。由于开关控制的工作效率很高，因此可以用于大功率电机的控制。

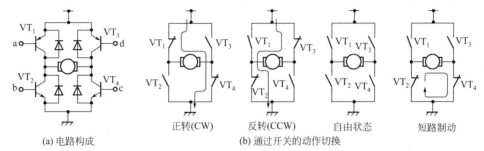

(a) 电路构成　　正转(CW)　　反转(CCW)　　自由状态　　短路制动
(b) 通过开关的动作切换

图 4-43　单电源方式的正反转控制电路

（3）双电源方式的正反转控制电路　图 4-44 所示为使用晶体三极管的双电源方式正反转控制的实用电路。大功率晶体管 2SD880 和 2SB834 为互补型晶体三极管，它们与驱动级三极管 2SC1815 和 2SA1015 连接成达林顿方式，以进一步增大其电流放大倍数。

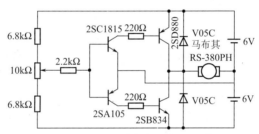

图 4-44　双电源方式的实用电路

图 4-45 所示为一种使用伺服放大器的双电源式位置伺服控制电路。它采用可变电阻器作为分压器，使电阻值与旋转角度成比例变化。当可变电阻器与电机轴的旋转联动时，就可以确定转子旋转位置。当电机旋转到位置指令 VR 所指定的位置时，伺服放大器的输入电压为零，电机停止转动。由于伺服放大器的输入阻抗非常大，因此采用这种分压器最为合适。

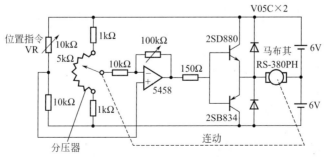

图 4-45　双电源方式的位置伺服控制电路

（4）单电源方式的正反转控制电路　图 4-46 所示为一种使用大功率 MOSFET 的单电源方式正反转控制电路。该电路由微型计算机控制，与无线电设备中使用的功率放大器具有大

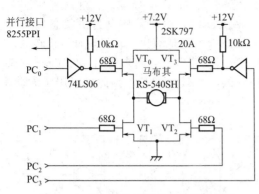

图 4-46　单电源方式的正反转控制电路

致相同的性能。图中所示的大功率 MOSFET 可以用逻辑电平直接驱动，也可以与微型计算机的接口电路 LSI 直接连接。为了使高位开关（上侧的 FET）完全饱和，需要由 74LS06 来提高电平。由于大功率 MOSFET 内部的漏极和源极之间设置了寄生二极管，因此不需要外接续流二极管，电路比较简单。

在图 4-46 中，如果大功率 MOSFET 的导通为正转，这时 VT_1 和 VT_3 必须关断。反之，VT_1 和 VT_3 导通反转时，VT_0 和 VT_2 必须关断。VT_1 和 VT_2 导通时为短路制动状态，这时 VT_0 和 VT_3 必须关断。同样，在 VT_0 和 VT_3 导通的短路制动状态时，VT_1 和 VT_2 也必须关断。

4.2.5　直流电机的控制连接

如图 4-47 所示，在 8255 输入输出接口 B 口上接入小型直流电机的驱动电路。通过开关输入接口，分别在 A 口的第 0 位上接光传感器，第 4 位上连接按钮开关。

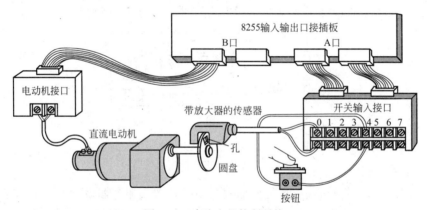

图 4-47　直流电机控制系统

动作步骤如下。

① 若按下第 4 位的按钮开关，电机开始正转。

② 用光感器检测转速到 100 转为止，反转（光盘上的孔若透光，则传感器输入"1"的信号，无孔之处，均输入"0"信号）。

③ 若反转到 200 转，就停止。

输入数据　开关 ON（通）：0x10

输出数据　正转 ON（通）：0x1

　　　　　反转 ON（通）：0x3

4.3　螺线管的控制电路

所谓螺线管（solenoid），是使可动铁芯在电磁线圈中做直线运动的一种执行装置。作为一种微动执行装置，在机电一体化技术中是不可缺少的，一般可分为交流（AC）型和直流（DC）型两大类。

4.3.1 螺线管的工作原理

螺线管也称为电磁铁，是一种电磁铁式的执行装置。螺线管从电源吸收电能并对线圈励磁，使可动铁芯受力，做微小的直线运动。利用简单的电路，就可以控制这种微小的直线运动。由于螺线圈的响应速度快，大多应用于液压、气压系统的电磁阀及各种小型机械的直线型执行机构中。

在顺序控制中，表示螺线管的符号为 SOL。螺线管的结构与工作原理如图 4-48 所示。可动铁芯的直线位移量称为行程。

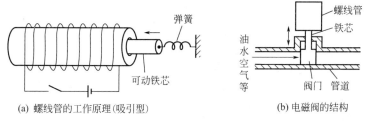

(a) 螺线管的工作原理(吸引型)　　　　(b) 电磁阀的结构

图 4-48　螺线管的工作原理与结构

4.3.2　螺线管的分类

根据工作电源的不同，螺线管可分为以下两类。

（1）交流（AC）螺线管　响应速度快（1～5ms），功率较大，常用于 ON-OFF 控制中。

（2）直流（DC）螺线管　与交流螺线管相比，直流螺线管的响应速度较慢，但可实现铁芯位置的模拟控制，体积小，重量轻。

再根据可动部分的结构，螺线管又可分为以下三类。

① 推进（push）型　工作时将可动铁芯推出。

② 吸引（pull）型　工作时将可动铁芯吸入。

③ 推进-吸引（push-pull）型　工作时可动铁芯在螺线管内可实现推出或吸入两种动作。

4.3.3　螺线管的吸引力（推斥力）特性

图 4-49 所示为螺线管的吸引力与行程之间的关系曲线。由于吸引力或推斥力与行程的平方成比例的关系，所以螺线管不能用于行程较长的场合。

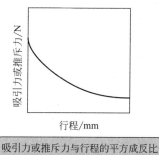

吸引力或推斥力与行程的平方成反比

图 4-49　螺线管的吸引力（推斥力）特性

4.3.4 螺线管的驱动电路

图 4-50 所示是一种直流（DC）螺线管的驱动电路。图中二极管的作用是：当晶体三极管关断时，将线圈的反电势短路，从而对晶体三极管起保护作用。

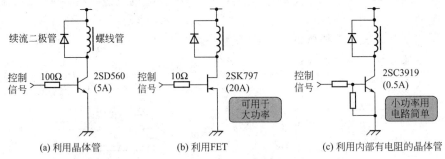

图 4-50 直流螺线管的驱动电路

4.4 伺服电机驱动

4.4.1 伺服电机

反馈控制旋转速度及机械位置，称为伺服控制。反馈控制是指将控制量与目标值比较，自动地调节控制量的控制。用于伺服控制的电机称为伺服电机。

直流电机用作伺服控制的称为直流伺服电机，交流电机用作伺服控制的称为交流伺服电机。两者的特点比较：

① 直流伺服电机 控制装置简单，正反转简单，速度控制容易；

② 交流伺服电机 故障少，可耐一定程度过载，价格便宜。

4.4.2 交流伺服驱动

交流伺服电机的最大优点是免维护，在机电一体化中是一种最为理想的电机。

（1）免维护的交流伺服电机 工业机器人和数控机床中使用的伺服电机，传统上一直采用直流伺服电机，目前正逐渐被交流伺服电机所取代。交流伺服电机中没有直流伺服电机的机械接触部分（电刷、换向器），因此可以实现免维护。

（2）交流伺服电机的种类 典型的交流伺服电机有以下三种，其结构如图 4-51 所示。

① 感应电机（induction motor） 感应电机的定子和转子均由铁芯线圈构成，可分为单相或三相电机。转子铁芯是由硅钢片叠压而制成，由定子产生的旋转磁场带动转子旋转。由于转子的重量轻，惯性小，因此响应速度非常快，主要应用于中等功率以上的伺服系统中。

② 同步电机（synchronous motor） 同步电机的转子由永久磁铁构成磁极，定子与感应电机一样由铁芯线圈构成，可分为单相和三相同步电机两种。这种永磁同步电机可以做得很小，因此响应速度很快，主要应用于中功率以下的工业机器人和数控机床等伺服系统中。

③ 无刷直流电机（brushless DC motor） 无刷直流电机是在有刷直流电机的基础上发展来的，但它的驱动电流是不折不扣的交流。无刷直流电机又可以分为无刷速率电机和无刷力矩电机。一般地，无刷电机的驱动电流有两种，一种是方波，另一种是正弦波。有时把前一种叫直流无刷电机，后一种叫交流伺服电机，确切地讲是交流伺服电机的一种，如图 4-51(c) 所示。它是由霍尔元件或旋转编码器等构成的位置传感器和逆变器（inverter）取代了直流

电机的电刷和换向器部分, 除了具有普通直流电机相同的特性, 并且不需要维护, 噪声小。转子的转动惯量很小, 快速响应性能好。转子磁极采用永久磁铁, 没有励磁损耗, 提高了电机的工作效率, 适用于电子电路的冷却轴流风扇电机、防爆电机及各种伺服系统中。

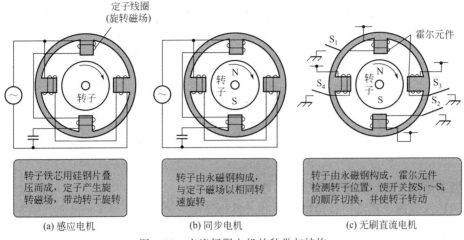

图 4-51　交流伺服电机的种类与结构

4.4.3　交流伺服电机的控制电路

图 4-52 所示为一种无刷直流电机的控制电路, 是由霍尔元件和晶体三极管构成的逆变器电路。

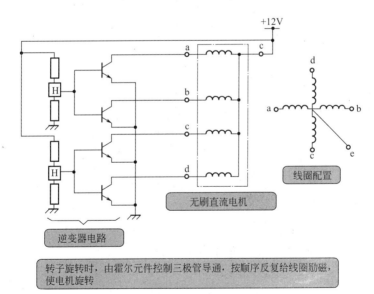

图 4-52　交流伺服电机的控制电路之一

4.4.4　直流伺服电机的速度控制

为了对直流伺服电机的速度进行控制, 需将测速发电机安装于电机上。测速发电机是发电机的一种, 用于进行速度检测。图 4-53 所示为直流伺服电机速度控制电路, 测速发电机安装于伺服电机上, 产生正比于电机转速的直流电压。

基准产生与所需转速相对应的设定电压，比较器用来对此设定电压与测速发电机的直流输出电压进行比较，电机驱动电路的任务则是将比较器输出的电压进行比较，电机驱动电路的任务则是将比较器输出的电压送给电机。

若由于某种原因使得电机的转速降低，则测速发电机的输出电压也会降低→与基准设定电压之差增大→加于伺服电机的电压增大→电机转速得以提高。这是为了使测速发电机的输出电压与基准设定电压趋于相等，伺服电机则以一定的转速旋转。转速的高低可按基准设定电压变化。

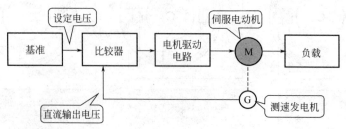

图 4-53   直流伺服电机速度控制电路

直流伺服电机的转速为 1000r/min 时，测速发电机可产生数伏至数十伏的直流电压。

4.4.5   直流伺服电机的定位控制

图 4-54 所示为直流伺服电机定位控制的构成电路。如果根据输入分压器 R_1 设定目标值，那么电压加在直流放大器的输入上，放大后的电压使直流伺服电机旋转。电机旋转后，来自输出分压器 R_2 的输出电压即被反馈到直流放大器的输入端。反馈值与设定的目标值比较，电机旋转直至其差为 0 时停止。这样，即可求得正比于输入设定电压的记录。这就是自动记录针的动作原理。

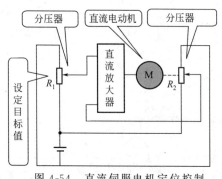

图 4-54   直流伺服电机定位控制

图 4-55 所示为一个直流伺服电路。图中使用了直流电机（马布其 RE-280）来代替直流测速发电机。采用运算放大器构成比较电路，对设定电压与来自直流测速发电机的反馈电压进行比较。用示波器观察直流测速发电机的输出电压波形，同时调节滤波器的时间常数。

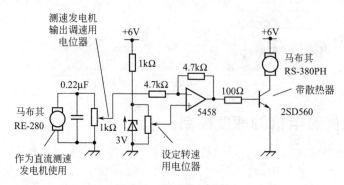

图 4-55   直流伺服电路

4.4.6 装有旋转编码器的伺服电机的旋转控制

如图 4-56 所示的旋转编码器，其发光二极管的光通过透光缝射向光电三极管，根据通过透光缝 A 与透光缝 B 所产生的脉冲信号，可以检测旋转方向。

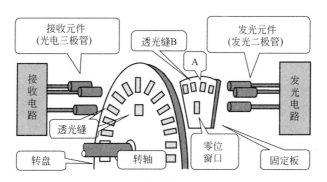

图 4-56 旋转编码器图示

图 4-57 所示为内部装有旋转编码器的伺服电机的旋转控制框图。将指示旋转角度的指令脉冲输入到比较电路后，电机即开始旋转。来自旋转编码器 R 的脉冲与指令脉冲在比较电路中比较，直至其差为 0，电机停止旋转，从而得到所希望的旋转角度。比较电路亦称偏差计数器，这种伺服电机有时称为旋转编码器内置型伺服电机。

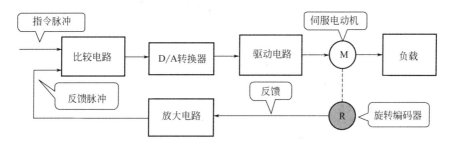

图 4-57 内部装有旋转编码器的伺服电机的旋转控制框图

4.5 液压执行装置

液压执行装置就是把液压能量变换成直线运动、旋转运动或摆动的机械能，从而带动机械做功的装置。

4.5.1 液压执行装置的种类及特点

（1）液压执行装置的主要种类 液压执行装置有把液压能量变换成直线运动的液压缸和把液压能量变换成能连续旋转运动的液压马达以及把液压能量变换成摆动的摆动马达等几种形式。按液压执行装置的动作分类：

① 向液压缸内供给压力油，使活塞做往复运动，通过活塞杆将活塞的力传到外部，作为执行装置的输出；

② 向机器的油腔内供给压缩油，推动叶轮旋转而实现旋转运动的执行装置。

（2）液压执行装置的主要特点 液压执行装置的最大特点是能够将液体能量简便地转换

为运动的机械能量，并使其输出功率大。使用中的特点有：

① 由于工作压力高，装置可以实现小型化；

② 由于以液压油为工作介质，装置的润滑性和防锈性能好；

③ 通过流量控制，可很容易地改变速度；

④ 利用换向控制，可很容易地变换运动方向；

⑤ 通过压力控制，可实现对力的无级控制。

4.5.2　液压执行装置的主要用途及液压系统的构成

（1）主要用途　液压执行装置的用途很广，人们利用液压系统操作简单的特点，针对各种负荷条件在机械和油路等方面做了大量的研究开发工作，使液压执行装置广泛应用于机床、成形设备、机器人、工程车辆、露天游乐场、建筑机械及农业机械等。

（2）液压系统的构成　如图 4-58 所示，液压系统的工作过程是将从液压泵获得压力能量的工作油输入液压缸或液压马达，从而把液压能量转换成机械能量来驱动机械做功。液压马达传动装置的构成如下。

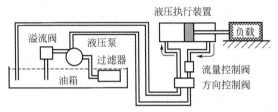

图 4-58　液压系统的构成

① 液压源　油箱、油泵、驱动电机、发动机。

② 控制阀　压力控制阀、方向控制阀、流量控制阀。

③ 液压执行装置　液压缸、液压马达、摆动液压马达。

④ 附属设备　管件、仪表、冷却器等。

⑤ 其他设备。

4.5.3　液压伺服系统

液压伺服系统是以机械位置作为被控变量，能跟随设定值任意变化的自动控制系统。通常认为伺服系统是一个反馈闭环系统，把控制动作的结果与目标值相比较，通过调节使两者趋于一致。根据输出位置的检测方法和系统内放大、传递及输出形式等的不同，伺服系统有很多类型。

一般情况，有几毫瓦的微弱电气输入信号就可控制 20～30MPa 的液压力和 4000L/min 的流量。液压伺服系统的基本结构如图 4-59 所示，是由液压马达、液压缸等执行装置和伺服阀门、位置传感器、伺服放大器等基本环节构成。

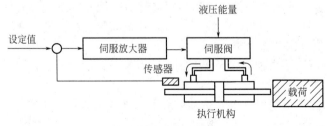

图 4-59　液压伺服系统的构成

4.6　气动执行装置

气动执行装置是把压缩空气的能量变换成直线、旋转或摆动等运动来驱动机械做功的装置。

4.6.1　气动执行装置的特点

气动执行装置的优点是能够把压缩空气的能量简便地转换为机械运动，但是难以进行精确的速度控制和位置控制，并且容易受负载变化的影响。气动执行装置的操作方法简单，通过在其结构和回路上的不断改进来适应各种负载条件，因此应用广泛。使用中的特点有：

① 地球上有无限的清洁并安全的空气可供使用；

② 气动执行装置结构简单、体积小且价格便宜；

③ 对使用环境无特殊要求；

④ 保养和维护简单；

⑤ 力和运动转换简单，组成系统容易。

4.6.2　气动执行装置的种类及工作原理

在气动执行装置中，有把压缩空气的能量变换成直线运动的汽缸，变换成旋转运动的气动马达和变换成摇摆运动的摆动式启动执行装置等。

（1）汽缸　向缸体内供给压缩空气，使活塞做往复运动，由活塞杆将动力传出，带动机械做功。分为单向式和双向式两种。

① 单向驱动汽缸　由汽缸内滑动的活塞和活塞杆构成。其工作原理如图 4-60 所示。从 A 口供给压缩空气，推动活塞前进，使活塞杆产生推力。依靠内部安装的弹簧力使活塞复位。

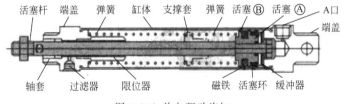

图 4-60　单向驱动汽缸

② 双向驱动汽缸　也是由汽缸内滑动的活塞和活塞杆构成。其工作原理如图 4-61 所示。从 A 口供给压缩空气，推动活塞移动，排气室的压缩空气从 B 口排出，从而使活塞杆上产生推力，向左运动。反之，若从 B 口供给压缩空气，从 A 口排出空气，则使活塞向右移动。

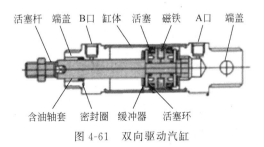

图 4-61　双向驱动汽缸

（2）气动马达　是供给压缩空气后可以获得连续旋转运动的装置。它有活塞式和叶片式等形式，如图 4-62 所示。径向活塞式气动马达的工作原理为：

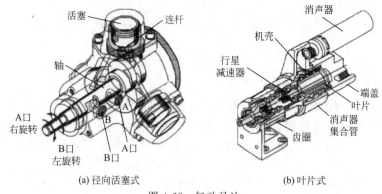

图 4-62　气动马达

① 各活塞与曲柄由连杆连接，与转轴为一体的旋转阀门把从 A 口进入的压缩空气依次供给各活塞，由压缩空气驱动的活塞推动曲轴产生旋转力矩；

② 另一侧的 B 口作为排气口；

③ 若从 B 口供给压缩空气，则气动马达反向旋转，此时 A 口变为排气口。

（3）摆动气动执行装置　摆动气动执行装置一般以小于 360° 的角度摆动。根据其结构的不同，可分为叶片式和齿条齿轮式，如图 4-63 所示。

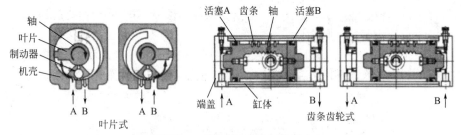

图 4-63　摆动气动执行装置

① 单叶片式摆动气动执行装置　单叶片式摆动气动执行装置由在机壳内侧滑动的叶片、与叶轮相连的轴及限位器等构成。

工作原理为：从 A 口供给压缩空气，推动叶片转动，在轴上产生力矩；排气室的压缩空气从 B 口排出，转轴向顺时针方向旋转，叶轮碰到限位器后停止；若从 B 口供给压缩空气，则气动马达向逆时针方向旋转。

② 齿条齿轮式摆动气动执行装置　齿条齿轮式摆动气动执行装置由汽缸、在缸体内滑动的两个活塞、位于两活塞之间的齿条及转轴等构成。

工作原理为：从 A 口供给压缩空气，推动活塞 A，通过齿条齿轮副在齿轮轴上产生力矩；排气室的压缩空气从 B 口排出，转轴向顺时针方向旋转；当活塞 B 碰到端盖停止时，转轴也停止转动；若从 B 口供给压缩空气，则转轴向逆时针方向旋转。

4.6.3　气动执行装置的控制

气动执行装置的控制是以驱动装置的控制为主的对气动系统的控制。按被控驱动装置的功能和控制方法，分为多种控制方式。

（1）启动装置的构成　将通过空气压缩机获得能量的压缩空气输入到汽缸或气动马达等

装置中，这种压缩空气能量就可转换成机械功。气动装置中使用的设备主要有以下几种。

① 驱动装置 利用空气压力的能量做机械功的装置，有汽缸、气动马达、摆动气动执行装置等。

② 控制装置 控制压缩空气流动的方向、流量和压力变化的装置，有电磁阀、手动阀门和执行器驱动的自动阀门等。

③ 空气质量调整装置 用于压缩空气状态的调整，有过滤器、调节器和润滑器等。

④ 辅助装置 为了保证设备使用方便和系统的安全而设置的附件，包括传感器、开关、减震器、液压制动缸、接头和仪器仪表等。

⑤ 真空发生装置 利用空气的流动来产生真空的装置，有真空泵和喷射泵等。

⑥ 气压发生装置 将空气压缩以获得压缩空气的装置，有空气压缩机、储气罐和冷却器等。

⑦ 其他辅助装置。

（2）装置的选用 将空气质量调整装置、气阀、调整器、汽缸气动装置组成气动系统。由于各种装置有多种型号和尺寸，如何选择其中最为合适的型号和尺寸来构成系统是十分重要的。

（3）气动系统的基本使用方法 图 4-64 所示为一般的气动装置的组合示例。此外还有其他各种装置，可根据工作的需要选择装配这些装置。

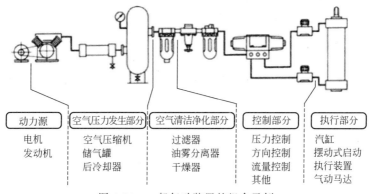

图 4-64 一般气动装置的组合示例

（4）流量控制 利用空气压力时，必须对空气的流量进行控制。在气动回路中安装流量控制阀，用于控制汽缸活塞的速度，并可实现对气动回路中气压信号的滞后控制。

流量控制的方法有以下几种。

① 固定节流 控制流量为恒定值。

② 节流阀和速度控制阀 可手动调节流量。

③ 缓冲阀 由机械自动调节流量。

思 考 题

1. 什么电机称为步进电机？步进电机有哪些特点？
2. 试述步进电机的驱动原理。
3. 试述步进电机的结构。在结构特点中是如何进行分类的？
4. 步进电机的转矩特性是什么？
5. 步进电机的励磁方式有哪些？在使用中是如何选择确定其励磁方式的？

6. 步进电机的驱动方式有哪些？常用的驱动电路有什么特征？

7. 试画出步进电机的典型控制电路。

8. 在电路中如何实现步进电机的高速运行？

9. 举例分析步进电机的控制应用电路。

10. 试讲述小型直流电机的启-停简单控制。

11. 简述小型直流电机的线性控制和 PWM 控制方法及两者的区别。

12. 小型直流电机单双电源方式的控制电路在实用中如何选择？

13. 螺线管的工作原理是什么？其驱动电路是如何工作的？

14. 交直流伺服电机各自的特点是什么？其驱动电路是如何工作的？

15. 装有旋转编码器的伺服电机是如何实现旋转控制的？

16. 液压执行装置的主要用途及液压系统的构成是什么？

17. 气动执行装置在一体化系统中是如何实施控制的？

第 ⑤ 章

计算机控制技术

5.1 计算机与控制

对于机电一体化系统的控制，是通过传感器将所需的各种信息输入到计算机，再通过程序进行判断和计算等处理，从而对执行装置按其目的进行适当的控制。利用计算机控制的机电一体化，可以实现更细微的控制，从而生产出性能更好的产品。并且计算机控制能够构建柔性系统，具有对于任务的变化和改进可以通过改变程序来实现的特点。

以开关或传感器等信号为依据，对输入、输出操作信号进行判断的过程就是控制的过程。当使用计算机来取代原有的模拟和数字电路所构成的控制电路，并按照程序进行的控制就是计算机控制，如图 5-1 所示。

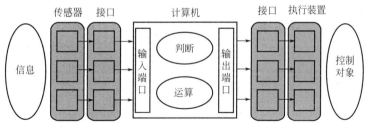

图 5-1　计算机控制系统示意图

5.1.1 计算机的构成

计算机是将控制、运算、存储、输入、输出等诸多功能集成后所构成的小型化装置。若再将其装置嵌入设备系统中，那该系统也可称为嵌入式系统。计算机的内部由 CPU（Central Processing Unit）、存储器、输出端口、输入端口等功能单元构成。

（1）中央处理器（也称为 CPU） 其集成化的部分称为微处理器，由控制器和算术逻辑单元构成，计算机的大部分工作均在此完成，如图 5-2 所示。

（2）控制器　根据程序（命令），对数据流与各单元的功能进行控制。其基本作用：

① 从存储器取出程序（命令）；

② 解读程序（命令）并发出执行指令，向算术逻辑单元发出加、减运算等指令；

③ 把数据存放到存储器，发出读入数据的指令；

④ 发出将数据输入、输出的指令。

数据的流向如图 5-3 所示。输入输出设备与存储器的数据交换，通过累加器（A 寄存器）进行，这是数据的窗口；将数据输入各寄存器（A、B、C、D、E、H、L）中，进行寄

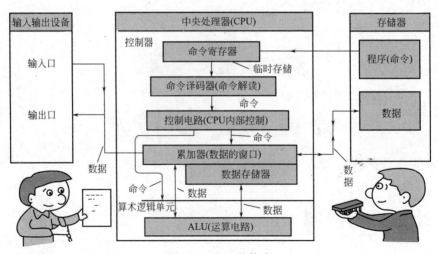

图 5-2 CPU 的构成

存器之间的运算等。

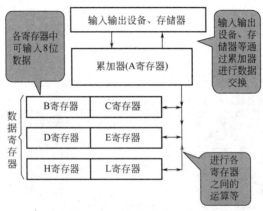

图 5-3 控制器中的数据流向

（3）算术逻辑单元 根据来自控制器的命令进行逻辑运算或算术运算。

① 算术运算 加法、减法等。

② 逻辑运算 逻辑与（AND）、逻辑或（OR）等。

③ 其他 大小比较、移位等。

（4）存储器 存储器又称为内存单元，用于存储数据或程序，可分为随机存储器（RAM）与只读存储器（ROM）两种类型。

① RAM（Random access memory） 是可以写入与读出程序和数据的随机存储器。通常若切断计算机的电源，则其存储的内容就会全部消失。

② ROM（Read only memory） 是只读存储器，用于事先存放计算机自身控制的程序（监控程序、操作系统等）或子程序等，即使切断计算机的电源，存储内容也不会丢失。

③ 存储的单元与地址 存储器能同时以位为单位（8 位、16 位等）的存储地址。把存储单元加上地址码，易于知道存储的地点。地址码也称为地址，可用 16 位二进制数（4 位十六进制数）表示整个存储器的连续地址。如图 5-4 所示。

④ 位与计算机 8 位计算机或 16 位计算机是指能同时处理 8 位或 16 位信号的计算机。

普通 8 位机，中央处理器为 8 位，存储器、输入输出设备等都能够同时处理 8 位信号。

同样，16 位机的中央处理器为 16 位，存储器、输入输出设备等都能够同时处理 16 位信号。

注意：信号均为数字信号。

（5）输入输出设备 输入输出设备是与外部进行信号交换的地方。如果把信号输入端或信号输出端称为端口，那么能同时处理位数所用到的端子数。端子的数量以个为单位，根据输入输出所用 IC 种类的不同，可实现 1～4 个端口的各种组合。

现以 8255 芯片（三口）输入输出接口专用 IC 的用法进行说明。

如图 5-5 所示，在方式 0 的状态下，任意一个端口都不能既作数据输入口，又作数据输出口。规定某个端口是输入口，则该端口绝不能再作输出口用。通过程序来分配输入输出，输入输出设备中有一个控制字寄存器（CW 寄存器），控制存储端口的分配情况。

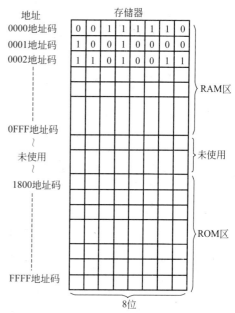

图 5-4 8 位存储器与地址的示例

3 个端口上都带有地址码，并且加上端口的名称：

A 口   地址码 00

B 口   地址码 01

C 口   地址码 02

同时，控制寄存器也加上了与其他端口地址连续编号的地址码（地址码 03）。

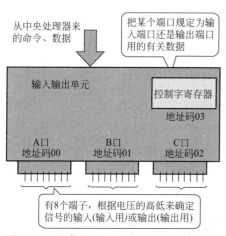

图 5-5 8 位信号所用的输入输出设备示例

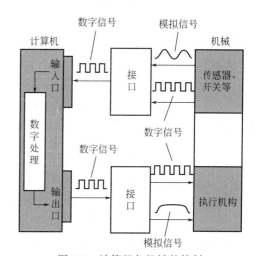

图 5-6 计算机与机械的控制

5.1.2 计算机与控制的组合

由于计算机处理的信号都是数字信号，所以不能接收或输出所需的模拟信号，计算机内部的处理也都用数字信号来进行，因此也不能用模拟信号来控制。应当用接口等装置将模拟信号转换为数字信号来处理。而用到模拟信号时，则同样要将数字信号转换为模拟信号来进行工作。如图 5-6 所示。

5.2 计算机与信号流

5.2.1 计算机的数字信号

计算机使用数字信号，一个数字信号只能有"0"与"1"两种状态。若同时使用 4 个数字，那这些"1"与"0"状态可以组合出 16 种数字信号。

一个数字信号称为 1 位，4 个数字信号则称为 4 位，这是计算机用于处理数据的最小单位。8 位计算机能同时处理 8 种信号来完成工作。由于用 1 与 0 两个数值表示大的数据时位数会很多，所以要把二进制数转换为十进制数或十六进制数来使用。

(1) 二进制数 只用 1 与 0 两个数字记数，全部用完时就向上进位的方法，称为二进制记数法，二进制数的 1 位数称为 1 位（比特）。

(2) 十六进制数 用 0～9 与 A～F 来记数，16 种全部用完时向上进位的方法，称为十六进制，所表示的数称为十六进制数。

(3) 二进制-十进制的转换 若用 1 与 0 来编制程序是无法想象的，必须要将与十进制相当的二进制数依次用十进制数表示。

① 1 位二进制数为 1 时，其对应的十进制数是 2 的位号次幂（权），如：

第 0 位　幂次为 0　$2^0 = 1$

第 1 位　幂次为 1　$2^1 = 2$

第 3 位　幂次为 3　$2^3 = 8$

第 7 位　幂次为 7　$2^7 = 128$

第 15 位　幂次为 15　$2^{15} = 32768$

② 多位二进制数为 1 时，对应的十进制数是二进制数为 1 的各个位的权之和，如：

对于 4 位的场合

$$(1010)_2 = 2^3 + 2^1 = 10$$
$$(1111)_2 = 2^3 + 2^2 + 2^1 + 2^0 = 8 + 4 + 2 + 1 = 15$$

对于 8 位的场合

$$(10001011)_2 = 2^7 + 2^3 + 2^1 + 2^0 = 139$$
$$(11111111)_2 = 2^7 + 2^6 + 2^5 + 2^4 + 2^3 + 2^2 + 2^1 + 2^0$$
$$= 128 + 64 + 32 + 16 + 8 + 4 + 2 + 1 = 255$$

对于 16 位的场合

$$(1010110001110011)_2 = 2^{15} + 2^{13} + 2^{11} + 2^{10} + 2^6 + 2^5 + 2^4 + 2^1 + 2^0$$
$$= 32768 + 8192 + 2048 + 1024 + 64 + 32 + 16 + 2 + 1$$
$$= 44147$$

可见，16 位二进制数用十进制数表示，位数很多，转换计算量非常大，所以可用十六进制数转换方法。

(4) 二进制-十六进制的转换 4 位二进制数可得到 16 种 1 与 0 的组合，就相当于 0～9 的数字值与从 A 到 F 的字母，所以可将每 4 位二进制数用 16 种数字中相应的记号之一转换为十六进制数。如：

$$(1010)_2 = 8 + 2 = 10 = (A)_{16}$$
$$(10001011)_2 = (1000)_2(1011)_2 = (8)_{16}(11)_{16} = (8B)_{16}$$
$$(1010110001110011)_2 = (AC73)_{16}$$

即使二进制数再增加，转换为十六进制数也很简便。

　　计算机控制的场合，与外部连接的各根数据总线都相互独立，可用 1(5V) 或 0(0V) 来发出命令或做出判断。在程序命令中，一般用 8 位或 16 位的 1 与 0 来表示指令，所以用十六进制数处理比较方便。

5.2.2　数字信号与十六进制数的关系

　　在 8 位计算机内流动的信号是由 8 根导线，以 5V 与 0V 的电压信号作为电气信号来流动的。如图 5-7 所示。

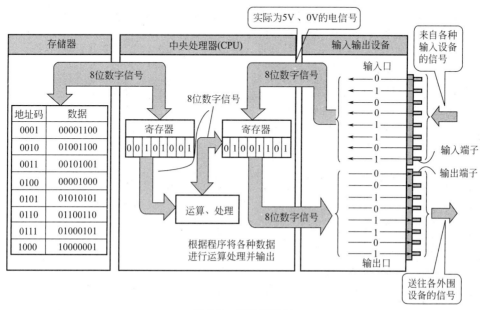

图 5-7　信号的流向

　　数字信号以 5V 作为"1"，0V 作为"0"来表示。但在编写程序时，只用"1"与"0"非常不便，而在使用 4 个数字信号时，可用 0~9 与 A~F 这 16 种符号来表示十六进制数的数据，如表 5-1 所示。

表 5-1　二进制数与十六进制数（只有 1 位的十六进制数）

第 3 位	0	0	0	0	0	0	0	0	1	1	1	1	1	1	1	1	8
第 2 位	0	0	0	0	1	1	1	1	0	0	0	0	1	1	1	1	4
第 1 位	0	0	1	1	0	0	1	1	0	0	1	1	0	0	1	1	2
第 0 位	0	1	0	1	0	1	0	1	0	1	0	1	0	1	0	1	1
十六进制数	0	1	2	3	4	5	6	7	8	9	A	B	C	D	E	F	

　　注：位号就是附加在信号线上的编号。

　　从表 5-1 可见，用"2 的位次幂"，就可将数字信号换算为十六进制数：

第 3 位为"1"时　$2^3 = 8$

第 2 位为"1"时　$2^2 = 4$

第 1 位为"1"时　$2^1 = 2$

第 0 位为"1"时　$2^0 = 1$

当第 4 位中有多个位为"1"时，其数值为所有为"1"的位之十六进制数的总和。

5.2.3　计算机的输入信号

用 8 位计算机进行机械控制时，在输入口的端子上连接着传感器等输入设备，如图 5-8 所示。输入口判断数字信号以 5V 电信号作为 "1"，0V 电信号作为 "0"，所以将易于判断的电信号直接通过接口输入计算机。若输入设备按规定来动作，则应输入如图 5-9 所示的输入信号：

① 按第 7 位端子上的按钮 1；

② 压住第 5 位端子上的限位开关 1；

③ 使第 0 位端子上的压力（传感器）开关动作。

用二进制来表示为 $(10100001)_2$，若写成十六进制数即为 $(A1)_{16}$。

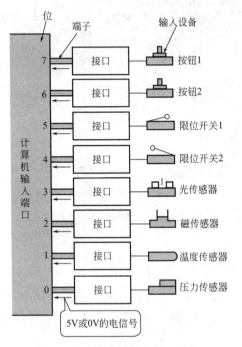

图 5-8　输入设备与输入端口的连接

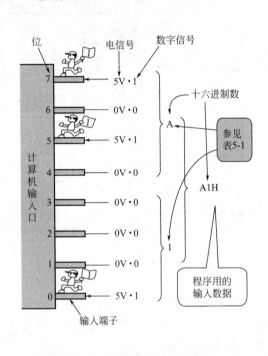

图 5-9　输入信号与十六进制数

5.2.4　计算机的输出信号

从计算机输出的信号属于微弱信号（如电压为 5V，电流为数毫安以下），不能直接驱动执行机构等外围设备，需要通过接口装置，将计算机的输出信号转换成能使外围设备工作的电信号。

如图 5-10 所示，表示接在输出口上的外围设备，是由计算机的输出信号来控制的。输出数据的流向如下：

① 由中央处理器将输出数据送到指定的输出口；

② 当输出口的输出数据为 "1" 时，就从输出端子输出 5V 的电信号；

③ 接收到 5V 电信号的输出接口，使各自的外围设备工作。

以上是用于 8 位计算机的情况，当使用 16 位计算机时，每一个口上有 16 个端子来连接外围设备，即可同时控制 16 台外围设备。此时的输出就成为 4 位十六进制数，同样，输入也应是 4 位十六进制数。

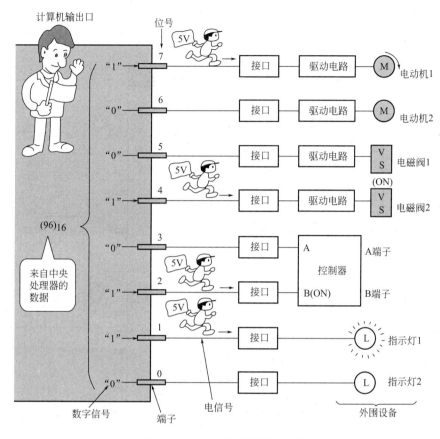

图 5-10 输出口与外围设备连接

5.2.5 输入信号与输出信号的流动

尽管在计算机内部流动的是电信号（5V、0V），但从编制程序的角度来看，则可以认为流动的是十六进制的数据，如图 5-11 所示。

虽然最后程序是以十六进制的电信号输入计算机的，但若只用十六进制数来编制程序太麻烦，所以一般采用一种"汇编"语言来编制程序。

5.2.6 计算机信号的电气特征

计算机中，流经总线的电信号是电压为 5V 的直流电流，计算机处理的数字信号电压均为：高电平信号 5V，低电平信号 0V。

各电压的许用值均符合晶体管-晶体管逻辑集成电路（TTL- IC）的电平，但根据所用的集成电路 IC 的不同，也有用不同电压值的。其标准值如下。

（1）电平许用值

① 输入信号

高电平信号＝1   2.0～5V

低电平信号＝0   0～0.8V

② 输出信号

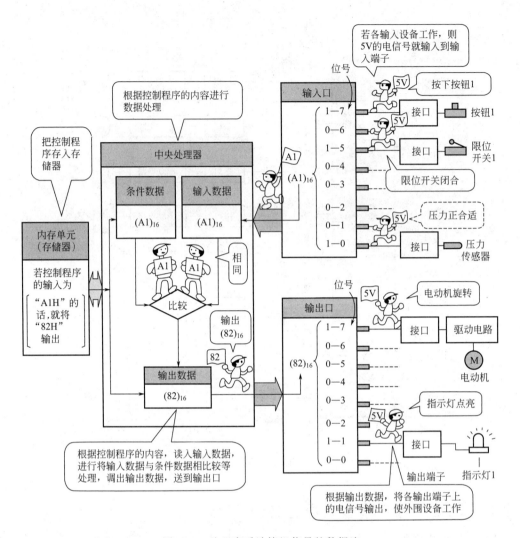

图 5-11 从程序看计算机信号的数据流

高电平信号＝1   2.4～5V

低电平信号＝0   0～0.4V

（2）信号电流的最大值

① 输入信号

1 信号   20μA

0 信号   －400μA

② 输出信号

1 信号   －0.4mA

0 信号   8mA

注意：负的电流表示从 IC 引脚流出来的电流。计算机内外所流经的信号电流都是很微
弱的。

5.2.7　计算机信号的电源

信号用的电源是直流 5V。信号的电平，应以地为基准，与外部电压电平通用，必须接地。不同电源的场合，也要在用共同信号时，将电源的地线相互连接起来。但在使用光电耦合器等隔离信号连接的场合，不连接这些地线。也有使用 3V 电源的微型计算机或集成电路，应确认之。

5.2.8　计算机的处理速度

计算机的处理时间是以计算机所用的时钟脉冲周期（机器周期）为基准的。例如，时钟频率为 10MHz 的场合，周期为 $1/10000000s = 0.1\mu s$，把它称为 1 拍（1 个机器周期）。处理时间是它乘以倍数所得的值。根据语言或命令的种类不同，处理时间约从数微秒到数百微秒，汇编语言最快，而 BASIC 语言是边逐行翻译机器原码边执行的，所以很费时间。

因计算机与外围设备的处理时间不同，所以读取信号时，在延时时间上配合不好。为此采用的方法是：使用计算机上的时钟（系统时钟）作为外围设备控制信号的延迟时间，来收发数据信号，或采用保持输出状态，使它符合接收方的延迟要求。

5.3　计算机与 A/D（或 D/A）转换

所谓 A/D 转换或 D/A 转换是指模拟信号与数字信号的转换或逆转换。将连续变化的电信号，称为模拟信号；而如同开关的开闭那样，以一定的量为单位阶梯变化的信号，则称为数字信号。

5.3.1　A/D 转换

计算机控制时，由于来自传感器的信号为模拟信号，无法推动计算机工作，因而必须要有将模拟信号变为数字信号的装置，即 A/D 转换器。如图 5-12 所示。

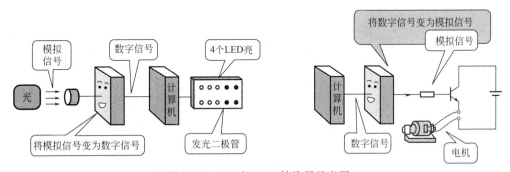

图 5-12　A/D 与 D/A 转换器示意图

图 5-13 所示的是输入 A/D 转换器的模拟信号转换成二进制数字信号的示意图。

例如，将一个在 0～3V 范围内变化的模拟信号变换为 4 位数字信号。变换后的 4 位二进制数在 0000～1111 范围内，相应于十进制数的 0～15。因而用 3V 除以 15 得 0.2V。因此，如图 5-14 所示，每过 0.2V 变一个数字量即可。在图 5-13 中模拟信号的 2.5V 在 2.4～2.6V 之间，则将其变为二进制数 1100 的数字信号。由此可见，只用 4 位变换的范围过大，因而有时有必要增加位数。A/D 转换器有多种形式，变换的位数也是 4～16 都有，这种转换器已经 IC 化。A/D 转换器多与运算放大器组合使用。

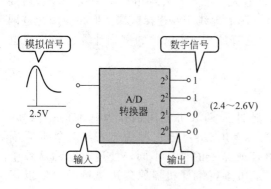

图 5-13　A/D 转换方案示意

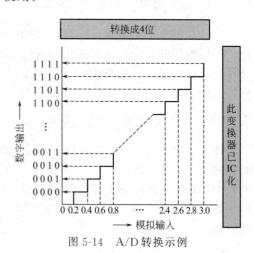

图 5-14　A/D 转换示例

5.3.2　D/A 转换

将数字信号变换为模拟信号，称之为 D/A 转换，D/A 转换装置称为 D/A 转换器。图 5-15 所示出了 D/A 转换的思路。即在 D/A 转换器的输入端加上相当于 2.4～2.6V 的二进制数 1100 的数字信号时，输出端要出现 2.5V 的模拟信号。

传感器得到的模拟信号按此数字信号进行处理。因而，处理的结果是数字信号。该信号无法推动执行机构工作，所以要经 D/A 转换变成模拟信号，才能输入给执行机构。

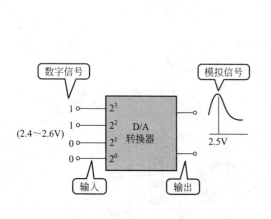

图 5-15　D/A 转换方案

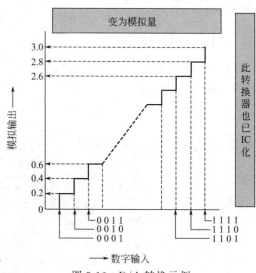

图 5-16　D/A 转换示例

图 5-16 所示为 D/A 转换器将 4 位数字信号变为 0～3V 范围内的模拟信号的转换的示例。4 位二进制数可表示成十进制的 0～15。先考虑按 4 位变换为 0～3V 范围的模拟信号。3V/15＝0.2V，因而 4 位数字信号可以每隔 0.2V 变为模拟信号。即数字信号值每增加 1，变换后的模拟信号输出电压增加 0.2V。图 5-16 所示中，输入数字为 4 位的 1101 时，即十进制的 13，模拟输出电压 V_o 为

$$V_o = \frac{3}{15} \times 13 = 2.6(V)$$

5.3.3　模拟量的输入

（1）从传感器取得模拟量　要将模拟量输入计算机，必须将模拟量转换为数字量。在实际中，来自传感器的信息不是直接输入到计算机的，如图 5-17 所示，要通过 A/D 转换器进行模/数转换。即只需考虑模拟量怎样从传感器进入 A/D 转换器就可以了。

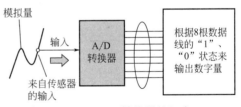

图 5-17　A/D 转换器的组成

（2）A/D 转换器（ADC0809）的数据处理　以 A/D 转换器中常用的 ADC0809 为例，其组成如图 5-18 所示。将热敏电阻的模拟量从 IN0 等引脚输入，基准电压上限 5V、下限 0V 之间分为 256 等分，作为数字量数据输入到计算机的输入电路。施加在 IN0～IN7 这几个引脚上的电压变化状态，相当于来自传感器的模拟量。

（3）用热敏电阻检测温度的电路连接　热敏电阻具有温度上升电阻值减小的性质。如图 5-19 所示，在 25℃时 20kΩ 的热敏电阻要与一个 20kΩ 的固定电阻相串联，热敏电阻的 5V 分压输出为 2.5V。要使流经热敏电阻与固定电阻的电流相等，输出电压 V（V）与热敏电阻阻值 R（Ω）的关系式为

$$\frac{V}{r} = \frac{5-V}{R} \quad （r：固定电阻 20\mathrm{k}\Omega） \tag{5-1}$$

式中　V——输出电压，V；

　　　　R——热敏电阻阻值，Ω。

因此，当热敏电阻的阻值为 25kΩ 时，将 $X=25\mathrm{k}\Omega$、$r=20\mathrm{k}\Omega$ 代入上式，即可求得 $V=2.22\mathrm{V}$，这就是进入 A/D 转换器的输入。

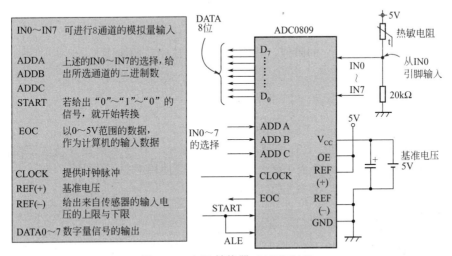

图 5-18　A/D 转换器（ADC0809）

（4）求传感器特性的校正近似公式　由于热敏电阻阻值与温度的关系不是线性的，因此要用热敏电阻的阻值与温度的特性表画出阻值温度特性曲线，求得与此曲线近似的公式，再求出实际的温度。特性表可在购买热敏电阻时索取。图 5-20 所示为热敏电阻（203T）的近似公式求法。对其他的传感器，近似公式同样适用。

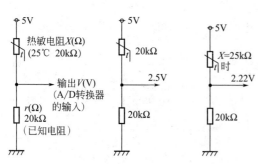

图 5-19　用热敏电阻检测温度的电路连接

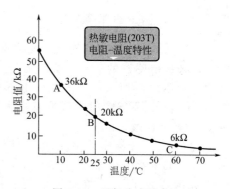

图 5-20　近似公式的求法

由特性表可得：

A 点　10℃　36.12kΩ　取 36kΩ

B 点　25℃　　　　　　　20kΩ

C 点　60℃　6.006kΩ　取 6kΩ

通过这 3 点的特性曲线，可代入下式

$$H = a/(R+b) + C \tag{5-2}$$

求得 a、b、c。

式中　H——温度，℃；

　　　R——热敏电阻阻值，Ω。

10℃时　　　　　　　$10 = a/(36+b) + c$　　　　　　　①

25℃时　　　　　　　$25 = a/(20+b) + c$　　　　　　　②

60℃时　　　　　　　$60 = a/(6+b) + c$　　　　　　　③

由式①、②、③可解出：

$$a = 613，\quad b = 3.4，\quad c = -5.6$$

再根据热敏电阻（203T）的阻值，就能求得该阻值相应的温度。

5.4　PIC 控制

PIC 是 Peripheral Interface Controller 的缩略形式，是由美国 Microchip Technology 公司开发的 RISC 类型的单片机。PIC 的硬件系统设计简洁，指令系统设计精炼，在机电控制行业中被广泛应用，其芯片内集成了必要的周边电路，使用简单。作为指令少、开发环境好的微型计算机，受到人们的广泛关注。

5.4.1　PIC 的种类

美国 Microchip Technology 公司已开发出按性能顺序分类的 3 个产品系列，如表 5-2 所示。

表 5-2　PIC 产品系列

系列	命令数	命令长/bit	处理速度/MIPS	引脚数	型号
基线产品	33	12	5	6～40	PIC10FXXX PIC12C/FXXX PIC16C/F5X

续表

系列	命令数	命令长/bit	处理速度/MIPS	引脚数	型号
中档产品	35	14	5	8～64	PIC12FXXX PIC16CXXX PIC16FXXX
高档产品	79	16	10	18～80	PIC18FXXX

（1）基线产品 拥有 12 位宽的 33 条命令，是具有输入/输出引脚（pin）和定时器功能及基本功能的产品系列。

（2）中档产品 拥有 14 位宽的 35 条命令，是在基线产品功能的基础上扩充了 A/D 转换器和比较器的模拟输入、USART 等的串行 I/O 功能的产品系列。

（3）高档产品 拥有 16 位宽的 79 条命令，大幅地提高了基本处理速度和存储容量，并增加了模拟输入的通道数。常用于 USB 等标准接口和汽车的电子控制，是强化了 CAN（Controller Area Network）功能等的高性能的产品系列。

5.4.2 PIC 的存储器

PIC 的大规模集成电路（Large Scale Integration LSI）内集成了 3 种存储器，可按目的分别使用。

（1）程序存储器 是存储程序用的存储器，需使用专用的程序输入设备进行输入。通常采用 Flash 存储器，可擦除和再写入，即使掉电程序也不会丢失。

（2）数据存储器（RAM） 用于运算中间结果，是临时数据存储的存储器，掉电数据会丢失。

（3）EEPROM 存储器 是用来存储程序使用的常量、设定值等数据的存储器。通过专用设备修改，程序的数据可以改写，掉电也不会丢失数据。

PIC 中最常用的产品是中档产品，它的程序存储器有两种类型：可以写 1 万次的 Flash 存储器（FL）类型和只能写一次的一次可编程（OTP）类型。

5.4.3 PIC 的构造（16F84A）

PIC16F84A 是具有 35 条 14 位宽指令的中档产品，可以在 Flash 存储器用专用的程序写入器写入，其包装有 18 引脚，I/O 引脚数是 13 个，集成了时间间隔定时器用的计数器，主要用于面向小规模控制系统的构建。

（1）哈佛结构 PIC 系列单片机是唯一一种在芯片内部采用哈佛结构的机型。它与冯·诺依曼结构不同。普通的冯·诺依曼结构如图 5-21 所示。哈佛结构是在芯片内部将数据总线和指令总线分离，并且采用不同的宽度，如图 5-22 所示。

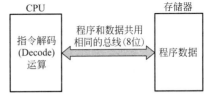

图 5-21 冯·诺依曼结构

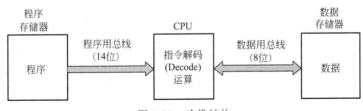

图 5-22 哈佛结构

　　这种结构的数据总线和程序用总线的宽度不同，指令长度是固定的，程序指令的 fetch 动作（取指令）在 1 个指令周期内即可完成，所以能够进行高速处理。将数据和程序分开，可以降低把数据当作程序解释而引起失控的危险性，便于实现"流水作业"，也就是在执行一条指令的同时对下一条指令进行取指操作，而在一般的单片机中，指令总线和数据总线是共用的。

　　（2）PIC16F84A 的结构　将 PIC 与普通的计算机比较可知，PIC 具有独立的构造。图 5-23 所示中展示了 PIC 16F84A 的内部结构。

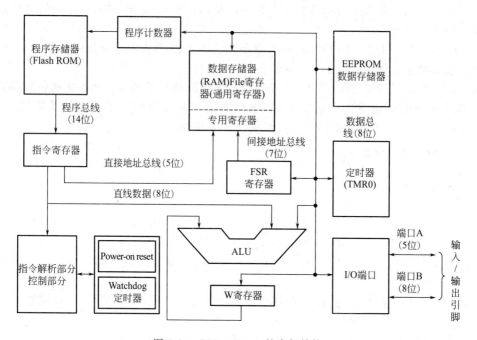

图 5-23　PIC 16F84A 的内部结构

　　① 内存　用于保存执行的程序，逐一地将指令（14 位，1 字）取到指令寄存器内。数据存储器也被称为 PIC 的文档寄存器，可分为将计算结果等临时数据存储的通用寄存器和决定 PIC 动作的专用寄存器（Special Function Register）。RAM 内的专用寄存器还可用于 I/O 端口的输入与输出。

　　② I/O 端口　有 5 位输入/输出的端口 A 和 8 位输入/输出的端口 B，用于外部信号的输入/输出。由 RAM 内的专用寄存器 PORTA、PORTB 输入/输出，也可使用端口 A 和端口 B 输入/输出。另外，各个端口的位是输入还是输出，可通过专用寄存器 TRISA、TRISB 来设定。

　　③ 运算部分　根据运算指令来进行 W 寄存器和操作数的值的运算，将运算结果存放在寄存器和 RAM 中，由 I/O 端口输出。

　　④ 定时器　内藏的 TMR0 以内部时钟为基准，以一定的时间间隔产生中断，能够准确地测量时间，并可作为动作监视用的 Watchdog 定时器。

　　（3）指令的传递处理　PIC 取指令和执行指令，可用同一指令周期执行的传递处理。如图 5-24 所示，所有指令都是 14 位的固定长度，所以能够在 1 个指令周期内执行 1 条指令，实现高速度的处理。但在中途的分支处理和跳跃指令，会改变指令的原有顺序，对于取指令要进行重新设置，所以需要 2 个指令周期才可执行完。

　　（4）引脚的配置　图 5-25 所示是 PIC 16F84A 引脚的配置，其中各引脚的功能如下。

V_{DD}：＋电源（4.0～5.5V）。

V_{SS}：—电源（通常接地）。

$\overline{MCLR}$（master clear）：复位输入（负逻辑）。

OSC1/CLKIN、OSC2/CLKOUT：为了生成时钟频率，与水晶振荡器、陶瓷振荡器等连接，是外部振荡电路的输入端子。

T0CKI：定时器的外部时钟输入端。

RA0～RA4：端口 A 输入/输出端子。

RB0～RB7：端口 B 输入/输出端子。

INT：外部中断输入端子。

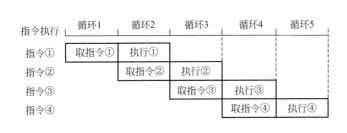

图 5-24　PIC 的指令传递处理

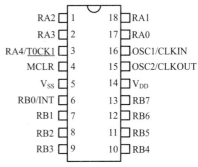

图 5-25　PIC 16F84A 引脚的配置

5.4.4　PIC16F 的指令体系

PIC16F 的指令字长是 14 位。根据操作码和操作数的类型，该指令大致分为 4 类。所有的指令都是在第 1 个指令周期（4 个时钟周期）取指令，在下一个指令周期执行指令。

（1）字节处理指令　字节处理指令是以运算为中心的指令，进行 W 寄存器内容和用 f 表示的通用寄存器的内容的运算。运算结果，根据 d 的值，决定存放在 W 寄存器或 f 表示的通用寄存器中。如图 5-26 所示。

（2）位处理指令　位处理指令是进行位处理的指令，对 f 表示的通用寄存器第 b 位进行处理。如图 5-27 所示。

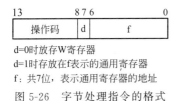

d=0时放存W寄存器
d=1时存放在f表示的通用寄存器
f：共7位，表示通用寄存器的地址

图 5-26　字节处理指令的格式

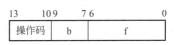

b：共3位，表示要处理的位号
f：共7位，表示通用寄存器的地址

图 5-27　位处理指令的格式

（3）立即数操作指令和控制指令　代码中含有常数和立即数（文字常数）以及在程序中指定跳跃目标的标记，是进行运算、程序的跳跃、PIC 控制的指令。如图 5-28 所示。

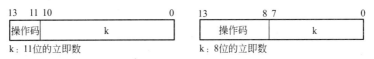

k：11位的立即数　　　k：8位的立即数

图 5-28　立即数操作指令和控制指令的格式

（4）指令集　PIC16F 的指令集如表 5-3 所示。

表 5-3　PIC16F 的指令集

类型	命令		说明
立即数操作指令和控制指令	ADDWF	f,d	W 寄存器和 f 寄存器的加法
	ANDWF	f,d	W 寄存器和 f 寄存器的逻辑与
	CLRF	f	f 寄存器的清零
	CLRW		W 寄存器的清零
	COMF	f,d	f 寄存器的取补码
	DECF	f,d	f 寄存器减量（减 1）
	DECFSZ	f,d	f 寄存器减量,结果为零执行下面的指令
	INCF	f,d	f 寄存器增量（加 1）
	INCFSZ	f,d	f 寄存器增量,结果为零执行下面的指令
	IORWF	f,d	W 寄存器和 f 寄存器做或运算
	MOVF	f,d	移动 f 的内容
	MOVWF	f	将 W 的内容向 f 够动
	NOP		NoOperation（什么都不做）
	RLF	f,d	f 带进位标志循坏左移
	RRF	f,d	f 带进位标志循坏右移
	SUBWF	f,d	用 f 减去 W
	SWAPF	f,d	交换 f 的前 4 位和后 4 位
	XORWF	f,d	W 和 f 进行异或
位处理指令	BCF	f,b	将 f 中的第 b 位清零
	BSF	f,b	将 f 中的第 b 位设置为 1
	BTFSC	f,b	如果 f 的第 b 位是 0,执行下面的指令
	BTFSS	f,b	如果 f 的第 b 位是 1,执行下面的指令
立即数操作指令和控制指令	ADDLW	k	W 和立即数 k 加
	ANDLW	k	W 和立即数 k 的逻辑与
	CALL	k	调用 k 号子程序
	CLRWDT		WDT 定时器清零
	GOTO	k	跳转到地址 k
	LORLW	k	W 和立即数的逻辑或
	MOVLW	k	将 W 赋予定值
	RETFIE		中断返回
	RETLW	k	W 送常数,子程序返回
	RETURN		子程序返回
	SLEEP		转换到等待状态
	SUBLW	k	从自己数减去 W 的值
	XORLW	k	W 和立即数逻辑异或

注：d 用来指定操作结果存储的位置,d=0 表示存储到 W 寄存器,d=1 表示存储到 f 寄存器。

5.4.5　PIC 定时器

PIC 使用了标准的间隔时钟和计数器，其内部安装了 TMR0 组件，能够定时产生中断。芯片内还带有用来监视程序失控的看门狗定时器（Watchdog）。

（1）TMR0 组件　图 5-29 所示为 TMR0 组件的内部结构。

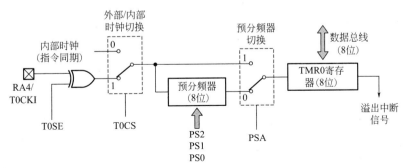

图 5-29　TMR0 组件的内部结构

驱动定时器的时钟，通过 T0CS 来选择是使用内部信号还是 RA4/T0CKI 引脚的外部信号。此外，无论是否选择时钟信号，TMR0 的预分频器要用 PSA 设定。定时器本身的 TMR0 寄存器，用于 8 位计数器溢出发生中断时，专用寄存器 INTCON 的 T0IF 位设定 1。

（2）预分频器　TMR0 计数器是 8bit 的，计数最大为 0～255。为此在 TMR0 计数器的前段配置了 8bit 的预分频器，能进行 16bit 的计数。预分频器的分频数由 OPTIONREG 寄存器的 PS2～PS0 3 位的值确定，并可调整定时器的时间间隔。

（3）OPTIONREG 寄存器　图 5-30 所示为专用寄存器 OPTION _ REG 的 8 位，对它的设定将决定定时器的动作。

$\overline{RBUP}$	INTEDG	T0CS	T0SE	PSA	PS2	PS1	PS0

图 5-30　OPTION-REG 寄存器

表 5-4 所示为 OPTION _ REG 寄存器的功能描述。

表 5-4　OPTION _ REG 寄存器的功能

位	功能
$\overline{RBUP}$	0 为 PORTB 上拉,1 为取消 PORTB 的上拉
INTEDG	中断脉冲沿的选择。0 为下降沿,1 为上升沿
T0CS	TMR0 的时钟选择。0 为内部时钟,1 为外部时钟
T0SE	外部时钟脉冲沿的选择。0 为下降沿,1 为上升沿
PSA	预定标器的指定。0 为 TMR0 使用,1 为监视定时器使用
PS2～PS0	根据 3 位的值指定预定标器的分频比

（4）看门狗计时器　在机电一体化控制中，当计算机发生失控，都会丢失输入/输出的应答。为了能够自动地避免计算机的这种失控，利用看门狗计时器处理失控和复位。如果启动看门狗计时器，就会定时地对 PIC 进行强制复位，程序将从头开始运行。在程序中预先放置清除看门狗计时器的命令 CLRWDT，可以避免定时器强制复位。为使程序顺利运行，要定期执行这个回避动作。如果失控回避动作不工作，PIC 就强制复位。另外，PIC 的 TMR0 和看门狗计时器使用同一预定标器，这在编程时一定要注意。

5.4.6 PIC 与外部设备的连接

PIC 中集中了 CPU、存储器、I/O 端口、时钟电路等基本动作需要的组件，可以直接连接外部设备。在实际连接时，需要先了解 PIC 的电气特性，再进行外部设备的连接。

（1）时钟电路 PIC 动作的时钟信号，在 PIC 的 OSC1、OSC2 引脚连接水晶振荡器或陶瓷振荡器，就可以实现内部的时钟电路，如图 5-31 所示。同时，在只使用内部电路连接外部振荡器时，要在配置寄存器中设置若干个振荡方式。

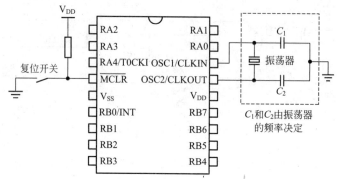

图 5-31 PIC 16F84A 与振荡器和复位开关的连接

（2）复位输入 PIC 除了通过 $\overline{\text{MCLR}}$ 引脚低电平复位外，为使电源投入后稳定工作，要具有投入一定时间后的复位 POR（Power-On-Reset）、检查到电源降低的掉电锁定复位 BOR 等功能。当电源电压极低、电源的供给不稳定时，内部的 POR 和 BOR 就不能够对应，需要在 $\overline{\text{MCLR}}$ 引脚连接外部复位电路。

（3）开关输入 当 PIC 的端口 A、端口 B 要进行信号的输入时，在专用寄存器 TRISA、TRISB 对应的位设定 1。各端口的输入信号，能从专用寄存器 PORTA、PORTB 取出。PORTB 在专用 OPTION_REG 的第 7 位设定 0 时，回路内所有位被上拉。图 5-32 所示是 PIC 与输入开关的连接。

（4）LED 输出 当 PIC 的端口 A、端口 B 要进行信号的输出时，在专用寄存器 TRISA、TRISB 对应的位设定 0。给各端口的信号，由专用寄存器 PORTA、PORTB 写入的数据输出。在输出设定时，PORTB 的上拉功能自动关断。同时，为使每个引脚输出的最大电流不超过 25mA，需要有限制电流的电阻，如图 5-33 所示。通常点亮 LED 需要 5~10mA 的电流。

图 5-32 PIC 连接输入开关　　　　　图 5-33 LED 的输出

5.5 嵌入式控制

5.5.1 嵌入软件

将在机电一体化控制、信息通信机器、便携式信息终端、家电产品等中包含计算机和将控制程序植入机器内的系统叫做嵌入式系统，程序等控制用的特定软件叫嵌入软件。

（1）嵌入式系统的特征　嵌入式系统（embedded system）是以微型计算机作为控制系统的中心，通过预先制定的输入/输出信号，遵从特定逻辑进行处理的系统。最新的嵌入式系统，是用 RISC 芯片的微型计算机和内部软件，替代了以前由通用 IC 和专用 IC 结合的硬件设计的许多功能，如图 5-34 所示。以硬件为中心进行设计，重视软件的系统构造，通过削减硬件的零部件数量来降低成本，构造柔性系统，开发工序柔软化，使制造成本降低。而且具有了更多柔性系统的特征，只需变更软件就可以扩充功能。

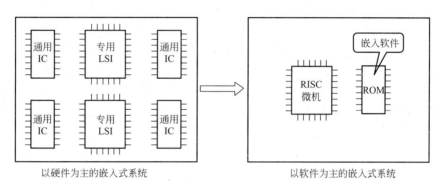

以硬件为主的嵌入式系统　　　　　以软件为主的嵌入式系统

图 5-34　软件的嵌入式系统

（2）嵌入软件　嵌入式系统中必须是实时系统才可以使用嵌入软件。实时系统是根据来自外部的信号，内部状态变化在极短的时间内做出反应的系统。使用高性能的 RISC 微型计算机和被称为实时 OS（Operating System）的操作系统，就可以构建这种实时系统。

（3）实时操作系统　计算机进行复杂的处理时，要用操作系统作为管理程序。Windows和 UNIX 等个人计算机工作站的操作系统是 GUI（Graphical User Interface）等，用户可操作性非常好。操作系统的重要功能是计算机的资源管理和程序的运行管理。一般操作系统具有的特点：

① 能够有效地利用存储器和外部存储装置；

② 操作系统对硬件的差异兼容；

③ 可简单地实现多任务处理。

即使是嵌入式系统，在执行多个程序和多任务时，也必须进行资源管理和程序运行管理。实时处理使用的特殊操作系统叫实时操作系统。可利用实时操作系统开发出高效率的嵌入式系统的软件。表 5-5 所示是一般操作系统和实时操作系统的特征。

表 5-5　一般操作系统和实时操作系统的特征

	主要特征	管理的资源	实时性
个人计算机的 OS	GUI 和文件管理系统较好	硬盘、内存、外部设备等	允许有些微的延迟
实时 OS	适合实时处理	存储器、I/O 设备等	任务间的定时管理严格,不允许产生延迟

5.5.2　实时处理

嵌入式系统对时间要求很严格，要求在一定的时间内输出任务的处理结果。

（1）软实时系统　是指个人计算机与人之间操作的实时任务系统。

（2）硬实时系统　与之对应的是嵌入式系统对机器间的通信必须有严格的时间管理，叫硬实时系统。

（3）事件　嵌入式系统必须依次处理来自外部的传感信息，以及经由网络其他机器任务

图 5-35　嵌入式系统的实时性

处理要求。这些处理要求叫事件，要求在一定的时间内得到系统的响应。同时必须将发生的事件按优先顺序在一定的时间内进行相应，如图 5-35 所示。

实时操作系统的任务是对多个事件按优先顺序进行调度。有时受到处理内容及硬件的影响，在限定的时间内处理不完的情况，这是实时操作系统不能够保证的，需要在嵌入式系统设计开发时注意。

5.5.3　中断机制

操作系统能够顺利地转换任务对嵌入式系统实时处理多重任务是必需的。这时，输入/输出装置和 CPU 定时器发生中断，以及中断后的中断处理，对切换任务有重要的作用。

（1）中断种类　中断（interrupt）是计算机对 CPU 中断正在进行的任务而进入新任务的功能，被中断的任务在其他的时间接着处理，如图 5-36 所示。

图 5-36　中断处理的示意图

输入/输出装置通过 CPU 中断引脚输入的中断，称为外部中断。运算结果的溢出、0 做除数的除法等由于 CPU 内部原因发生的，以及其他任务通过软件方法产生的中断，称为内部中断。任务切换用的间隔中断插入，称为时间中断。

（2）任务信息的保护　由中断挂起的任务，为了在中断处理结束后能够重新进入任务，需要将中断前的状态、任务的优先次序、任务号码、寄存器的内容、执行地址等放在堆栈保护。操作系统由各任务生成任务控制块 TCB（Task Control Block）来进行任务管理。与任务相关的状态信息称为上下文（context）。

（3）多重中断　在实时处理中，中断请求很频繁，在中断处理过程中其他的任务可能进行中断请求，只单纯按中断请求发生顺序进行处理是不行的，在处理中断时必须判断中断优先权。考虑了优先权后就可以进行多重中断的处理了，如图 5-37 所示。

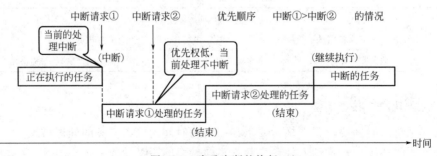

图 5-37　多重中断的执行

（4）由时间间隔定时器中断来切换任务　由时间间隔定时器中断来切换任务的方式称为时间共享方式（timesharing），时间间隔叫时间片，如图 5-38 所示。在时间共享方式下，时间片平等地分配给各任务，以便多任务能同一时间执行。另外，对同一优先顺序的任务，顺序地分配时间片的轮询方式使用的也比较多，要不断地询问任务是否用完时间片，任务是否改变优先顺序。通常对于不定期发生中断的实时系统，不使用时间共享方式。

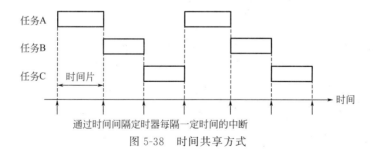

图 5-38　时间共享方式

5.5.4　任务管理

对于嵌入式系统，实时操作系统的重要功能是对多任务执行的先后顺序的管理。按照优先顺序管理的方式叫优先权方式，根据事件的发生切换任务的是事件驱动方式。对于多任务实时处理的主要方式，是以上两种方式并用的任务调度方式。

（1）采用事件驱动优先权方式的多路程序设计　事件驱动优先权方式如图 5-39 所示，中断优先权高的任务提出中断请求时，正在执行的任务被中断，任务由操作系统的上下开关切换。另外，将提供多路程序设计的操作系统的功能叫做任务调度功能，是在被称为操作系统内核（kernel）的模块中实现。

内核的主要功能是：任务的调度（scheduling）功能；多重中断控制功能；系统调用功能。其中系统调用功能是与任务的生成和结束、任务同步相关的功能，能够从程序中调用。

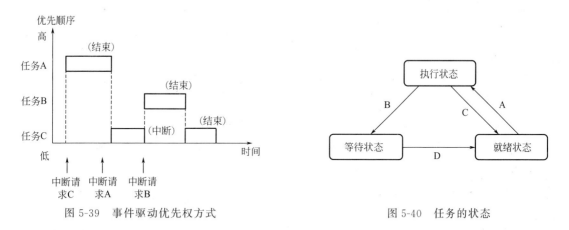

图 5-39　事件驱动优先权方式　　　　　　　图 5-40　任务的状态

（2）任务的状态　一般在内核里，对于各个任务管理设置任务控制块（TCB）。任务在某一时刻的状态有就绪状态、执行任务、等待状态。通过内核任务调度的功能，能够进行状态切换，如图 5-40 所示。内核对执行权的分配叫调遣（dispatch）。

① 就绪状态　这是马上能够执行任务的状态。根据优先权，从内核得到执行权时变为执行状态，如图 5-40 所示 A。

② 执行状态　这是执行任务的状态。在执行当中，如果有等待其他任务处理发生时，则成为等待状态，如图 5-40 所示 B。在执行优先权更高的任务时变为执行任务，如图 5-40 所示 C。

③ 等待状态　等待其他任务的处理结果和执行时所用资源的分配。执行所必需的条件完备变为就绪状态，如图 5-40 所示 D。

思 考 题

1. 计算机与控制在机电一体化系统中是如何组合的？

2. 计算机的输入信号是如何进入的？输出信号是如何传出去的？输入信号与输出信号是如何流动的？

3. 计算机信号的电气特征有哪些？

4. 计算机信号的电源有哪些特点？

5. 决定计算机处理速度的因素有哪些？

6. A/D 转换或 D/A 转换在计算机控制技术起着什么作用？该作用是如何实现的？

7. 什么叫做 PIC 控制？

8. PIC 构造类型的哈佛结构是什么意思？

9. PIC16F 的指令体系有什么特征？

10. PIC 与外部设备是如何连接的？

11. 什么是嵌入式控制？嵌入式控制有什么特点？

12. 嵌入式系统对信号是如何进行实时处理的？

13. 嵌入式系统的中断机制是如何工作的？

14. 嵌入式系统的任务管理是如何实施的？

第 ⑥ 章
接口技术

6.1 接口电路

6.1.1 接口

接口是介于两个以上装置之间用于帮助信号传送的装置，如图 6-1 所示。

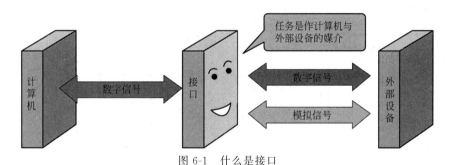

图 6-1 什么是接口

从传感器得到的信号，原封不动地输入给计算机显然是不行的。还有，经过计算机处理过的输出信号，若原封不动地输入到执行机构或数字显示器也得不到正确的动作。因而，要在传感器和计算机之间、计算机和输出装置之间设置接口，以期得到所希望的信号。这就是接口的作用，如图 6-2 所示。

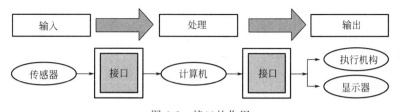

图 6-2 接口的作用

6.1.2 执行机构的接口

图 6-3 所示给出了为执行机构动作所必需的接口任务的框图。计算机输出的是数字信号，而驱动直流伺服电机则需要直流电压，需要数字信号变为模拟信号的 D/A 转换电路。

还有要按计算机指令驱动继电器，还必须要有以计算机输出信号为基础的继电器驱动电路。此驱动电路及 D/A 转换电路都是接口。计算机的输出电压为 5V，将其变为驱动外设所

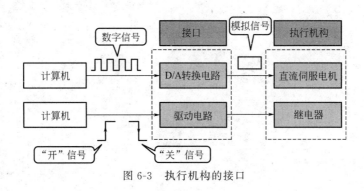

图 6-3　执行机构的接口

必需的电压也是接口的任务。

6.1.3　数字显示器的接口

图 6-4 所示为 7 段发光二极管（LED）数字显示器工作的接口。接口接在计算机与作为输出装置的显示器之间。计算机输出的 4 位二进制数要用与二进制数 0000～1001 相对应的十进制数 0～9 来表示。这种将计算机输出的数字信号变成数字显示器（作为执行机构）的驱动信号的装置即是接口。

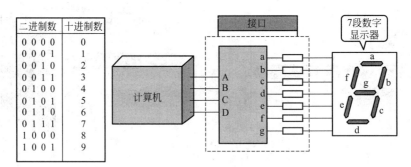

图 6-4　数字显示器的接口

6.1.4　输入端接口

当机械的触点在通和断时，触点间经过反复多次开闭后，开关才呈现开或闭的状态，这种触点反复开闭的现象称为抖动。抖动已成为计算机测量与控制中产生误动作的根源，因此必须去除。

图 6-5 所示是用限位开关来检测工作物靠近的工作状态。由于限位开关是机械触点，会

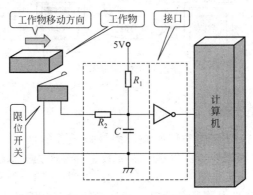

图 6-5　消除抖动电路

产生抖动，因此用电阻 R_1、R_2 及电容 C 接成图示电路，即构成消除抖动电路。电路中的非门在开关断开时给计算机的输入为 0，而开关闭合时输入为 1。

6.2 接口的功能

6.2.1 电气条件的调整

计算机的信号虽然为直流 5V，但所用的各种外围设备的电源为交流 220V、直流 12V 或 24V 等，必须对电源的种类与电压或电流等进行调整，如图 6-6 所示。

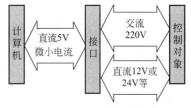

图 6-6 电气条件的调整

（1）电压的放大或变换 要用计算机输出的信号是外围设备工作，必须使用各种继电器、晶体管或双向晶闸管等，并用信号电压来驱动晶体管或继电器，以便对不同电压的直流或交流进行变换，还要用放大器等来放大传感器之类微小电压（mV 级）的变化。

（2）电流放大 从计算机输出的信号电流很小，要向外部传送信号时，需要用集成电路（74LS245 等）或上拉电路等来放大电流，在驱动直流电机或直流电磁继电器等时，要用晶体管来放大。

6.2.2 信号变换

（1）A/D（模-数）转换 计算机只能处理一连串 1，而外围设备则大多数是处理模拟信号的，必须对相应的信号进行转换，这就是将模拟信号转换为数字信号。要将传感器等的模拟信号输入计算机时，必须进行这种转换，如图 6-7 所示。

（2）D/A（数-模）转换 将数字信号转换为模拟信号。在一些要连续地控制电机转速的场合，就要将计算机输出的断续的数字信号转换为外围设备用的连续的模拟信号。

（3）信号波形整形 将信号波形进行必要的整形，如图 6-8 所示。波形整形是将信号波形整形为高、低（1、0）分明的信号电压波形。若计算机或数字集成电路的输入信号不在信号电压的允许范围内，则不能判断高、低电平。因此要将连续的电压变化波形整形为断续的波形。抖动的波形是高低反复变化的，所以在耦合不良的情况下，要去除抖动波形。可用积分电路或施密特触发电路等进行波形整形。

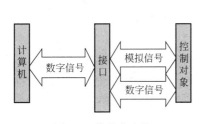

图 6-7 信号的变换

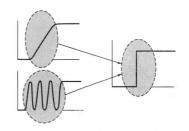

图 6-8 信号波形的整形

想要将瞬时的输入信号变换为有一定宽度的输入波形，或要将连续输入的波形变换为短时的输入波形等，要用到微分与积分电路。

6.2.3 信号交接处理

在信号交接过程中，若发送端与接收端的延迟时间不一致，信号传送就不能进行，为此要使用控制信号，对信号进行传送："准备接收就绪"→"此信号有效"→"正在接收信号"→"信号接收完毕"。此传送过程称为联络。

6.2.4 信号防止干扰

由于计算机的信号微弱，易受内外噪声的干扰。为了防止干扰，重点要防止噪声源的产生，吸收易窜入电源部分的噪声，防止噪声进入计算机等。

防止噪声干扰的方法有在电源正极与负极（地）之间接入吸收噪声的电容器，或将信号线用光电耦合器等进行电气上的隔离等。

注意：光电耦合器的信号流方向必须是单方向的。

6.3 数据传输标准与通用接口

计算机的数据传输方法具有通用性，代表性的标准如下。

6.3.1 RS-232C 标准

RS-232C 标准是美国电子工业协会（EIA）的串行（串联）数据传输用的数据通信标准，日本工业标准 JIS C6361 中大致采用了同样的标准。几乎所有的个人计算机均以 RS-232C 接口作为标准设置，因此是一种具有代表性的通信标准。在计算机与控制对象的连接距离长的控制场合，要用 RS-232C，如图 6-9 所示。

RS-232C 接口将来自计算机的 8 位并行数据转换为 8 位串行数据，用通信电缆来传输。接收端将收到的 8 位并行数据输入计算机中。

大多使用 8251 集成电路来进行串并行转换。传输距离最大规定为 15m。实际上 15m 以上的距离也能传输，但距离越长，可靠性越差。更长距离的数据则应使用 RS-422 接口或 RS-485 接口。

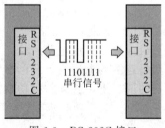

图 6-9   RS-232C 接口

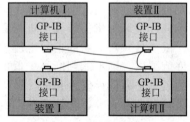

图 6-10   GP-IB 的连接

6.3.2 GP-IB

GP-IB 是计算机与检测装置或检测装置相互之间传输数据用的 8 位并行接口。GP-IB 是美国 HP 公司取的名称，美国电气和电子工程师协会（IEEE）标准所规定的名称为 IEEE-488 总线。信号用 TTL 电平，采用负逻辑，信号线有 8 根数据总线，3 根联络总线，5 根管理总线，8 根地线，共 24 根线。如图 6-10 所示。

连接到计算机的 1 根 GP-IB 电缆，可经过各种装置与多台外围设备连接，装置之间的传输距离经常是 4m 以下。由于可经过装置向其他装置传输，因此，规定的输送电缆的长度合计可达 20m，并且连接装置的规定台数（包括计算机）最多可达 15 台。

6.3.3 主要外围接口常用的集成电路（IC）

（1）8251   8251 是可用程序选择功能的串行数据通信 IC，可将 8 位并行数据转换为 8

位串行数据输出、发送数据，同时可将接收到的 8 位串行数据转换为 8 位并行数据。

RS-232C 接口或阴极射线管等的接口等都要用到 8251 IC。

（2）8255 8255 是可用程序选择功能的并行输入输出接口 IC。

（3）8259 8259 是中断控制用的 IC。有 8 只中断请求输入引脚，根据程序规定的优先级别，向计算机提出中断请求。中断请求的输入端子优先级别、中断屏蔽（禁止中断）与中断矢量地址的指定，均通过程序进行。中断优先级别与中断屏蔽均可由程序进行实时变更。有多个中断时，所用的这一 IC 应当含有优先级别用的中断请求输入端子。

（4）A/D 转换 IC A/D 转换 IC 是将来自传感器等的模拟信号转换为数字信号的电路所用的 IC，尽管输出的数字信号有并行与串行之分，但一般都是用并行信号。虽然通常用 8 位输出信号作为计算机控制，但为了提高分辨率，也常用更多位数的 A/D。

ADC0808 等 ADC08×× 系列（国际半导体公司），AD7574/7576（模拟器件公司）等，都是各种不同的 8 位 A/D 转换器用集成电路。

6.4 输入用外部接口的作用

6.4.1 温度传感器用的外部接口

热敏电阻温度传感器的外部接口是用来将温度数据输入计算机的接口，其工作原理如图 6-11 所示。

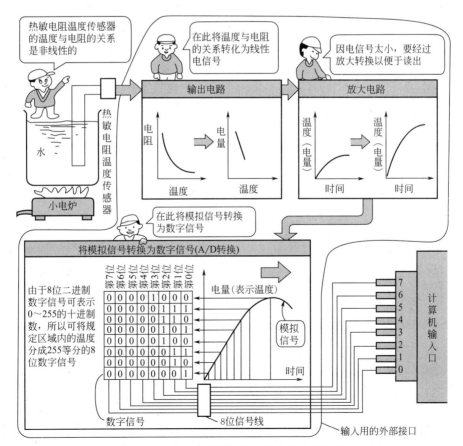

图 6-11 热敏电阻温度传感器的工作原理图

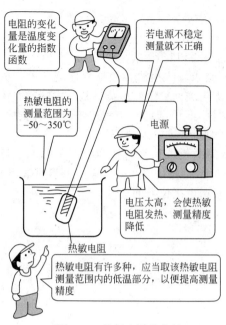

图 6-12 热敏电阻的特性

6.4.2 热敏电阻的特性 (图 6-12)

① 热敏电阻是陶瓷热敏元件,可用于测量 $-50\sim350℃$ 的温度。

② 当温度上升时,热敏电阻的阻值呈指数函数减少。

③ 热敏电阻本体是电阻,电流流过就要发热,会影响测量精度,为此应尽量降低热敏电阻的输入电压,以尽可能地减少其发热。

④ 因温度变化引起的电阻值变化呈指数函数关系,所以与其温度高的部分相比,其温度低的部分电阻值变化率要大一些。利用温度低的部分来测量,可提高测量的精度。

6.4.3 检测电路

由于热敏电阻随温度变化引起的电阻值变化是指数函数,随温度变化的电量变化也不是线性的,不便于计算机的处理。

处理的方法如图 6-13 所示,用一个电阻与热敏电阻串联,可使随着温度变化引起的电压变化线性化。若接成如图 6-14 所示的桥式电路,当温度相对于基准值变化时,就可检测出电量(电压)的变化。

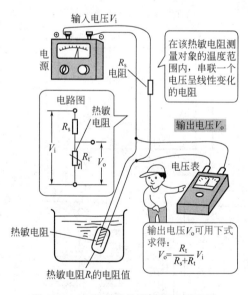

图 6-13 电阻串联的线性修正原理图

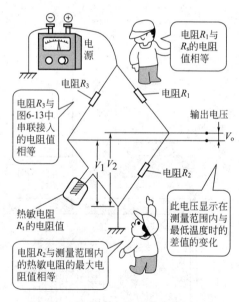

图 6-14 按桥式电路连接的检测电路

6.4.4 放大电路

为了将热敏电阻的发热量限制在最小的程度,需要降低输入电压。同时为了能检测到在最低温度时的电压差,要使检测电路输出信号的输出电压非常小。所以需要将该电压放大为易于处理的模拟信号。用集成电路（IC）或晶体三极管来放大模拟信号，如图 6-15 所示。

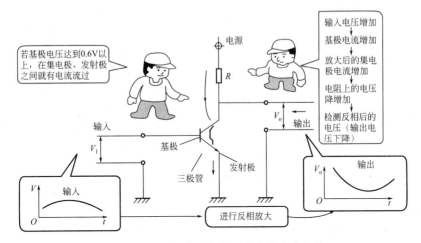

图 6-15　用三极管进行电压放大的基本电路

制成小型化的集成电路产品，即得到运算放大器的放大电路，如图 6-16 所示。

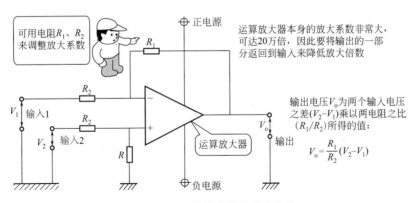

图 6-16　用运算放大器的放大电路

6.4.5　输入用外部接口的 A/D（模-数）转换电路

检测电路或放大器电路的输出主要是模拟信号，而模拟信号本身是不能直接输入计算机的，因此必须转换为数字信号。模数转换的工作原理如下。

（1）确定测量单位　将测量范围划分至所需的最小单位。如要测量的范围是 $0\sim60℃$，若要得到测量精度为 $0.5℃$ 的测量数据，则必须将测量范围分成 120 等份，$60/120＝0.5$（℃）。实际上要划分的是检测、放大后的电量范围。

（2）信号数字化　用十六进制数来分配划分后的最小单位，进行信号的数字化。

（3）A/D 转换　逐次比较型 A/D 转换法是用于计算机输入的 A/D 转换方法，是转换速度较快的。图 6-17 所示为不同温度下的数字信号，作为与测量瞬间温度相当的数字信号，测量如图 6-18 所示，所测量温度的电量（电压）是与各位上数字信号基准值进行比较而转换为数字信号的。

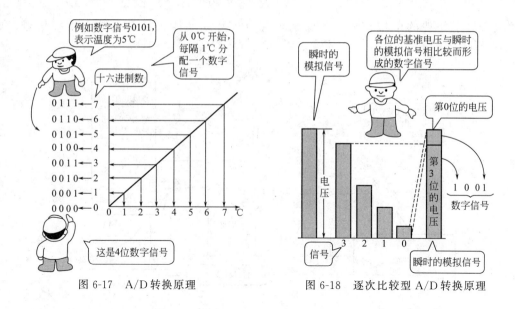

图 6-17　A/D 转换原理

图 6-18　逐次比较型 A/D 转换原理

6.5　输出用外部接口的作用

6.5.1　用于直流电机控制的接口

用于直流电机控制的输出用外部接口的作用如图 6-19 所示。

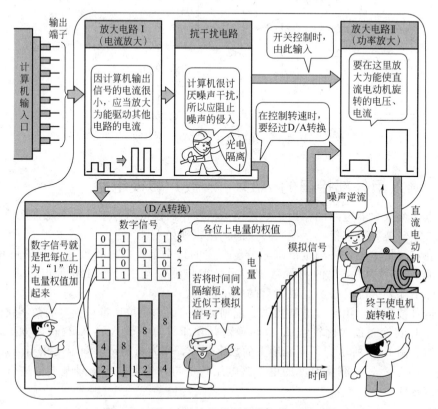

图 6-19　用于直流电机控制的外部接口原理图

6.5.2 输出用外部接口的 A/D（模-数）转换电路

改变电压是直流电机的转速控制方法之一。在用计算机控制转速时，必须把计算机输出的数字信号电压转换成模拟信号电压。

计算机输出的数字信号有 8 位或 16 位等多种，现以 4 位数字信号转换为模拟信号来说明转换的工作原理，如图 6-20 所示。

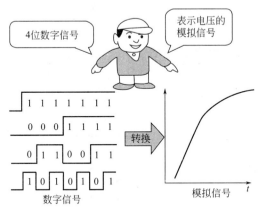

图 6-20　输出用外部接口的 A/D（模-数）转换

用 4 位数字信号的"0"、"1"组合，可表示 0～15 的数值，若将这一数值作为电压，则可用这些数字信号表示 0～15V。若把它绘制成如图 6-21 所示的曲线，则为阶梯状的曲线。缩小电压间隔与时间间隔，就得到近似于模拟信号的曲线。

如 8 位的数字信号，可表示 0～255 范围内的数值，若用 8 位数字表示 0～5V 之间的电压，则可表示的最小电压为 $5/255=0.0196$（V）。并且其时间间隔可用计算机产生的输出信号间隔，以 μs（10^{-6}s）为单位来输出。

尽管 A/D（数-模）转换的基本电路有很多种，但最常用的还是如图 6-22 所示的将电阻连接成梯形的电路。

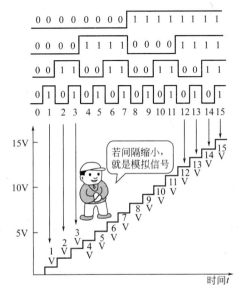

图 6-21　电压与数字信号

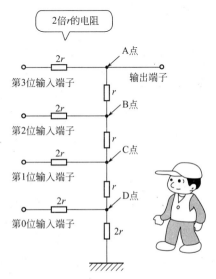

图 6-22　梯形电路的原理

以 4 位数字信号转换为模拟信号为例，梯形电路图的工作原理：假设在第 3 位输入端子上输入信号"1"，也就是加上了电压 $V_i = V_{CC} = 5V$，设其他输入端上的输入信号为"0"，即为 0V（接地），则成为如图 6-23 所示的电路。

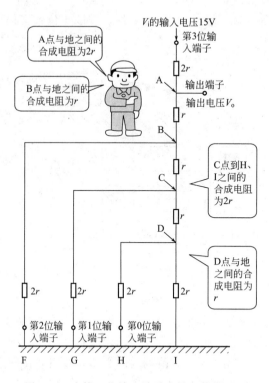

图 6-23   在第 3 位输入端子上输入信号"1"

① 计算 D 点对地之间的合成电阻。$2r$ 的电阻是并联，D 点对地之间的合成电阻为：

$$R_D = \frac{2r \times 2r}{2r + 2r} = \frac{4r^2}{4r} = r$$

② C 点与 H、I 点之间的电阻

$$r + r = 2r$$

C 点对地之间的电阻为 $R_C = r$。

③ 以此类推，B 点对地之间的合成电阻也是 r。

④ 因输出电压 V_o 与 A 点的电压相同，所以要考察一下 A 点的电压，A 点与地之间的合成电阻为 $2r$，并且第 3 位输入端子与地之间的合成电阻为 $2r + 2r = 4r$。因此，A 点的电压为：

$$V_o = \frac{2r}{4r} V_i = \frac{1}{2} V_i$$

若考虑在各位的输入端子上分别输入信号"1"时，则其输出信号：

在第 3 位输入端子上输入信号"1"时

$$V_o = \frac{V_i}{2} \qquad 权值 \rightarrow [8]$$

在第 2 位输入端子上输入信号"1"时

$$V_\mathrm{o} = \frac{V_\mathrm{i}}{4} \qquad \text{权值} \rightarrow [4]$$

在第 1 位输入端子上输入信号为 "1" 时

$$V_\mathrm{o} = \frac{V_\mathrm{i}}{8} \qquad \text{权值} \rightarrow [2]$$

在第 0 位的输入端子上输入信号为 "1" 时

$$V_\mathrm{o} = \frac{V_\mathrm{i}}{16} \qquad \text{权值} \rightarrow [1]$$

当有多个输入端子上输入信号为 "1" 时，其输出信号电压为上述各位上输入信号为 "1" 的输出信号的权值相加。

6.6　开关用接口电路

开关用接口电路是将开关的输入信号变换为计算机能处理的信号的输入电路，如图 6-24 所示。

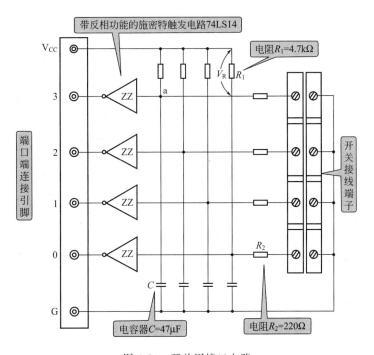

图 6-24　开关用接口电路

6.6.1　振动

按钮开关或限位开关，由于弹簧的复位功能而在开始闭合或断开时，会产生约 10ms 的反复通断的振动。要消除振动的影响，可用电路将波形的振动部分进行整形或考虑用程序来去除振动。开关用接口电路就是用波形整形电路来消除振动，整形为美观的波形。

较为典型的是由积分电路和施密特电路所组成的波形整形电路，积分使振动的波形变得平滑，施密特将这种平滑的波形变成方波。

6.6.2 积分电路

图 6-24 中，电阻 R_1 与 R_2、电容 C 所构成的电路，通过触点使振动的波形变得平滑。

（1）打开触点 电流从电源通过电阻 R_1 流入电容 C，使 a 点电压逐渐升高，此时振动被消除，同时使波形平滑。当电压上升到饱和电压的 63% 时，所需的时间称为时间常数，由电阻 R_1 与电容 C 的乘积决定。一般时间常数规定为比振动时间长。

电容器充电饱和后，电流流入 IC，该电流非常小，$I_{1H}=0.02\text{mA}$，电阻上的压降 V_R 也非常小，信号电压为"1"。

（2）闭合触点 电路中采取接地措施，电流从 5V 电源流经电阻 R_1 和电阻 R_2 入地，电容 C 放电电流并入从电源流出的电流，使振动波形变为平滑的波形。放电结束时，应使 IC 输入引脚的电压成为"0"信号的许用电压以下，以此来确定电阻 R_1 和 R_2 的值，电阻 R_1 与 R_2 之比就是电压之比。

（3）时间常数 用电阻 R_1 来限制流经电容 C 的电流，通过电容与电阻来调整电容器的饱和时间。使电压上升到 63% 饱和电压的时间 τ 称为时间常数，而在放电场合，使电压降至 37% 饱和电压的时间作为时间常数。

按以上条件规定时间常数 τ 应当大于振动的时间，以此来计算电阻值和电容值。

假定时间常数 τ 为 10ms（0.01s）。

$$\tau=C\times R=0.01$$
$$C=\tau/R=0.01/R$$

充电时取 R 为 $4.7\text{k}\Omega$，则

$$C=\tau/R=0.01/4700=2.1(\mu\text{F})$$

放电时取 $R_2=220\Omega$，则

$$C=\tau/R=0.01/220=45.5(\mu\text{F})$$

应取大一些的值，用 $47\mu\text{F}$ 的市售电容器。

6.6.3 施密特触发电路

它将平滑变化的输入电压信号整形为电压高低分明的方波信号：当电压上升到 1.6V 以上时，作为"1"信号输出；当电压下降到 0.6V 以下时，作为"0"信号输出。同时使用当触点闭合时输出"1"，触点断开时输出"0"，具有反相功能的 74LS14 集成电路。

6.6.4 接线端子

接线端子处设置为 4 位的开关接口。对计算机来说，有与其连接用的输入口的 4 位信号端子、连接 5V 电源接地用端子、公用的端子共 6 只接插件引脚。5V 电源是开关与集成电路用的电源。

开关端的连接是用螺钉固定式的接插件，电阻 R_2 端的接线端子与接地端的接线端子各一对，共 4 处。

6.7 电磁继电器与接口

电磁继电器接口使用计算机输出信号使电磁继电器动作，以继电器触点来接通、切断别的电源，是用于对控制对象进行控制的接口，如图 6-25 所示。此时的信号占用 4 位（bit）信号位。

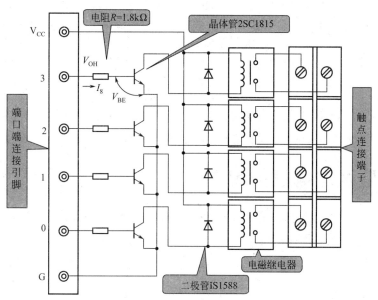

图 6-25　电磁继电器接口

6.7.1　使用器件的主要规格

（1）电磁继电器规格

型号　HB2-DC5

线圈额定电压　直流 5V

励磁电流　72mA

触点规格　转换触点 2 个

触点容量　2A，125V AC

　　　　　2A，30V DC

动作/复位时间　约 5ms

最大操作频率　20 次/s

（2）晶体管规格　2SC1815（NPN 型）GR 型

最大定额　集电极-基极之间电压 60V

　　　　　集电极-发射极之间电压 50V

　　　　　集电极电流 150mA

直流电流放大系数　GR 型 200～400

（3）二极管规格　1S1588（东芝）

反向电压 V_R　30V

平均整流电流 I_o　120mA

（4）驱动电源　使用个人计算机扩展槽的 5V 电源，因最大电流可达 800mA，因此，规定允许 4 个继电器同时动作。

6.7.2　电路

（1）电磁继电器电路　这是一种通过晶体管的电流来驱动继电器的电磁线圈的电路。

5V 电源→继电器线圈→晶体管集电极→发射极→地，在线圈两端反向并联吸收反电势（浪涌电压）用的二极管。

（2）信号电路　通过接插件的数据引脚引出的保护电阻 R 与晶体管的基极连接。因集电极电流 I_C 最大为 150mA，所以可根据直流电流放大系数 $h_{fe}=200$ 计算出最大的基极电流为 0.75mA。这一基极电流 I_B，经电阻 R 降压后，基极电压应大于导通电压（0.7V），据此可求得电阻值 R。

$$I_B=I_C/h_{fe}=150\text{mA}/200=0.75\text{mA}$$
$$R=(V_{OH}-V_{BE})/I_B=(2.4\text{V}-0.7\text{V})/0.75\text{mA}=2267\Omega$$

电阻应当用小一些的 1.8kΩ 市售电阻。V_{OH} 以"1"输出的最小电压值来计算。

（3）端子　继电器接点 a 的端子连接在螺钉固定的接插件上，作为与外部连接的引脚。

6.8　小型直流电机的接口

所接小型直流电机的额定电压为直流 12V，额定电流为 500mA。根据计算机发出的信号，可控制小型直流电机正反转或停止。

6.8.1　电路

（1）与计算机的连接　与计算机端用 6 脚的接插件连接，转向与启动、停止两条信号总线以及电源（5V 与地）接 4 只脚，剩下两只空着不用。接插件的电源脚之间带有吸收噪声用的电容（47μF，0.01μF）。

（2）与电机及电机电源的连接　用螺钉固定式接插件连接电机的电缆端子。电机电源用 12V 专用电源，也用螺钉固定式接插件连接。

（3）控制电路　如图 6-26 所示，分别将第 0 位引脚（启动、停止信号）与第 1 位引脚（转向信号）接到晶体管 VT_5、VT_6 的基极。NOT 电路 N 是当转向信号为"0"时，将"1"信号输入到 NAND 电路 NA_1。

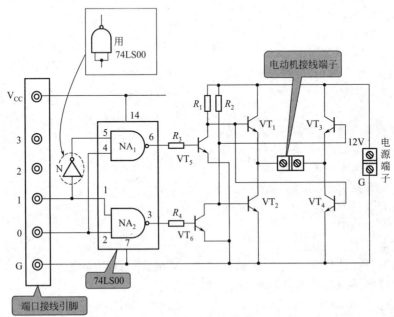

图 6-26　直流电机的接口

用于控制的晶体管 VT_5、VT_6 与 12V 电源连接，要从接插件端取信号，其原因是：
① 在 NAND 电路的输出为 0 时，要使控制用晶体管导通；

② 由于驱动电机用的晶体管 VT_5、VT_6 与施密特触发器连接，所以电机的驱动电压要用 12V，因此基极电压也要用 12V。

（4）驱动电路　驱动电路将 4 个驱动用晶体管 VT_1、VT_2、VT_3、VT_4 与电机的接线端子、电源端子连接起来。

6.8.2　晶体管的选择

（1）驱动用晶体管　电机的额定电流是 0.5A，考虑了启动电流时的最大集电极电流 I_C 应当在 3A 以上。

假定基极电流 I_B 为 0.002A，则直流电流放大系数 h_{fe} 可计算为：

$$h_{fe} = \frac{I_C}{I_B} = \frac{3}{0.002} = 1500$$

因此选用最大集电极电流为 7A、直流电流放大系数为 2000 的驱动用晶体管 2SD633。

（2）控制用晶体管　最大集电极电流 I_C 是驱动用晶体管基极电流的 2 倍，即为 0.004A，控制用晶体管的基极电流为 I_B，考虑一个与非门电路时的输出电流为 0.0004A，则直流电流放大系数 h_{fe} 可计算：

$$h_{fe} = \frac{I_C}{I_B} = \frac{0.004}{0.0004} = 10$$

可选用最大集电极电流为 0.15A、直流电流放大系数 h_{fe} 为 80 以上的晶体管 2SC1815。选择理想的晶体管需要一定的经验，可一边试验，一边选用。

6.8.3　运行

（1）停止　若往第 0 位中输入停止信号 0，则两个与非电路的输出为 1，两个控制用晶体管导通，全部驱动用晶体管阻断，电机中没有电流流过。

（2）正转启动　若第 0 位中的启动信号为 1，在第 1 位中输入正转的信号 1，则与非电路 NA_2 的输出信号为 0，使驱动用晶体管 VT_2、VT_3 导通，电机正转。

（3）反转启动　若第 0 位中的启动信号为 1，在第 1 位中输入反转的信号 0，则非门电路 N 端为 1，并输入与非电路 NA_1 中，其输出变成 0，使驱动用晶体管 VT_1、VT_2 导通，电机反转。

6.9　8255 输入输出接口

8255 是用 8086 系列微处理器设计的最常用的 8 位并行数据接口，有 3 个输入输出口。其使用方法也有三种模式，这些口与使用模式均可通过程序任意选用。

6.9.1　8255IC 的引脚

8255 共有 40 只引脚，信号电平与 TTL 电平一致，电源为直流 5V，如图 6-27 所示。

（1）数据总线引脚　数据总线引脚与计算机端的 8 位数据总线连接，是进行数据传输的 8 只引脚（$D_0 \sim D_7$）。

（2）片选引脚　片选引脚（CS）是选择 8255 集成电路芯片的信号输入引脚，以"0"信号驱动。

（3）口地址引脚　口地址引脚是选择口或 CW 寄存器用的信号输入引脚（A_0、A_1 两只）。

（4）读入数据信号引脚　一发出输入命令，读入数据信号引脚（RD）上就输入"0"信号，将指定的输入数据通过数据总线传输到计算机中。

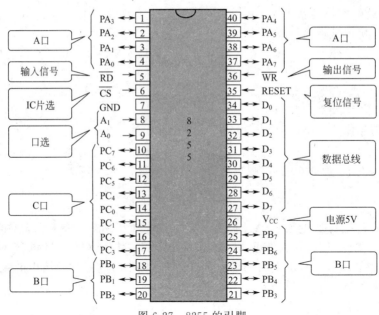

图 6-27 8255 的引脚

（5）写数据信号的引脚 一发出输出命令，写数据信号引脚（WR）上就输入"0"信号，将来自计算机的输出数据输出到指定的口上。

（6）复位引脚 若复位引脚（RESET）输入"1"信号，则 IC 片内的寄存器就清零。

上述（1）～（6）引脚均与计算机连接。

（7）电源引脚（Vcc、地） IC 的驱动电源有电源正极引脚（Vcc）与接地引脚（GND）。Vcc引脚为直流 5V。电源最大使用电流为 120mA。与电源连接时，必须注意电压是否稳定以及干扰情况。同时，为了使信号电压的电平一致，计算机与外围设备的接地线必须连接，但采用光电隔离型的场合不必连接。

（8）输入输出口引脚 数据输入输出用的引脚是 A 口（PA$_0$～PA$_7$）、B 口（PB$_0$～PB$_7$）、C 口（PC$_0$～PC$_7$）各 8 只，共 24 只。C 口有时也作为控制信号引脚用。

6.9.2 口的使用方式

口有模式 0、模式 1 和模式 2 三种使用方式，通过设定控制字（CW）来选择口的使用方式，并把它输出到 8255IC 的寄存器（CW）中。

（1）模式 0 这是基本的使用方式，将 A 口、B 口设定为输入口或输出口。不能把一个口既作为输入口又作为输出口用。C 口的高 4 位与低 4 位则可分别使用。可将输出数据保持（锁定）在口寄存器中，直到有下一个数据到来为止。输入数据则不予保持。

（2）模式 1 这是单向联络模式，在数据的传输过程中，联络上控制信号，就可取得数据输入输出的延时，如图 6-28 所示。

将 A 口与 B 口设置为输入或输出口，用 C 口的 PC$_0$～PC$_2$ 三位作为 B 口的控制信号，PC$_3$～PC$_7$ 作为 A 口的控制信号，如图 6-28 和图 6-29 所示。

（3）模式 2 这是双向联络模式，将 A 口作为输入输出口，C 口的高端开始的 5 位作为控制信号使用，如图 6-30 所示。

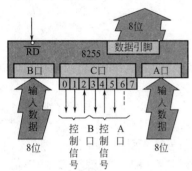

图 6-28 模式 1 的输入示意图

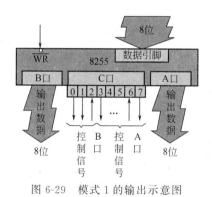

图 6-29　模式 1 的输出示意图

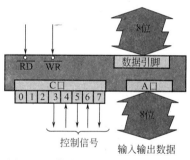

图 6-30　模式 2 的输入输出示意图

6.9.3　8255 输入输出接口板的制作及连接

在个人计算机 PC9801 扩展槽中插入 9255 接口板,并制作与外部机器连接输入输出口用的接口板,两块板之间用 28 线扁平电缆连接。

(1) 个人计算机与连接条件

① 数据总线采用扩展槽的数据总线引脚的低端 8 位。

② 地址总线采用扩展槽的地址总线引脚的低端 8 位。

因使用低端的 8 位数据,地址成为偶数号单元,用户能开始使用的地址设定为:

A 口　$(D_0)_{16}=(11010000)_2$　　　　　B 口　$(D_2)_{16}=(11010010)_2$

C 口　$(D_4)_{16}=(11010100)_2$　　　　CW 寄存器$(D_6)_{16}=(11010110)_2$

(2) 8255 接口板　在 PC9801 扩展槽专用的通用印制电路板中,对 8255 译码电路、与非门电路等 IC 集成电路进行配线。

① 有关地址的连接　在扩展槽地址总线的低端 8 位中,把可变化的 AB_1 与 AB_2 和 8255 的端口地址选择引脚 A_0、A_1 相连接,即可选择指定的口。将低端其余 6 位地址总线与 CPU 使能(ENB)信号接到所用的译码电路(74LS138)及与非电路(74LS00)上,其对应的连接关系如图 6-31 所示。然后,将译码电路的输出引脚 Y_0 连接到 8255 的片选(CS)引脚(低电平有效)。

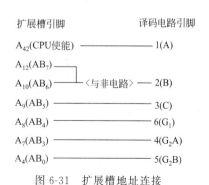

图 6-31　扩展槽地址连接

当端口地址$(11010XX0)_2$ 上 CPU 使能信号(ENB)为 "0" 时,译码电路输出引脚 Y_0 的输出信号成为 "0",输入到 CS 端,以驱动 8255 集成电路。CPU 的使能信号是观察处理单元(处理器)是否占用数据总线的控制信号。

② 数据总线　扩展槽 16 位数据总线的低端 8 位连接到 8255 的 8 位数据总线引脚上。

③ 复位信号的连接　因计算机端的复位信号为低电平有效,而 8255 端的复位信号为高电平有效,因此复位引脚之间的连接要在中间接入反相电路(与非电路)。

④ 写(WR)引脚、读(RD)引脚的连接　将扩展槽的 IOR(读)引脚与 8255 的 RD引脚连接,IOW(写)引脚与 8255 的 WR 引脚连接。

⑤ 电源的连接　8255 的电源使用扩展槽的电源,5V 电源线的 4 只引脚与地线的 10 只引脚均设置在各自的基板上。为防止噪声干扰,在 IC 电源引脚附近与扩展槽的连接电源的端子附近接入电容器。

⑥ 口数据总线　8255 的各输入输出口引脚用扁平电缆与外部的输入输出口所用的板连接,如图 6-32 所示。为了便于连接放大电路,将 4.7kΩ 的电阻接在电源与各数据总线上

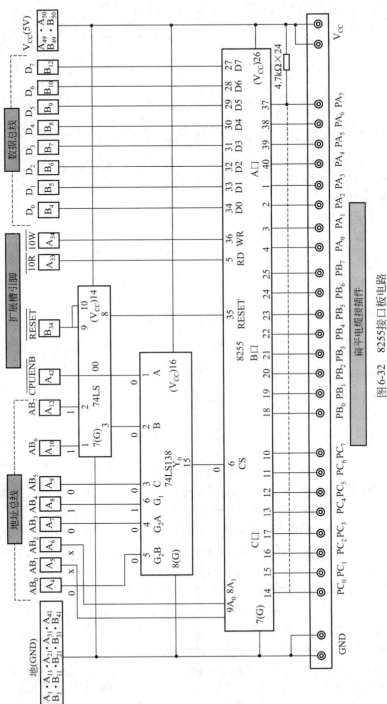

图6-32　8255接口板电路

（上拉电阻）。

⑦ 扁平电缆接插件引脚　将数据总线与输入输出板连接。

（3）输入输出接口板　这是将外围设备连接到带 A 口、B 口与 C 口的输入输出接插件的接口板。输入输出接插件分为高位引脚和低位引脚，每一接插件有口数据引脚 4 只、5V 电源引脚及接地引脚共 6 只。配置情况如图 6-33 所示。由于板上没有信号放大，由口接插件到外围设备的连接线应当尽可能短。如果需要连接线必须长，就要考虑带放大电路。

5V 电源的一个扩展槽，最大只能用 0.8A 的电流，这一电流是供给控制电路或信号放大电路用的，外围设备最好使用其他的电源。

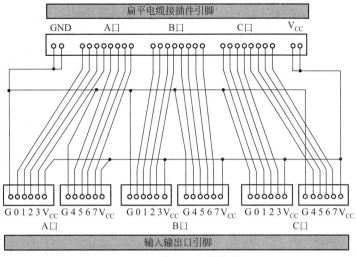

图 6-33　输入输出接口板

（4）8255 输入输出接口板的检验　若不检验 8255 输入输出接口板的工作是否正常，是不能使用的，否则因错误的接线会损坏个人计算机。

① 焊点的检验　使用放大镜等对焊点是否合适、是否接触到其他引脚等进行检验。焊接不良的焊点应当补焊。

② 短路检验　检验电子器件引脚或配线有无短路。短路的原因往往不明显，检查时必须多注意，尤其要彻底检查电源有无短路，电源不仅有 5V 的，还有 12V 的。

③ 配线检验　是否已按配线图配线，要用万用表等进行检验。必须耐心地做好这项检验工作。尤其要注意 IC 的引脚是否搞错。

④ 插座引脚的检验　对插入扩展槽的引脚面上的焊点是否饱满、有无焊油等污染进行检验，并进行清理等，使引脚面整齐、美观。绝缘不良往往是产生噪声的根源，必须从里外两面进行检验。

⑤ 用程序来检验功能　将接口板安装到个人计算机的扩展槽中，用程序进行输入输出检验。在 A、B、C 各口上，用从 $(0)_{16}$ 到 $(FF)_{16}$ 为止的数据依次输出，将当时接口的输入数据与输出数据相比较，若全部相同，则可判断为功能正常。同时，也可对连接在各口上的输入输出装置，如发光二极管或开关等进行检验。

6.9.4　8255 与步进电机的接口连接

将 8255 的输入输出接口接插板连接到个人计算机的扩展槽中，使用模式 0，设定 A 口为输入口，B 口为输出口。

（1）输入　如图 6-34 所示，将驱动控制电路的限位开关与其他开关连接到 A 口的各引脚上。

（2）输出　如图 6-35 所示，将驱动电路的脉冲信号、移动（旋转）方向信号、产生脉冲的启动信号接到 B 口的各引脚上。

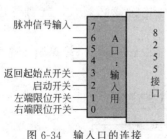

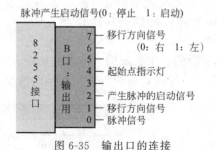

图 6-34　输入口的连接　　　　　　　　　　图 6-35　输出口的连接

6.10　LED 接口监视器

6.10.1　用 LED 制作接口监视器

当在个人计算机的软驱中换软盘时，闪亮的 LED 小光点可让使用者感到计算机在工作的同时，还能确认正在与计算机进行正常交流，使用方便。如图 6-36 所示。

图 6-36　软驱上的 LED

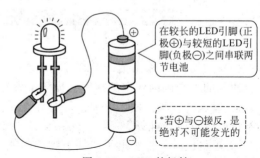

图 6-37　LED 的极性

在接口的控制中也同样如此，来自计算机的信号通过接口正确地送往继电器、螺线管或电机等驱动执行机构，若要判断来自传感器等的外部信号是否已正确地通过接口进入计算机，也必须进行监视。为此需要制作能用肉眼来判断 LED 通断或高低电平的信号监视电路，即接口监视电路。

接口监视电路中的 LED 点亮/熄灭控制信号"1"与"0"，即表示接口电平的高与低，因此可用于组合电路时的电路检验，并能用肉眼跟踪程序的流程，也可用于控制部分动作不正常时的检查。在制作接口时，一定要装上接口监视电路，把来自接口的信号分别组合到电路基板上。

LED 是一种指示元件，如图 6-37 所示，是一种当从其正极到负极流过电流时就会发光的二极管。发光颜色有红色、橙色、绿色等数种。

6.10.2　LED 的点亮电路

LED 的基本动作为：

接口信号"1"　　　LED 点亮

接口信号"0"　　　LED 熄灭

电路的 LED 发光时，电流从 8255 LSI 流到 LED，会增加 8255 LS 的负荷，如图 6-38 所示，设计时考虑用外部电源来对其供电。

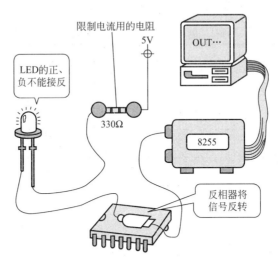

图 6-38　LED 实物工作原理图

在外部供电的情况下，当接口信号为"1"时，LED 与电源电压 5V 之间没有电位差，LED 不会发光。当接口信号为"0"时，LED 与电源电压 5V 之间会产生电位差，LED 会发光。LED 的点亮/熄灭正好与平时的感觉相反。

为了和人们的视觉习惯相同，需要将接口输出的信号反相，使用将信号"1"和"0"的状态反转的反相器。若使用反相器，即使有 LED 发光所需的电流流入反相器内部，也不会增加 8255 的负荷，因为对反相器来说，这个电流几乎可忽略。图 6-39 所示为连接反相器的

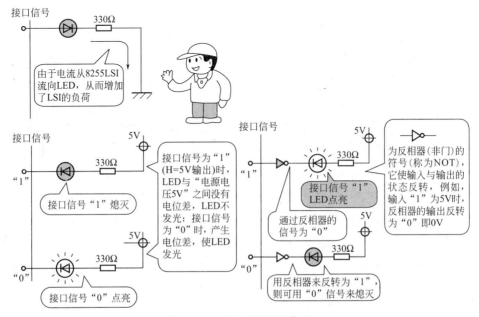

图 6-39　LED 反相器的作用

电路。按照接口信号为"1"时，LED"ON"，接口信号为"0"时，LED"OFF"来进行点亮/熄灭控制，指示对接口信号的监视。

6.10.3　LED接口监视电路

表6-1是LED接口监视电路的元件表。

表6-1　制作LED接口监视器的元件表

元件名称	规格	数量	备注
接插件	30针	i	与扩展口连接用
LED	红、橙、蓝	各8	按口来分颜色
电阻排	330Ω	3	1个公用端,8元件/个
IC7400	14脚	6	
IC插座	14脚	6	
接插件	20脚	6	连接输入输出用扁平电缆
通用底板及支架	高度30mm	1	4个支架附在底板四角上的脚
外部电源输入脚	高度10mm	2	5V、GND用

注：若不使用电阻排，则应使用4个阻值为330Ω的碳膜电阻。使用IC7404作为反相器时，要用4个IC（每个IC内有6个反相器）。因此IC插座也用4个（14针）就行了。

在监视器的接口电路中，7400、7404两种反相器都可使用，图6-40所示为IC内部的电路。7400为双输入与非门（NAND）电路，只有当两个输入均为"1"时，输出才为"0"。在这种情况下，连接两只输入脚，将两个同样的输入信号反转就可以当反相器使用。图中的7400是4个反相器，而7404则可作为6个反相器来使用。

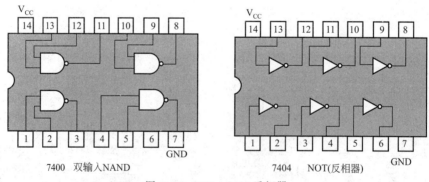

图6-40　7400、7404反相器

图6-41所示的是4位接口信号部分的实际接线图。

330Ω的电阻可限制流过LED的电流。若LED监视器要用多个同样大小的电阻时，可用如图6-42所示的电阻排，只需一个公共引脚，接线很方便。电阻排有4个一组或8个一组的。

对于A口、B口、C口，共用了24个LED组成的监视电路，对口上的"1"与"0"信号进行监视。

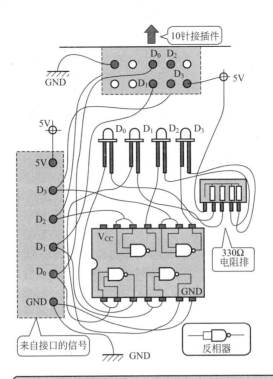

图 6-41 接口监视器的实际电路

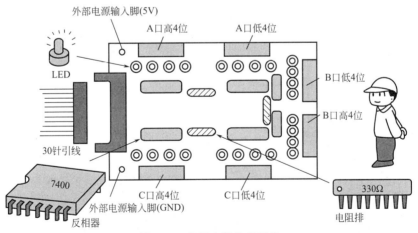

图 6-42 使用电阻排的配线

 思 考 题

1. 在机电一体化系统中有哪些位置有接口?
2. 接口的功能有哪些?
3. 计算机的数据传输标准与通用接口是哪些?
4. 计算机主要外围接口常用的集成电路 (IC) 有哪些?

5. 输入用外部接口作用的功能是什么？

6. 输出用外部接口的作用如何实现？

7. 试分析开关用接口电路的工作原理。

8. 电磁继电器与接口是如何连接的？连接时要注意什么？

9. 试分析小型直流电机的接口工作原理。

10. 8255 输入输出接口板制作应注意什么？如何连接？

11. 8255 与步进电机的接口如何连接？

12. 如何用 LED 制作接口监视器？

13. 试分析 LED 接口监视电路。

第 ⑦ 章
控制技术的简单应用

本章将介绍机电一体控制化技术的几种简单应用，包括交通信号灯、自动剪票机、室温控制、自动门的控制等。通过实际应用，将机械、电子、计算机控制和信息等主要技术有机结合，说明机电一体化控制技术开发和产品开发的过程。

7.1 交通信号灯控制系统

7.1.1 由交通信号灯引出的思考

交通信号控制器是所谓"顺序控制"的产物。将交通信号控制器按事先规定的顺序动作作为控制应用的动作模型，是非常合适的对象，因为执行装置的动作（这时是信号控制器）与程序的关系、目标的动作状态，例如信号灯颜色从"红"变"绿"再变"黄"的动作过程，都能清晰而形象地反映出来。

用信号灯控制器时，若再增加一组信号检测器的指示灯，通过组合，即可控制更复杂的 6 盏指示灯模式。若将指示灯换成电动机，则可实现控制电机 1 到电机 6 的控制程序。交通信号控制器如图 7-1 所示。

图 7-1　交通信号控制器

7.1.2 交通信号控制器的点亮模式

图 7-2 所示的 1 号线作为优先道路，来设计与 2 号线交叉处信号灯的控制器模式。所用的程序可以分别对白天、晚上的两种模式进行切换。

7.1.3 白天的信号控制器模式

在白天，如图 7-3 所示，信号灯是灯由绿变黄，然后变为红的信号控制模式；2 号线的信号则从红变为绿。各种信号灯的点亮时间根据程序中的循环来控制。因此，若仔细观察实际的信号控制器，就会注意到由绿色变红色时道路上的 1 号线与 2 号线两个方向的信号控制器都是红的，将交通中断，以便将从绿色信号的道路上退出的交通流平稳通过，起到防止撞到驶出车辆而造成事故的作用。

在信号控制器中，如果采用双向同时亮红灯的信号模式，并且在优先道路上，因交通流量大，考虑延长绿灯的亮灯时间。

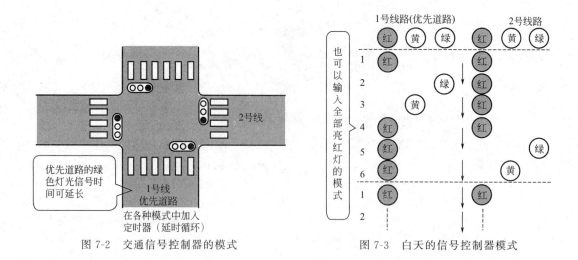

图 7-2　交通信号控制器的模式　　　　图 7-3　白天的信号控制器模式

实际上，交叉点处是将传感器埋设在道路中来取得车辆通过数据的，起到与信号变换时间控制器同样的作用。在使用这种传感器的信号上花些工夫是很有趣的事情：当你急于过马路时，多次被红灯阻挡住，而那时另一条亮着绿色信号灯的线路却既没有车也没有行人，因此，对有的道路来说，每次有车接近时，才将信号由红灯变为绿灯……此时，不论多么不自信的人也不会有错觉。

说到系统式的信号，信号之间的间隔与延时时间，就是调整变为绿信号所要的时间。

如果用这样的系统对任何交叉路口的模式进行组合，则编制程序是很愉快的。

7.1.4　夜间的信号控制器模式

如图 7-4 所示，表示夜间信号控制器模式。

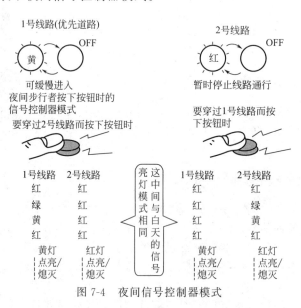

图 7-4　夜间信号控制器模式

夜间，优先道路即 1 号线路进行黄色信号灯的点亮/熄灭控制 1；2 号线路进行红色信号灯的点亮/熄灭控制。优先道路的 1 号线路的车，在缓慢通过交会点的同时，2 号线路进入暂时停止交通的状态。

然而，当夜间有人通过交叉路口时，若是漫不经心，其安全就有问题了。为了保证人们在夜间能安全地通过马路，应当分别在道路上安装步行者专用的按钮。

在这种情况下，由于要使两个方向线路的信号灯暂时都变为红色，所以按下按钮这一边的信号，与白天用于汽车的信号模式是相同的。当然这种周期只是一次性的，过后还是要恢复夜间的信号灯模式。

7.1.5 完整的系统

因作为输出的是优先道路（1 号线路）与 2 号线路的信号，所以各自要对红、黄、绿 3 个灯进行控制。如图 7-5 所示。

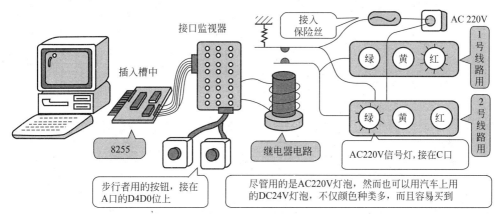

图 7-5　信号控制器的控制系统

在图 7-5 中，将优先道路（1 号线）的信号灯分配在 C 口的高位上：

　　D_6　红

　　D_5　黄

　　D_4　绿

将 2 号线路的信号灯分配在 C 口低位上：

　　D_2　红

　　D_1　黄

　　D_0　绿

因交叉路口对面方向是用相同的信号灯来表示的，所以用同样的电路并联就行了。

对于控制这类信号灯的控制器来说，如果两个系统的动作互相有关联，控制对象的数量在 4 个以内（这里为绿、黄、红 3 个）时，可通过分别使用接口的高位与低位，正好将两个系统灯光的点亮/熄灭控制模式用一行程序来表示。也可将优先电路用 B 口，2 号线路用 C 口来控制，不过要用两行程序，但是相互的关联就不大容易理解了。

然而，无论何时，也应当充分利用接口各自的高位、低位这 8 位资源。如果利用其他接口位来控制执行机构可以简化控制，则不如将控制口分开使用。

如图 7-6 所示，将按钮连接在 A 口的 D_4 位与 D_0 位，以输入按钮按下的信息。

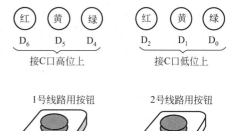

图 7-6　信号灯与按钮控制位的分配

7.1.6　电路图

　　电路如图 7-7 所示，基本上是用晶体管将接口电路的信号放大来驱动继电器的电路。

　　来自接口的信号，用从接口监视器出来的 10 线扁平电缆连接到 DC5V 的继电器电路板上。采用的所有继电器为微型继电器（G2VN-237P）。因为这一继电器接点的最大允许电流为 3A，用于 100W 的灯泡足够了。在自己实际制作时，可根据所用灯泡的"功率"大小来选择继电器的规格。

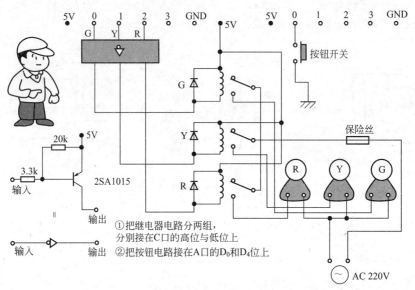

图 7-7　电路的组成

　　微型继电器的大小如图 7-8 所示，因其尺寸与糖块差不多，所以像这样的继电器驱动电路，无论多少个都可以直接安装在印制电路板的底板上。另外，可用印制电路板用的拉脱工具来取出灯泡的连接端子，交通信号控制器的灯泡配线使用尼龙绝缘导线，这样线路的连接整洁美观，而且耐用。

图 7-8　微型继电器外形图

图 7-9　信号控制器的电路板

　　虽然继电器驱动端的电流是信号电流，电流很小，但接点上要流过灯泡的额定电流，所以必须选择至少能承受 3A 左右电流的导线。

由于这个交通信号控制器是利用个人计算机控制的，与用继电器等顺序控制器所控制的有所区别，所以合在一起制作，控制器电路板如图 7-9 所示。

7.1.7　点亮模式与程序

信号灯在接口各位上的分配，分别用十六进制数来考虑各个位权值，以取得点亮数据：

1 号线路	2 号线路
红&H4*	红&H*4
黄&H2*	黄&H*2
绿&H1*	绿&H*1
（高位的位）	（低位的位）

若 1 号线路上为绿信号灯，2 号线路上为红信号灯，则由以上模式可知，输出模式为 &H14。

同样，当 1 号线路为红信号灯，2 号线路为黄信号灯时，由以上模式可知，输出模式为 &H42。因此，点亮模式如下所述。而且只要在这些模式中加入定时器（延时循环程序），就可以反复执行。

点亮模式	1号线路	2号线路
&H44	红	红
&H14	绿	红
&H24	黄	红
&H44	红	红
&H41	红	绿
&H42	红	黄
&H44	红	红

另外，夜间模式因 1 号线为黄色信号灯，然后 2 号线为红色信号灯的点亮/熄火模式，所以其模式如下：

&H24　　点亮

&H0　　熄灭

通过短时间的循环程序，可使上述点亮/熄灭模式反复地执行。如果循环的时间太短，就像见到连续不断的灯光一样，则可以加长间隔的时间，用间隔约为 1s 的时间来循环比较合适。

在控制中，常常遇到"经过一定时间后移到下一个控制"的情况。因此，为了延长时间，要在计算机上执行保持状态的（计数）延时程序。常用的是 FOR-NEXT 语句循环程序。

例如语句：

FOR　I＝0　TO　500：NEXT

这个语句中，若将 0 到 500 改为 0 到 1000，就可把计算机的运算次数增加一倍，也就是可用执行空运行来处理时间，所以称之为延时控制器。

但是，对 16 位的计算机来说，因运算处理的时间太快，只用这个方法是不能满意地调整延时时间的。此时，可在 FOR 语句与 NEXT 之间再加入 PRINT 语句，在显示器（CRT）上显示

FOR　I＝0　TO　1000

PRINT　I：NEXT

因为把含有 PRINT 语句的延时时间循环加在了该处理时间上，所以能有效地延长处理时间。以上的延时循环可得到 15s 的延时程序。

7.1.8　信号控制器的控制程序

信号控制器的控制程序如图 7-10 所示。

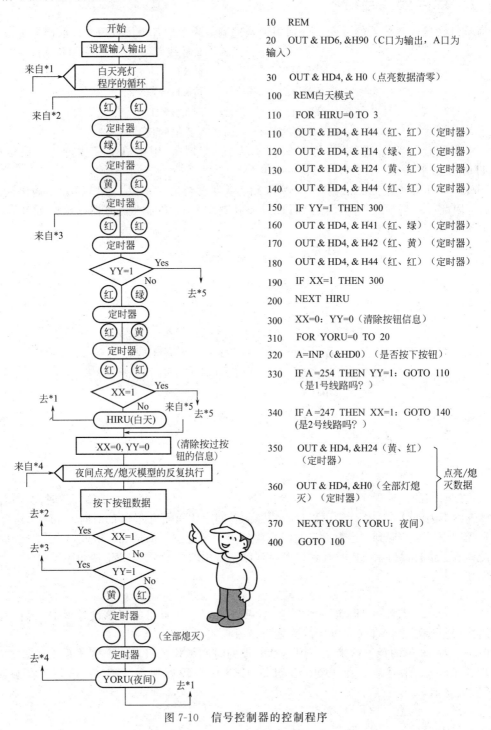

图 7-10　信号控制器的控制程序

10	REM
20	OUT & HD6,&H90（C口为输出，A口为输入）
30	OUT & HD4,& H0（点亮数据清零）
100	REM白天模式
110	FOR HIRU=0 TO 3
110	OUT & HD4,& H44（红、红）（定时器）
120	OUT & HD4,& H14（绿、红）（定时器）
130	OUT & HD4,& H24（黄、红）（定时器）
140	OUT & HD4,& H44（红、红）（定时器）
150	IF YY=1 THEN 300
160	OUT & HD4,& H41（红、绿）（定时器）
170	OUT & HD4,& H42（红、黄）（定时器）
180	OUT & HD4,& H44（红、红）（定时器）
190	IF XX=1 THEN 300
200	NEXT HIRU
300	XX=0：YY=0（清除按钮信息）
310	FOR YORU=0 TO 20
320	A=INP（&HD0）（是否按下按钮）
330	IF A=254 THEN YY=1：GOTO 110（是1号线路吗？）
340	IF A=247 THEN XX=1：GOTO 140（是2号线路吗？）
350	OUT & HD4,&H24（黄、红）（定时器）
360	OUT & HD4,&H0（全部灯熄灭）（定时器）
370	NEXT YORU（YORU：夜间）
400	GOTO 100

350、360 点亮/熄灭数据

如 XX 行 FOR I＝0 TO 1 600；PRINT "I＝"；I；NEXT 的例子所示，根据 PRINT 语句，就可按照在 CRT（屏幕）上的输出来调整定时器的数据。

7.2　自动检票机

　　自动检票机的迅速普及，虽然使用非接触 IC 卡的自动检票机逐渐增多，但仍然以磁性车票的数量居多。现在磁性车票的种类很多，急需解决的是如何快速地通过机械处理判别车票的种类，以方便使用者，并降低维修费用。

7.2.1　自动检票机的作用

　　如果将出票系统和检票系统比作打棒球，那么，售票机就是投手，车票是球，自动检票机是接手。

　　与打棒球相同，只有出票和检票系统是不能进行团队工作的。对于各种机器的数据、营业额数据及维护数据等的上传和下载，是通过后方处理器构成系统，进行团队作业的。这种系统在铁路上叫出票和检票系统或站务系统，如图 7-11 所示。在出票和检票系统中，自动检票（系统）是团队中的一员，因近年来 IC 卡车票的应用，其作用显得越来越重要。

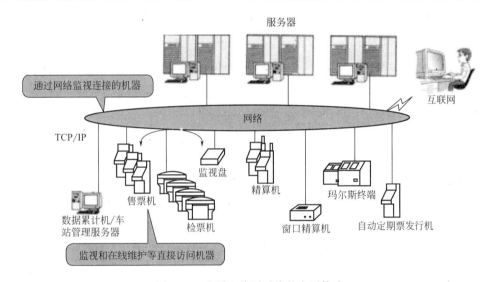

图 7-11　出票和检票系统的主要构成

　　自动检票系统通常由自动检票机本体、通道显示器、监视盘和数据累计器构成。

7.2.2　自动检票机本体

　　自动检票机根据使用车票的种类不同，其内部构造的差异较大。图 7-12 所示是普通的构造照片。

　　① 控制部分。在识别使用者投入车票的同时，通过位置传感器检测使用者，控制其通过动作，进行门的关、闭和导向。另外，在使用 IC 卡和磁卡时，还要将使用金额扣除，并制作成营业额数据，经过监视盘发送到累计器中。这是检票机最重要的组成部分。

　　② 传送部分。在图 7-12 中向上部显示的装置就是传送部分，通常被称为信息处理器。使用滚筒和带运送使用者投入的车票，在运送过程中还要进行磁性车票的读取和写入、打孔处理、打印处理等，可以说是自动检票机心脏部分。

　　③ 机身部分。机身基本上是由不锈钢板制成，其形状是对使用者有利的圆形。上面还安装了指示行进方向的指示灯等。

④ 天线部分。在天线上部有半径约为 10cm 的半球状的通信范围，在此范围内能够通过无线装置进行 IC 卡信息的读取和写入。当出现 IC 卡在通信范围内停留时间极短等问题时，有可能导致 IC 卡的读取和写入处理不能完成。为了防止这种情况发生，采取了张贴"请接触"提示语的措施，以增加在通信范围内的停留时间及减少使用者使用方法的偏差。为了增加接触时间，有的在自动检票机上贴有"要接触 1s"的提示。

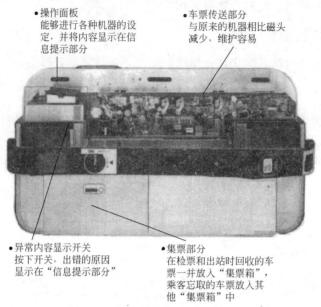

图 7-12 普通自动检票机的构造照片

⑤ 信息显示部分。其作用是显示 SF（Stored Fare）卡的余额和车票的有效期预告等。
⑥ 通行门。对将车票不投入自动检票机者和使用余额不足的 SF 卡者，不放行。门有常闭和常开型两种类型。对于出口或入口专用机，通常门是关闭的，只有乘客将正常的车票投入到自动检票机时，门才能够打开；对于出口和入口两用机，通常门是敞开的，当识别到余额不足的车票等无效情况时，将门关闭。当连续有乘客通过时，常闭型的门是敞开的，如果 5s 没有乘客通过，门自动关闭。对于两用机，由于需要出入双向通行，一般是常开型的。将门软件化，可以降低门的安装位置，主要是从安全的角度，保证孕妇的安全，以及在关门时不会将人撞到。
⑦ 通道显示灯。有儿童灯（白色）和异常灯（红色）等。儿童灯是在使用儿童票时亮的。
图 7-13 所示的是自动检票机的构成要素。

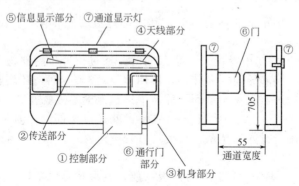

图 7-13 自动检票机的构成要素

7.2.3　通道显示器

根据早晚乘车高峰期，需要调整出入的方向，采用在自动检票机的上方设置通道显示器，表示该口是否可以通行。

7.2.4　监视盘

监视盘最多可以连接 16 台自动检票机。其主要功能是将自动检票机以 1 通道为单位连接电源，确认使用者的判定结果是 NG，以及确认自动检票机的异常状态。站务人员通过监视盘能够远距离操作、监视状态。

监视盘还具有信息分配功能。从被连接的自动检票机上收集通过者类型等数据、累计从各自动检票机传来的 SF 使用金额和 IC 卡的使用信息等，并将这些信息发送给数据累计器等。

7.2.5　数据累计器

数据累计器是经过监视盘，将通过自动检票机的人数及使用 SF 卡的营业额等累计在末端，并将累计结果发送到上级系统、输出营业额的账单等。

另外，由数据累计器还能够设定监视盘和自动检票机内的日期和时间。

7.2.6　传送部分（信息处理器）的构造和功能

信息处理器是自动检票机中处理磁性车票的主要机构部分，如图 7-14 所示。

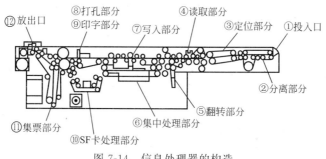

图 7-14　信息处理器的构造

（1）投入口　这是将车票投入自动检票机的入口。如果误将 IC 卡投入，会导致 IC 卡在运送部分被卡住，所以，入口的间隙要小于 IC 卡的厚度，保证 IC 卡送不进去。

（2）分离部分　对于自动检票机，当一次将数张车票同时投入时，由于不能分别读取磁性信息；所以必须分离成单张的。

如图 7-15 所示的分离机构，用上下转速不同的带夹着重叠的车票。在运行过程中利用上下带的速度差将重叠住的车票前后分离。

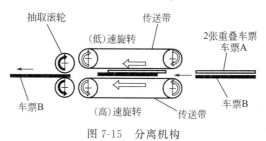

图 7-15　分离机构

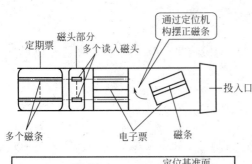

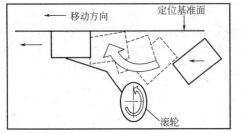

图 7-16   进行车票姿态控制的原理（排队机构）

（3）定位部分   需要设计将投入车票的位置摆正进行姿态控制的定位机构。车票投入时，其定位部分如图 7-16 所示。在运送车票的同时要调整车票的姿态，使其磁条与磁头的磁道位置吻合。但是，如果使用者将车票揉搓得很严重时，如何处理车票变形是需要进一步改进的问题。

（4）读取部分   用磁头读取车票上记录的日期、乘坐站点、SF 卡的余额等磁性信息。如对车票投入的方向和正、反面均有规定，自动检票机的读取磁头较少。如果为了避免误投入而降低处理效率，对投入的方向和正、反面没有限制，可以在自动检票机内进行处理，因此需要的磁头数量较多。

（5）翻转部分   如果投入的是反面（编码面），磁头就读不出磁性信息，为此设置了将其翻转的翻转机构。旧款的自动检票机没有翻转机构，安装了 6 个价格高的镜头来读取正、反面投入的车票。新款机器设置了翻转机构，用 4 个安装在下面的磁头，可以进行磁码的读取和写入。由于磁头的价格高，所以使用磁头的数量直接影响到自动检票机的成本，并且准确地进行读、写处理的调整也相应变得复杂。

（6）集中处理部分   在某些自动检票机上，有可将多张投入的车票进行组合识别，识别后进入磁性写入的机构。

（7）写入部分   在写入部分使用与读取部分相同的特制的磁头将进出的车站、乘车时间和 SF 使用金额等写入。由于这种磁头构成的部件价格高，磨损的速度很快，所以大部分的维护成本都用于磁头的间隙调整和更换费用。

（8）打孔部分   用于在使用完了的车票上打出直径为 3mm 的孔。

（9）印字部分   通过直接加热方式在固定乘车次数的票面上印字，如乘车日期、时间等。

（10）SF 卡处理部分   其作用是向 SF 卡打上表示余额的孔，在卡的背面印上使用日期、乘降站点、初始金额和余额等。

（11）集票部分   需要回收的车票通过回收票部分装入回收票箱。

（12）放出口   将处理完的车票通过出口送出。

7.2.7   儿童的识别方法

自动检票机不能够识别真正意义上的"成人"和"儿童"，因此，当有儿童票投入时，自动检票机上部设置的表示儿童的显示灯发光。

在自动检票机上设置了检测乘客的传感器，如图 7-17 所示。通过传感器得到的高与标准进行比较，识别"成人"和"儿童"。检测高度位置的传感器根据安装位置的不同，可分为透射式传感器或反射式传感器。

自动检票机确定"儿童"的条件是在上部设置的

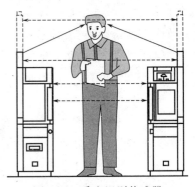

图 7-17   乘客识别传感器

"乘客检测"传感器的光亮不发生变化。在 70cm 的高度设置传感器的光亮发生变化，适用于减免票儿童。当有免票儿童通过时，在判定了有效票之后的一定时间内，自动检票机将门打开允许儿童通过。

7.3　A/D 转换的室温控制系统

7.3.1　室温控制的设计

计算机是处理数字量的，因此要输入模拟量，需要把它转换为数字量，才能进入计算机的输入过程，称为模-数转换，即 A/D 转换。室温控制是将日常最常见的温度变化的模拟量变为输入计算机控制的方法。

7.3.2　温度控制系统

如图 7-18 所示，系统由三部分构成，即将最常用的热敏电阻作为温度传感器，作为模拟量的输入电路、模拟量转换为数字量的转换电路和控制温度用的执行机构的驱动电路。

下面探讨将来自传感器的数据输入到计算机的 A/D 转换的方法。

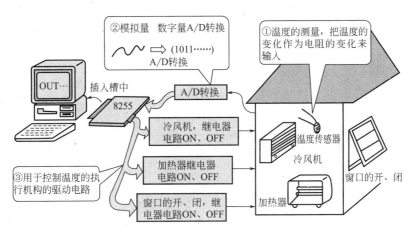

图 7-18　温度控制系统

7.3.3　A/D 转换的建筑室温控制

通过温度传感器即热敏电阻，检测建筑模型的室温。

当温度过低时，接通加热器（AC220V、白炽灯）的开关来升温，当温度过高时，接通降温用的冷风机开关，根据需要启动开闭窗户用的电动机，以此来使建筑物的室温控制在一定的范围内。

室温的变化为模拟量对时间的连续变化，如图 7-19 所示。

如图 7-20 所示，当模拟量太微弱时，要进行放大，当过大时，则要进行分压等处理，用某一范围的电压，如变换为 0~5V 之后，再来进行 A/D 转换，把这种变换处理称为标度变换。

将模拟量转换成数字量的装置称为 A/D 转换器。下面探讨 A/D 转换是如何进行的。

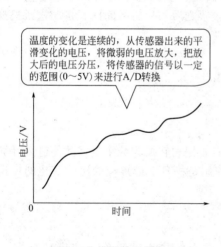

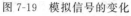

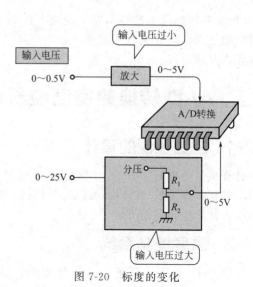

图 7-19　模拟信号的变化　　　　　　　图 7-20　标度的变化

7.3.4　A/D 转换的构成

来自传感器的模拟量经过标度变换后，输入 A/D 转换器，如 0～5V，对应此时的值，输出就转换为从 0～255 的 256 个数字值，如图 7-21 所示。每 1 位的对应值为

$$5V/255 \approx 0.02V$$

通过这样的处理，已能将模拟电压表示为 0～255V，以 0.02V 为单位的 256 个数字量。

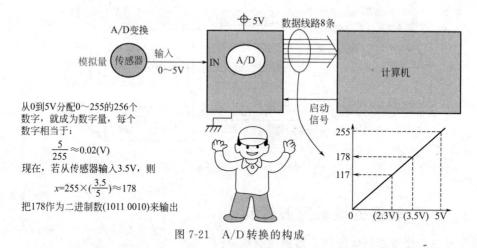

图 7-21　A/D 转换的构成

现在，若从传感器取得 3.5V 输入电压，此时的数字量即为：

$$178 = 2^7 + 2^5 + 2^4 + 2^1$$

(1011 0010) 这个二进制数可以作为 A/D 转换后输入个人计算机的数据。

再如输入为 2.3V 时：

$$x = 255 \times (2.3/5) = 117$$
$$117 = 2^6 + 2^5 + 2^4 + 2^0$$

因此，可将二进制数（0111 0101）作为从传感器输入到计算机的数据，这样的二进制数是将十进制数 2 的次幂展开，将其系数排列起来就得到这个二进制数。

这样，0～5V 就可转换为（0000 0000）～（1111 1111）的数字量。

7.3.5　控制电路的组成

图 7-22 所示为 A/D 转换器的电路详图。

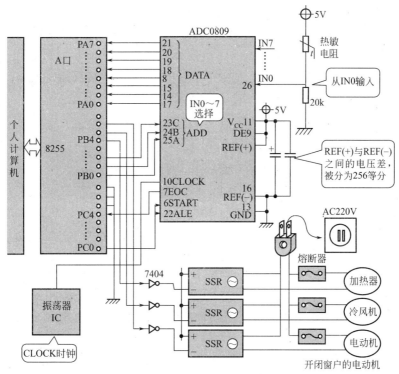

图 7-22　A/D 转换电路详图

（1）电路原理　温度传感器（热敏电阻）的输入送到 A/D 转换器，集成电路采用 ADC 0809。经过 A/D 转换的数据输入计算机，根据程序所设定的温度控制利用加热器或冷风机的执行机构进行开关。来自个人计算机的信号输入到能直接控制 AC100V 的半导体继电器 SSR（固体继电器），完成对执行机构的驱动。

（2）A/D 转换器（ADC 0809）的特征　将计算机所要处理的模拟量转换为数字量的是 A/D 转换器，常用的是 "ADC 0809" 系列电路。其特征如下：

①　0～5V 的模拟输入电压变为 256（0～255）个数字量的集成电路；

②　模拟输入端有 8 个通道，可通过程序来选择，用 B 口输出的信号来选择输入引脚；

③　与其他的 IC 一样，工作电压为 5V；

④　在 REF（＋）与 REF（－）脚之间施加两个模拟电压，此时为 5～0V，分别为它们的上、下限，中间就如同前面所说的分为（0000 0000～1111 1111）的 256 个二进制数字；

⑤　其启动脚连接在 C 口的第 0 位上，若输入 "0" → "1" → "0" 的信号，就开始 A/D 转换；

⑥　约 100ms 后，当个人计算机确认转换结束（用 C 口的第 4 位来进行 EOC 检验）后，就将来自 A 口的数据输入计算机；

⑦　为了从外部加入采样脉冲，使用 IC 振荡器。

7.4　固体继电器的驱动电路

主要介绍常常作为半导体继电器用的固体继电器。

7.4.1　用交流 100V 电源的控制

固体继电器有直流控制用与交流控制用两种之分，一般把交流控制用的称为 SSR。图 7-23所示的是 SSR 外观，输入引脚（INPUT）上施加操作电压（5V，12V，24V），将负载电压如交流 75~250V 连接在输出引脚（LOAD）上。

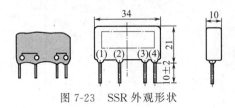

图 7-23　SSR 外观形状

从用途上看，SSR 可与机械的电磁继电器同样使用。其形状紧凑，所以电路构造简单。

7.4.2　SSR 的内部构造

前面所介绍的继电器，都是由电磁线圈为输入端、接点电路为输出端组成的，而 SSR 则如图 7-24 所示，是使用光电耦合器，用光来传递信号的，因此，能完全隔离接通、切断负载时所产生的噪声等。

SSR 的动作是通过输入端的信号，使发光二极管上流过电流而产生光，该光使光导体管导通，就能控制输出电路。

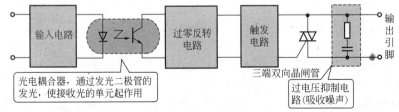

图 7-24　SSR 的信号传递

如图 7-25 所示的过零反转电路，是在接入信号时，交流负载端在零电位附近触发，使三端双向晶闸管（可控硅）导通；切断时，也是在负载电流到零附近触发切断。因此可减少伴随着控制信号产生的噪声或浪涌电压。

连接螺线管或电动机等感性负载时，由于电流对电压的相位滞后，会在 SSR 上施加浪

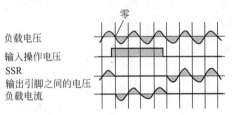

图 7-25　过零反转电路的动作

涌电压。过电压抑制电路即是为此而设的保护电路。

7.4.3　使用 SSR 时的注意事项

SSR 可通过来自计算机的信号直接控制交流电压 100V、200V 的电路，因此在交流执行机构控制中，是利用价值很高的元件。在使用中应注意以下事项：

① 交流负载端有大的浪涌电压影响时，为了防止误动作，应当连接压敏电阻，如图 7-26 所示；

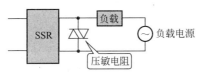

图 7-26　压敏电阻的连接

② 对小容量的负载来说，应当接入与负载并联的假负载电阻，如图 7-27 所示；

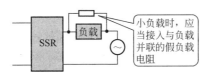

图 7-27　小负载情况下假负载的连接

③ 确定所使用的输入信号引脚（＋、－极性），不得搞错；
④ 应注意 SSR 的使用环境温度。

7.4.4　SSR 驱动电路

图 7-28 所示为 SSR 的驱动方法。

图 7-29 所示为利用 SSR 的交流负载电路，交流负载电路中接入了熔断器。若在负载中连接电磁继电器，则可以连接大功率的负载。

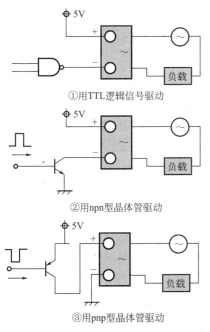

图 7-28　SSR 的驱动方法

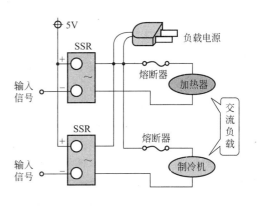

图 7-29　交流负载电路

7.5 用气动执行机构的传送装置的控制

自动机床所用的执行机构大多数是电动机，但气动执行机构有其自身的特点，也用得相当多。气动操作有以下特征：

① 力量大，变速方便，容易获得 1000mm/s 左右的高速操作；

② 气体有可压缩性，能吸收冲击，可平滑地操作；

③ 用简单的机构就可以产生直线运动或旋转运动；

④ 可在有爆炸危险的环境中使用。

图 7-30 所示为用气动执行机构将零件从旋转圆台转送到附近的传送带上的传送装置。该装置就是使各执行机构顺序动作的顺序控制装置。

顺序控制装置与基本的计算机的控制思路是一致的，适用于计算机控制的入门。

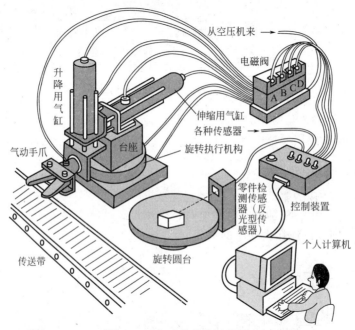

图 7-30 气动传输装置简图

7.5.1 装置的构造

装置是由 4 个气动执行机构组装而成的。

(1) 执行机构组件 执行机构组件由气动执行机构、换向（电磁）阀及两个位置传感器构成，如图 7-31 所示。

① 手爪伸缩组件。气缸 A（电磁阀 A），位置传感器 SA1、SA2（磁簧开关与磁铁）。

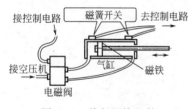

图 7-31 执行机构组件

② 手爪的升降组件。气缸 B（电磁阀 B），位置传感器 SB1、SB2（磁簧开关与磁铁）。

③ 手爪的转动组件。手爪旋转用电磁阀 C，位置传感器 SC1、SC2（磁簧开关与磁铁）。

④ 手爪。手爪执行机构电磁铁 D，位置传感器 SD1、SD2（磁簧开关与磁铁）。

（2）控制装置　控制装置由执行机构控制电路、开关传感器电路与个人计算机接口电路等构成，控制要求如下。

① 主要动作

a. 装置的启动与停止。当零件检测传感器或启动开关当中任意一个发出信号，就用 ON 进入启动过程。过程结束后，即等待启动输入。

b. 执行机构的动作。用来自个人计算机的信号使电磁阀动作，控制气缸的进气方向，操作执行机构。通过装在活塞上的磁铁，检测执行机构的端部位，使气缸两端的磁簧开关动作。将此信号输入个人计算机。

② 电磁阀驱动电路　来自个人计算机的信号，如图 7-32 所示，传输到晶体管 VT_1 与 VT_2，使电磁阀动作。用信号"1"使电磁阀通电动作，用信号"0"使电磁阀断电返回到起始状态。

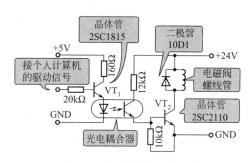

图 7-32　执行机构驱动电路

③ 传感器开关电路　用磁簧开关来检测气缸的位置。复位型接点要用波形整形电路，通过光电耦合器输入计算机的输入输出接口中，如图 7-33 所示。

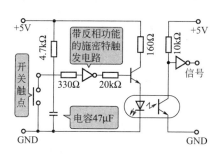

图 7-33　开关电路

7.5.2　与计算机的连接

将 8255 输入输出口连接到计算机的扩展槽中，用模式 0 设定 A 口与 C 口作为输入用，B 口作为输出，各单元的电路连接如图 7-34 所示。

（1）A 口　A 口作为数据输入用的口，如图 7-35 所示，接到各执行机构运动两端的检测传感器上。各传感器若动作，就将"1"信号输入口中。

（2）B 口　B 口作为数据输出口，如图 7-36 所示，连接各执行机构的指示灯驱动电路。

① 手爪用信号 1 夹住，信号 0 松开。

② 旋转执行机构用信号 1 右转，信号 0 左转。

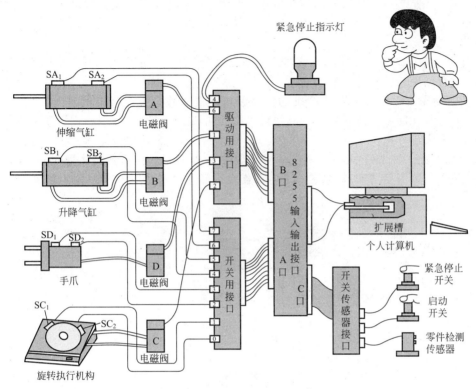

图 7-34　连接图

③ 升降气缸用信号 1 下降，用信号 0 上升。

④ 伸缩气缸用信号 1 伸出，用信号 0 缩回。

（3）C 口　C 口用作数据输入口，如图 7-37 所示，连接开关或传感器的信号。

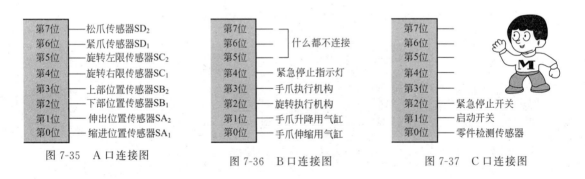

第7位	── 松爪传感器SD₂
第6位	── 紧爪传感器SD₁
第5位	── 旋转左限传感器SC₂
第4位	── 旋转右限传感器SC₁
第3位	── 上部位置传感器SB₂
第2位	── 下部位置传感器SB₁
第1位	── 伸出位置传感器SA₂
第0位	── 缩进位置传感器SA₁

图 7-35　A 口连接图

第7位	┐
第6位	├ 什么都不连接
第5位	┘
第4位	── 紧急停止指示灯
第3位	── 手爪执行机构
第2位	── 旋转执行机构
第1位	── 手爪升降用气缸
第0位	── 手爪伸缩用气缸

图 7-36　B 口连接图

第7位	
第6位	
第5位	
第4位	
第3位	
第2位	── 紧急停止开关
第1位	── 启动开关
第0位	── 零件检测传感器

图 7-37　C 口连接图

7.5.3　动作

将产品从转台往传送带上转移的作业，要求按以下顺序依次反复控制，如图 7-38 所示。

① 启动-手爪伸出

a. 确认零件是否在抓住的位置或启动开关是否已按下。

b. 使电磁铁 A 动作，将伸缩气缸伸出。

② 手爪下降

a. 用位置传感器 SA_2 确认伸出状态。

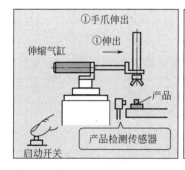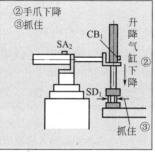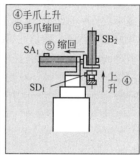
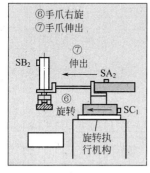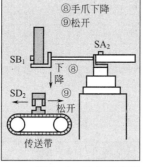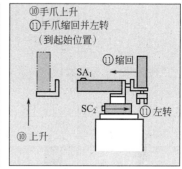

图 7-38　动作示意图

b. 使电磁气阀 B 动作，将气缸 B 下降。

③ 抓住产品

a. 用传感器 SB_1 确认手爪处于下方。

b. 使电磁阀 D 动作，用夹具执行机构将产品抓住。

④ 手爪上升

a. 用传感器 SD1 确认 C 抓住产品。

b. 切断电磁阀 B 的电源，升降气缸上升。

⑤ 手爪缩回

a. 用传感器 SB_2 确认手爪处于上方。

b. 切断电磁阀 A 的电源，收缩气缸缩回。

⑥ 手爪右旋

a. 用传感器 SA_1 确认手爪处于缩回状态。

b. 使电磁阀 C 动作，用旋转执行机构 C 使手爪右旋。

⑦ 手爪伸出

a. 用传感器 SC_1 确认手爪处于右旋终端。

b. 使电磁阀 A 动作，伸出伸缩用气缸。

⑧ 手爪下降

a. 用传感器 SA_2 确认手爪处于伸出位置。

b. 切断电磁阀 B 的电源，降下升降气缸。

⑨ 放下产品

a. 用传感器 SB_1 确认手爪处于下方。

b. 切断电磁阀的电源，松开手爪执行机构，放下产品。

⑩ 手爪上升

a. 用传感器 SD_2 确认手爪已松开。

b. 切断电磁阀 B 的电源，升降气缸上升。

⑪ 缩回手爪并左旋

a. 用传感器 SB$_2$ 确认手爪处于上方。

b. 切断电磁阀 A 与电磁阀 C 的电源，使伸缩气缸缩回，同时使旋转执行机构左旋，返回起始位置。

随时随地确认紧急停止开关的输入。若有输入时，则将紧急停止信号输出到上一级的控制装置，结束程序。操作的输入输出信号示于表 7-1 中。

表 7-1　各行程的输入输出数据表

操作行程	行程开关启动条件输入数据(输入口)																	行程开关输出数据(输出口)							
	A口								C口								B口								
	7	6	5	4	3	2	1	0	7	6	5	4	3	2	1	0	7	6	5	4	3	2	1	0	
	抓紧手爪	松开手爪	右旋	左旋	下降	上升	伸出	缩回						紧急停止	启动开关	零件检测				紧急停止	松0紧1	右旋1左旋0	升0降1	伸1缩0	
① 启动、手爪伸出	第1个行程的启动条件，是C口的输入数据								零件检测传感器				0	0	0	1	0	0	0	0	0	0	0	1
													(1)$_{16}$				(1)$_{16}$								
② 手爪下降	0	1	0	1	0	1	1	0	操作启动开关				0	0	0	1	0	0	0	0	0	0	1	1	
	(56)$_{16}$												(2)$_{16}$				(3)$_{16}$								
③ 抓住工件	0	1	0	1	1	0	1	0	操作紧急停止开关				0	1	0	0	0	0	0	0	0	1	0	1 1	
	(5a)$_{16}$												(4)$_{16}$				(b)$_{16}$								
④ 手爪上升	1	1	0	1	1	0	1	0									0	0	0	0	1	0	0	1	
	(9a)$_{16}$																(9)$_{16}$								
⑤ 手爪缩回	1	0	0	1	0	1	1	0									0	0	0	0	1	0	0	0	
	(96)$_{16}$																(8)$_{16}$								
⑥ 手爪右旋	1	0	0	1	0	1	0	1									0	0	0	0	1	1	0	0	
	(95)$_{16}$																(c)$_{16}$								
⑦ 手爪伸出	1	0	1	0	0	1	0	1									0	0	0	0	1	1	0	1	
	(a5)$_{16}$																(d)$_{16}$								
⑧ 手爪下降	1	0	1	0	0	1	1	0									0	0	0	0	1	1	1	1	
	(a5)$_{16}$																(f)$_{16}$								
⑨ 松开工件	1	0	1	0	1	0	1	0									0	0	0	0	0	1	1	1	
	(aa)$_{16}$																(7)$_{16}$								
⑩ 手爪上升	0	1	1	0	1	0	1	0									0	0	0	0	0	1	0	1	
	(6a)$_{16}$																(5)$_{16}$								
⑪ 手爪缩回并左旋90°	0	1	1	0	0	1	1	0									0	0	0	0	0	0	0	0	
	(66)$_{16}$																(0)$_{16}$								

7.5.4　动作编制为程序

（1）程序 1　由于"从确认输入信号-执行装置的动作"这一连串操作要反复 11 次，可作为一连串的动作来设计程序。但第一行程有两种不同的启动输入。

① 输入口（地址＝wwww）的数据输入变量 indt 中。

② 将变量 indt 的输入值与必要的输入数据（xxxx）比较是否相同。

③ 不同则反复执行①、②。

④ 若相同则将使执行机构动作的数据（YYYY）输出到 B 口［地址＝(d2)$_{16}$］。

对此用 do-while 语句写成如下程序：

```
1    do{
2        indt= inp(wwww);
3    }while(indt!=xxxx);
4    outp(0xd2,yyyy);
```

（2）设置变量　由于口地址与数据是根据操作不同而不同的，设置变量是以反复 10 次动作作为结束一件工作。以此作为无条件循环的程序如下：

```
1    for(;;)
2     {
3       for(i= 0;i<=9;i+ );
4        {
5          do{
6          indt=inp(0xd0);
7          }while(indt!=stdt[i]);
8          outp(0xd2,outd[i]);
9        }
10   }
```

在此程序之前，必须编写设置变量的声明并将数据代入变量的程序。

设置变量声明与初始化的例子：

```
    unsigned int
outd[10]={0x22,0x33,0x44,0x55,0x66,0x88,0x99,0xaa,0xbb};
    []表示设置变量的数,从 outd[0]起依次代入{}内的数据。
```

（3）紧急停止信号的处理　因需要随时对紧急停止信号进行检查，所以一般用中断功能来处理。这里只考虑用程序来处理，输入了紧急停止信号时的处理，点亮紧急停止指示灯，并使程序停止执行。

处理程序如下：

```
1    for(;;)
2    {
3      hj=inp(0xd4);
4      hj=hj&0x4;
5      if(hj==0x4)
6       {
7          outp(0xd4,0x10);
8          break;
9       }
10   }
```

（4）程序　将以上的程序合成一个程序，在这里使用设置变量与 for 语句。在此程序之前，必须编写设置变量的声明并将数据代入变量的程序。气缸传送装置控制程序如下。

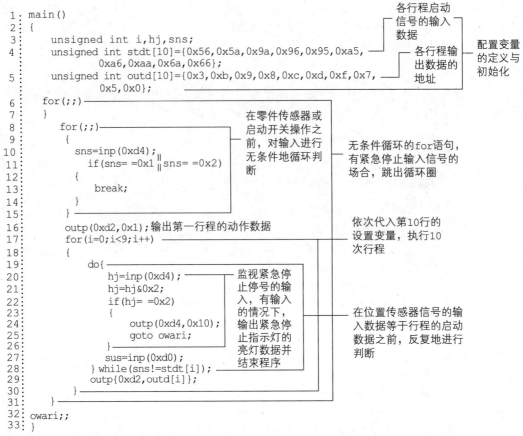

```
 1: main()
 2: {
 3:     unsigned int i,hj,sns;
 4:     unsigned int stdt[10]={0x56,0x5a,0x9a,0x96,0x95,0xa5,
                0xa6,0xaa,0x6a,0x66};
 5:     unsigned int outd[10]={0x3,0xb,0x9,0x8,0xc,0xd,0xf,0x7,
                0x5,0x0};
 6:     for(;;)
 7:     }
 8:         for(;;)
 9:         {
10:             sns=inp(0xd4);
11:             if(sns= =0x1 ‖sns= =0x2)
12:             {
13:                 break;
14:             }
15:         }
16:         outp(0xd2,0x1);输出第一行程的动作数据
17:         for(i=0;i<9;i++)
18:         {
19:             do{
20:                 hj=inp(0xd4);
21:                 hj=hj&0x2;
22:                 if(hj= =0x2)
23:                 {
24:                     outp(0xd4,0x10);
25:                     goto owari;
26:                 }
27:                 sus=inp(0xd0);
28:             } while(sns!=stdt[i]);
29:             outp{0xd2,outd[i]};
30:         }
31:     }
32: owari;;
33: }
```

（5）程序说明。

① 4～5 行中进行两个变量的设置与初始值的设定。

② 6～31 行的 for（;;）为对全行程（11 行）进行无条件循环。当用 20～26 检测到紧急停止信号时，则跳出循环，结束程序。

③ 17～30 行 for（i=0；i＜＝9；i＋＋）是将 19～29 行执行 10 次，根据设置变量而按不同的行程执行。

④ 19～28 行 do-while 语句是对紧急停止信号的监视处理和行程启动输入的检查。若有启动行程的数据输入，用 29 行将该行程操作数据输出。

⑤ 21 行按位逻辑与运算，用于要提取特定位时。由于紧急停止的检测必须是独立的，与其他输入信号无关，所以要提取第 2 位的信号，以 0x4（0000 0100）为输入数据进行按位逻辑与运算。

⑥ 25 行 goto 语句，跳转到标记为 owari（结束）处，跳出三重循环圈，结束程序的运行。

程序中是用 break 语句跳出循环的，因有三重循环，所以用 goto 语句跳出。

标记用（冒号）"："设置，用于执行语句的开头或单独一行中。

7.6　简易自动门的控制

7.6.1　自动门的构造

（1）动力源与执行机构　一般的自动门是由某种动力源与执行机构组成，如图 7-39 所示。

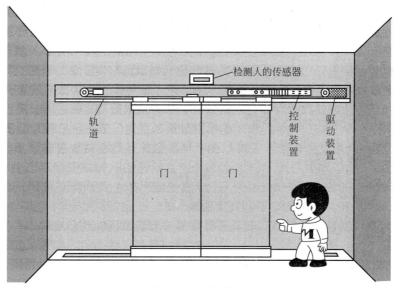

图 7-39　自动门

① 动力源。尽管动力源有电气、液压、气动装置等，但一般建筑物的自动门都用电气动力源。

② 执行机构。尽管执行机构根据动力源有电动机、油缸、气缸等，但一般采用电动机。

（2）传感器　用来检测分析门前有没有人，门正在开还是正在关等状态。

① 检测人的传感器。检测人的传感器有超声波传感器、热电传感器（感热型）、光传感器（透射型、反射型）、触摸开关等，根据使用的环境等分别选用。

② 门的位置传感器。确认开门与闭门时，门的停止位置、变速的位置等的传感器。用限位开关或接近开关等直接检测门的位置，或用旋转编码器检测电动机的转数。

（3）构造　自动门由门本体、导轨、驱动装置等主要组件构成。

驱动装置由电动机、减速机、制动器、同步带或链条等动力传递部件构成。主轨一般装在上方，下方地面上的轨道是为防止侧向摆动用的。

7.6.2　控制自动门

（1）构造　自动门控制如图 7-40 所示。

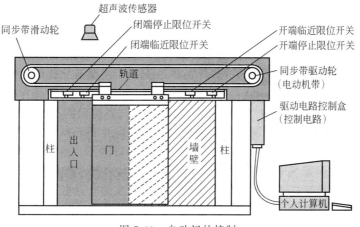

图 7-40　自动门的控制

① 控制动作。检测到人时就开门，确认没有人，则过一定时间后闭门。开门动作从低速到高速，通过三级加速度到达正常速度，在停止之前，通过三级减速度，并用制动器制动。

② 采用单方向开门方式。在上部装有无侧向松动的轨道。

③ 驱动方式。使用带减速机与制动器的直流电动机（额定值为 24V，50W）。用同步带与同步带驱动轮向门传递动力。

④ 人的检测。用设置在门内外侧的超声波传感器，检查有没有人。

⑤ 停止位置与开始位置。在闭门端与开门端的低速运行开始位置与停止位置，均设置位置检测用的限位开关。

（2）控制电路与个人计算机的连接   连接的关键在于个人计算机端的接口、电机的驱动、制动器的动作、检测人的传感器和开关的输入。

① 个人计算机端的接口。使用 8255 并行数据输入输出接口的模式 0，设定 A 口为输入口，B 口为输出口。

② 电机的驱动电路。来自计算机的信号是门的开、闭信号和 3 个速度信号。开、闭门的电机如图 7-41 所示，正（开）、反（闭）转时使用 4 个晶体管 VT_1、VT_2、VT_3 及 VT_4 作为驱动控制，用晶体管 VT_1、VT_2 的基极电压与电阻作为三级变速控制，分级改变施加到电动机上的电压。

③ 制动器动作驱动电路。制动器操作是将计算机的制动信号输入到晶体管，接通、切断制动器的驱动电路。电机停止后稍稍延迟一段时间再进行制动器的动作，如图 7-42 所示。

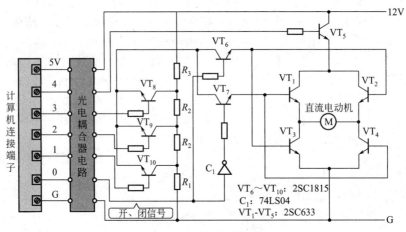

图 7-41   电机驱动电路

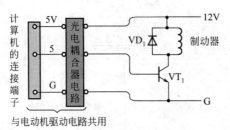

图 7-42   制动器动作驱动电路

④ 检测人的传感器。门内外的两个超声波传感器发出信号，经过传感器电路，再经过 OR（或）电路［实际使用 NANL（与非）］后，以一个信号作为输入，如图 7-43 所示。

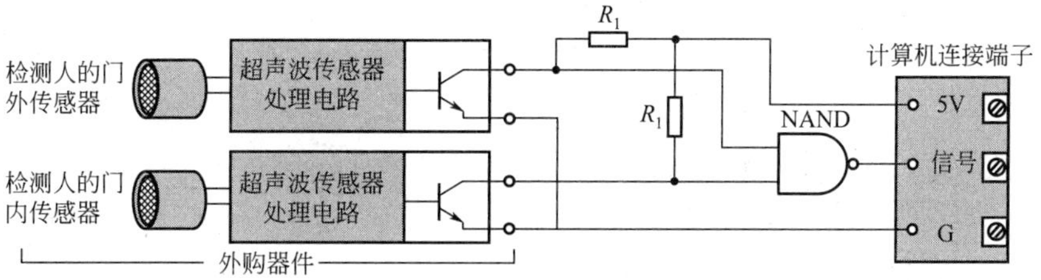

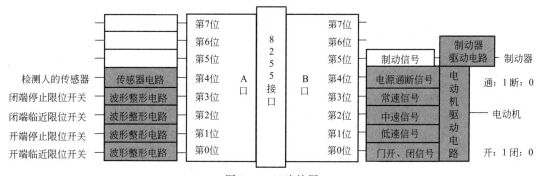

图 7-43　检测人的传感器

⑤ 开关输入。限位开关或按钮开关的信号，通过信号波形整形电路输入。在开门行程和闭门行程中，有临近传感器与停止传感器。

a. 临近传感器。临近传感器是检测临近停止位置时要变换门的运行速度用的限位开关。

b. 停止传感器。停止传感器是检测使门停止位置的限位开关。

c. 紧急开关。紧急开关是在检测人的传感器失灵等场合，应对异常事态用的开关。

（3）口连接　如图 7-44 所示，将输入装置接到输入输出口。

图 7-44　口连接图

（4）基本动作　主要是指以下几个。

① 从检测人的传感器起作用开始，就对处于范围内的人进行监视。

② 当检测到人的信号时，就开门。门以低速开 0.5s 后进入中速，并从临近闭端起，开始常速运行。

③ 若开端的临近检测传感器检测到门，则使开门经过 0.5s 后，由中速运行进入低速。

④ 开端的停止传感器检测到门，门就停止运行。

⑤ 门开一段时间，当检测人的传感器确认无人后，闭门。

⑥ 闭门行程也从闭门开始到结束附近，改变运行速度，平滑地运行。

⑦ 在门运行过程中，用检测传感器监视人，若检测到人，则返回开门行程。

⑧ 门的停止运行是切断电动机的电流约 0.5s 后，使制动器起作用。开门时，当制动器松开约 0.5s 后，使电动机运行。

为了安全，在闭门运行过程中，必须始终用检测人的传感器检测是否有人，检测有人的情况下，立即停止闭门，并运行开门的行程。

7.7　气缸的控制

工厂里发出机械的"嘘嘘"声，就是气缸等利用空气压力工作的机械发出的声音。气缸是用于直线运动的执行机构，如图 7-45 所示。

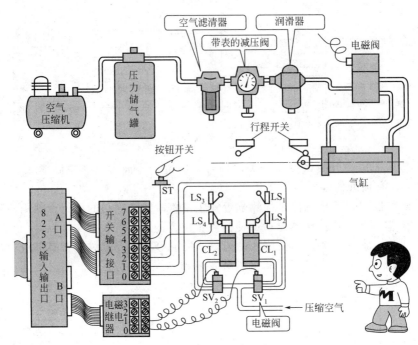

图 7-45　气缸工作系统

7.7.1　气缸系统

（1）气缸　气缸是在空心圆筒（缸体）中装一个圆盘（活塞），用压缩空气的能量做直线运动的机构。压缩空气通过活塞移动方向后端的进气口送入，并将活塞移动方向前端的空气排到外面去。

（2）空气压缩系统　用空气压缩机产生的压缩空气，经过空气过滤器，滤去空气中的灰尘和水分，通过带表的减压阀来调节工作压力，用喷雾润滑器等向压缩空气喷洒润滑剂，向空压机提供润滑油，然后再将该压缩空气送入气缸，从而组成空气压缩系统。在耗气量大的情况下，要附加压力储气罐以防止压力降低。

（3）电磁阀　向气缸提供的压缩空气，是通过螺线管驱动的电磁阀来控制的。一般的电磁气阀，大多是单端螺线管式，根据是否有电流流过螺线管，对电磁阀进行通断控制。

（4）位置传感器　用行程开关检测活塞的位置，通过开关用的接口将信号输入计算机。

（5）电磁阀驱动电路　用来自计算机的信号控制驱动电路的电磁继电器，通过继电器接点接通和切断电磁阀的交流电源。

（6）与计算机的连接　通过开关用的接口，将 4 个行程开关与按钮开关连接到 8255 输入输出接口的 A 口上。B 口上连接电磁继电器的驱动电路，将电磁阀连接到继电器的接点上。

7.7.2　控制

控制方法如下：

① 若按下按钮开关，电磁阀 SV_1 工作，气缸 CL_1 的活塞伸出，压住行程开关 LS_1。

② 若压住 LS_1，电磁阀 SV_2 工作，气缸 CL_2 的活塞伸出，压住行程开关 LS_3。

③ 若压住 LS_3，则电磁阀 SV_1 停止工作，气缸 CL_1 的活塞缩回，压住行程开关 LS_2。

④ 若压住 LS_2，则电磁阀 SV_2 停止工作，气缸 CL_2 的活塞缩回，压住行程开关 LS_4。

思 考 题

1. 将交通信号灯控制指示灯换成电动机，编制一个 6 台电机组成的控制系统。

2. 分析交通信号控制器夜间信号控制模式与白天信号控制模式有何区别?

3. 自动检票系统中应用了哪些机电一体化控制方式?

4. 试设计出蔬菜大棚的温度控制系统。

5. 将学过的固体继电器驱动电路应用于机电一体化控制系统中。

6. 试设计一款用于数控机床的气动执行机构，将零件从旋转圆台转送到附近的传送带上的传送装置。

第 ⑧ 章
组网控制技术

随着计算机通信网络技术的日益成熟，机电一体化控制系统也从传统的集中式控制向多级分布式控制方向发展，这就要求构成机电一体化控制系统的 PLC、变频器、触摸屏等核心控制器件必须要有通信及网络的功能，能够相互连接、远程通信、构成网络。

8.1 机电一体化组网控制的基础知识

在机电一体化控制系统中，所谓的控制器件都是数字设备，它们之间交换的信息都是由"0"和"1"表示的数字信号。通常把具有一定的编码、格式和位长要求的数字信号称为数据信息。

组网控制其实就是在一体化系统中进行数据通信，将数据信息通过适当的传送线路从一台设备传送到另一台设备。这里的设备可以是计算机、PLC、变频器、触摸屏等，或是有数据通信功能的其他数字设备。

组网控制的任务是把地理位置不同的数字设备连接起来，高效率地完成数据的传送、信息交换和通信处理三项任务。

组网控制的任务是靠数据通信系统来完成的，该系统一般由传送设备、传送控制设备和传送协议及通信软件等组成。

8.1.1 组网控制数据传输方式

（1）并行传输与串行传输　若按照传输数据的时空顺序分类，数据通信的传输方式可以分为并行传输和串行传输两种。

① 并行传输。数据在多个信道同时传输的方式称为并行传输。其特点是传输速度快，但由于一个并行数据有多少位二进制数，就需要有多少根传输线，因而成本较高。通常并行传输用于传输速率高的近距离传输。

② 串行传输。数据在一个信道上按位顺序传输的方式，称为串行传输。其特点是通常只需要一根到两根传输线，在远距离传输时通信线路简单、成本低，但与并行传输相比传输速度慢，故常用于远距离传输而速度要求不高的场合。

（2）基带传输与频带传输　根据数据传输系统在传输过程中是否搬移信号的频谱，是否进行调制，可将数据传输系统分为基带传输和频带传输两种。

① 基带传输。所谓基带是指电信号的基本频带。数字设备产生的"0"和"1"电信号脉冲序列就是基带信号。基带传输是指数据传输系统对信号不做任何调制，直接传输的数据传输方式。在一体化控制系统网络中，大多数采用基带传输，对二进制数字信号不进行任何调制，按照它们原有的脉冲形式直接传输。但是若传输距离较远时，则可以考虑采用调制解调器进行频带传输。为了满足基带传输的实际需要，通常要求把单极性脉冲序列经过适当的

基带编码，以保证传输码型中不含有直流分量，并具有一定的检测错误信号状态的能力。基带传输的传输码型很多，仅 CCITT 建议使用的就有 20 余种，常用的有曼彻斯特（Manchester）码（双相码）、差分双相码、密勒码、传号交替反转码（AMI）、三阶高密度双极性码等。在组网控制网络中采用曼彻斯特编码方式比较多的原因是：在传输过程中，为了避免存在多个连续的"0"和"1"时，系统无同步参考，故在编码中采用了发送"1"时前半周期为低电平，后半周期为高电平；传输"0"时前半周期为高电平，后半周期为低电平的办法，这样在每个码元的中心位置都存在着电平跳变，具有"内含时钟"的性质。即使连续传输多个"0"或"1"时，波形也有跳变，有利于提取定时同步信号。曼彻斯特编码如图 8-1 所示。

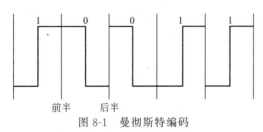

图 8-1 曼彻斯特编码

② 频带传输。频带传输是把信号调制到某一频带上的传输方式。当进行频带传输时，用调制器把二进制信号调制成能在公共电话上传输的音频信号（模拟信号），在通信线路上进行传输。信号传输到接收端后，再经过解调器的解调，把音频信号还原为二进制信号。这种以调制信号进行数据传输的方式，称为频带传输。

③ 基带传输与频带传输的区别。基带传输方式时，整个频带范围都用来传输某一数字信号，即单信道，常用于半双工通信。频带传输时，在同一条传输线路上可用频带分割的方法将频带划分为几个信道，同时传输多路信号。例如，传输两种信号，数据发送和传输使用高频信道，各站间的应答响应使用低频道，常用于全双工通信。

（3）调制方式 有三种方式：调幅、调频和调相。三种调制方式的信号关系如图 8-2 所示。

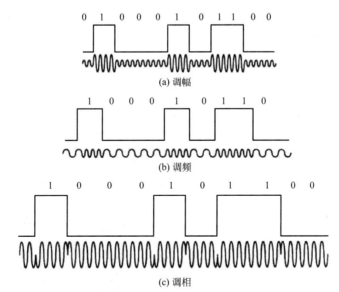

图 8-2 三种调制方式示意图

① 调幅是根据数字信号的变化改变载波信号的幅度。例如，传送 "1" 时波形幅度高，"0" 时幅度低，载波信号的频率和相位均未改变。

② 调频是根据数字信号的变化改变载波信号的频率。"1" 时频率高，"0" 时频率低，载波信号的幅度和相位均未改变。

③ 调相是根据数字信号的变化改变载波信号的相位。数字信号从 "0" 变为 "1" 时或是从 "1" 变为 "0" 时载波信号的相位改变 180°，频率和幅度均未改变。

（4）异步传输和同步传输方式　发送端和接收端之间的同步问题，是数据通信中的重要问题。同步不好，轻者导致误码增加，重者使整个系统不能正常工作。在传输过程中，为解决这一问题，在串行通信中采用了异步传输和同步传输两种同步技术。

① 异步传输。异步传输也称起止式传输，是利用起止法来达到收发同步的。在异步传输中，被传输的数据编码为一串脉冲，每一个传输的字符都有一个附加的起始位和多个停止位，字节传输由起始位 "0" 开始，然后是被编码的字节。通常规定低位在前，高位在后，接下来是校验位（可省略），最后是停止位（可以是 1 位，1.5 位或 2 位），用以表示字节的结束。例如，传输一个 ASCII 码字符（7 位），若选用 2 位停止位、1 位校验位和 1 位起始位，那么传输这个 7 位 ASCII 码字符就需要 11 位。其格式如图 8-3（a）所示。

② 同步传输。由于在异步传输时对每个字符都附加了起始位和停止位，因此在需要大量数据块的场合，就显得太浪费了。若使用同步传输，它把每个完整的数据块（帧）作为整体来传输，这样就可以克服异步传输效率低的缺点。为了使接收设备能够准确地接收数据块的信息，同步传输在数据开始处，用同步字符来指示，由定时信号（时钟）来实现发送端同步，一旦检测到与规定的字符相符合，接下去就是按顺序传输的数据。在这种传输方式中，数据以一组数据（数据块）为单位传输，数据块中每个字节之间不需要附加停止位和起始位，因而传输效率高，但同步传输所需要的软件、硬件的价格比异步传输的高，因此常在数据传输速率较高的系统中才采用同步传输。同步传输如图 8-3（b）所示。

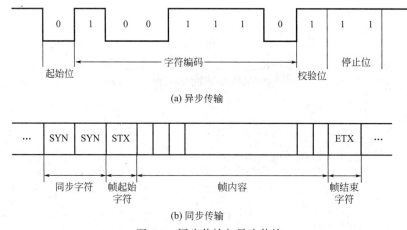

图 8-3　同步传输与异步传输

8.1.2　组网控制线路通信方式

数据在通信线路上传输有方向性。按照数据在某一时间传输的方向，线路通信方式可以划分为单工通信、半双工和全双工通信方式。

（1）单工通信方式　单工通信就是指信息的传送始终保持同一个方向，而不能进行反向传送。如图 8-4(a) 所示，其中 A 端只能作为发送端，B 端只能作为接收端接收数据。

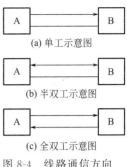

(a) 单工示意图

(b) 半双工示意图

(c) 全双工示意图

图 8-4　线路通信方向

（2）半双工通信方式　半双工通信就是指信息流可以在两个方向上传送，但同一时刻只限于一个方向传送，如图 8-4(b) 所示，其中 A 端和 B 端都具有发送和接收的功能，但传送线路只有一条，或者 A 端发送 B 端接收，或者 B 端发送 A 端接收。

（3）全双工通信方式　全双工通信能在两个方向上

同时发送和接收，如图 8-4(c) 所示。A 端和 B 端双方都可以一面发送数据，一面接收数据。

8.1.3　组网控制传输速率

传输速率是指单位时间内传输的信息量，它是衡量系统传输的主要指标。在数据传输中定义有以下三种速率。

（1）调制速率　调制速率也称码元速率，是脉冲信号在经过调制后的传输速率，即信号在调制过程中，单位时间内调制信号波形的变化次数，也就是单位时间内所能调制的调制次数，单位是波特（Baud），通常用于表示调制解调器之间传输信号的速率。

（2）数据信号速率　数据信号速率是单位时间内通过信道的信息量，单位是比特/秒（Bit Persecond），用 bit/s 表示。

调制速率（波特）和数据信号速率（比特/秒）在传输的调制信号是二态串行传输时，两者的速率在数值上是相同的。

（3）数据传输速率　数据传输速率是指单位时间内传输的数据量，数据量的单位可以是比特、字符等。通常用字符/每分钟为单位。例如，在使用数据信号速率为 1200bit/s 的传输电路，按起止同步方式来传输 ASCII 的数据时，其数据传输速率：

$$数据传输速率＝(1200×60)/(8+2)＝7200(字符/min)$$

其中分母中的"2"是指在一个字符位附加的起始比特和终止比特。

8.1.4　组网差错控制

数据通信系统的基本任务是高效而无差错地传输和处理数据信息，数据通信系统的各个组成部分都存在着差错的可能性。

由于通信设备部分可以达到较高的可靠性，因此一般认为数据通信的差错主要来自于数据传输信道。数据信号经过远距离的传输，往往会受到各种干扰，致使接收到的数据信号出现差错，引起数据信号序列的错误。在实际中随机性的错误和突发性的错误通常是同时存在的。

（1）差错控制方式　所谓差错控制是指对传输的数据信号进行检测错误和纠正错误。实际中常用的差错控制方式主要有四种。

① 自动重传请求（Automatic Repeat Request）。在这种方式中，发送端按编码规则对拟发送的信号码附加冗余码后，再发送出去。接收端对收到的信号序列进行差错检测，判决有无错码，并通过反馈信道把判决结果送回到发送端。若判决有错码，发送端就重新发送原来的数据，直到接收端认为无错为止；若判决为无错码，发送端就可以继续传送下一个新的数据。

② 前向纠错（FEC）。在这种方式中，发送端按照一定的编码规则对拟发送的信号码元附加冗余码，构成纠错码。接收端将附加冗余码元按照一定的译码规则进行变换，检测信号

中有无错码，若有错，自动确定错码位置，并加以纠正。该方式的物理实现简单，无需反馈信道，适用于实时通信系统，但译码器一般比较复杂。

③ 混合纠错（HEC）。这种方式是前向纠错与自动重传请求两种方式的综合。发送端发送具有检测和纠错能力的码元。接收端对所接收的码组中的差错个数，在纠错的能力范围之内能够自动进行纠错，否则接收端将通过反馈信道要求发送端重新发送该信息。

混合纠错方式综合了 ARQ 和 FEC 的优点，却未能克服它们各自的缺点，因而在实际应用中受到了一定的限制。

④ 不用编码的差错控制。是指不需要对传送的信号码元进行信号编码，而在传输方法中附加冗余措施来减少传输中的差错。

（2）常用检错码

① 奇偶校验码是以字符为单位的校验方法。一个字符一般由 8 位组成，7 位是信息字符的 ASCII 代码，最高位是奇偶校验位，该位可以是 1 或 0，其原则是：使整个编码中"1"的个数为奇数或偶数，若"1"的个数为奇数就称为"奇校验"；若"1"的个数为偶数就称为"偶校验"。奇偶校验的原理是：若采用奇校验，发送端发送一个字符编码（含有校验码）中，"1"的个数一定为奇数个，接收端对"1"的个数进行统计，如果统计的结果"1"的个数是偶数，那一定意味着在传输的过程中有一位发生了差错，同理，若发生了奇数个的差错接收端也可以发现，但若发生了偶数个差错接收端就无法查出。由于奇偶校验码只需附加一位奇偶校验位编码，效率高，因而得到广泛的应用。

② 循环冗余校验码（CRC）是对"0"和"1"二进制码原序列可以用一个二进制多项式来表示，例如，1101001 可以表示为 $1\times X^6+1\times X^5+0\times X^4+1\times X^3+0\times X^2+0\times X^1+1\times X^0$，一般地说，$n$ 位二进制码原序列可以用（$n+1$）阶多项式表示。由于多项式间的运算是其对应系数按模 2 进行的运算，所以两个二进制多项式相减就等于两个二进制多项式相加。采用 CRC 码时，通常在信息长度为 k 位的二进制序列之后，附加上 r（$r=n-k$）位监督位，组成一个码长为 n 的循环码。即：

每个循环码都可以有它自己的生成多项式 $g(x)$［通常规定生成多项式 $g(x)$ 的最高位和最低位的系数必须为 1］，由于任意一个循环码的码字 $c(x)$ 都是生成多项式 $g(x)$ 的倍式，因此 $c(x)$ 被 $g(x)$ 除后余式必为零。利用上述原理就可以进行循环码的编码，即从信息多项式 $m(x)$ 求得循环码的码字 $c(x)$，其编码步骤如下。

第一步：将信息多项式 $m(x)$ 乘以 X^{n-k}。

第二步：将 $X^{n-k}m(x)$ 除以生成多项式 $g(x)$，得余式 $r(x)$。

第三步：由信息多项式 $m(x)$ 和余式 $r(x)$ 可构成循环码的码字 $c(x)$，即：

$$c(x)=m(x)+r(x)$$

下面以（7，3）循环码为例说明循环码的编码过程。设生成多项式 $g(x)=x^4+x^3+x^2+1$，信息组为 110，所以信息多项式 $m(x)=X^2+X$。求循环码的码字 $c(x)$，编码过程如下：

将信息多项式 $m(x)$ 乘以 X^{n-k}，即 $m(x)\times X^{7-3}=(x^2+x)\times x^4=x^6+x^5$。将 $X^{n-k}m(x)$ 除以生成多项式 $g(x)$，得余式 $r(x)=x^3+1$。其计算过程如下：

$$1\times X^4+1\times X^3+1\times X^2+0\times X^1+1\times X^0 \overline{\smash{\Big)}\,1\times X^6+1\times X^5+0\times X^4+0\times X^3+0\times X^2+0\times X^1+0\times X^0}$$

$$1\times X^2+0\times X^1+1\times X^0$$

$$1\times X^6+1\times X^5+1\times X^4+0\times X^3+1\times X^2$$

$$0\times X^5+1\times X^4+0\times X^3+1\times X^2+0\times X^1$$
$$0\times X^5+0\times X^4+0\times X^3+1\times X^2+0\times X^1$$

$$1\times X^4+0\times X^3+1\times X^2+0\times X^1+0\times X^0$$
$$1\times X^4+1\times X^3+1\times X^2+0\times X^1+0\times X^0$$

$$1\times X^3+0\times X^2+0\times X^1+1\times X^0$$

由上式可知余式 $r(x)=x^3+1$，其对应的数字序列为 1001。

由信息多项式 $m(x)$ 和余式 $r(x)$ 就可以构成循环码的码字 1101001，即将余式 $r(x)$ 对应的数字序列 1001 附加在 $m(x)$ 对应的数字序列 110 的后面即可。

采用 CRC 码时发送方和接收方事先约定同一个生成多项式 $g(x)$，发送方在发送信息的同时，进行循环码的编码，接收方对接收的 CRC 码，用 $g(x)$ 除，余数应为零，若余数不为零则表示传输有错。

8.1.5　组网传输介质

目前普遍使用的传输介质有同轴电缆、双绞线、光缆，其他介质如无线电、红外线、微波等在一体化网络中应用很少。其中双绞线（带屏蔽）成本低、安装简单、光缆尺寸小、重量轻、传输距离远，但成本高，安装维修需专用仪器。具体性能见表 8-1。

表 8-1　传输介质性能比较

性能	传输介质		
	双绞线	同轴电缆	光缆
传输速率	9.6Kbit/s～2Mbit/s	1～450Mbit/s	10～500Mbit/s
连接方法	点到点 多点 1.5km 不用中继器	点到点 多点 10km 不用中继（宽带），1～3km 不用中继（基带）	点到点 50km 不用中继
传输信号	数字调制信号纯模拟信号（基带）	调制信号，数字（基带），数字、声音、图像（宽带）	调制信号（基带）数字、声音、图像（宽带）
支持网络	星形、环形、小型交换机	总线型、环形	总线型、环形
抗干扰	好（需外屏蔽）	很好	极好
抗恶劣环境	好（需外屏蔽）	好，但必须将电缆与腐蚀物隔开	极好,耐高温和其他恶劣环境

8.1.6　组网串行通信接口标准

（1）RS-232C 串行接口标准　RS-232C 是 1969 年由美国电子工业协会（EIA. Electronic Industries Association）所公布的串行通信接口标准。"RS"是英文"推荐标准"一词的缩写，"232"是标识号，"C"表示此标准修改的次数。它既是一种协议标准，又是一种电气标准，它规定了终端和通信设备之间信息交换的方式和功能。一体化数字设备与上位计算机之间的通信大多就是通过 RS-232C 标准接口来实现的。

① 接口的机械特性。RS-232C 的标准接插件是 25 针的 D 型连接器。其机械尺寸和外形

如图 8-5 所示。

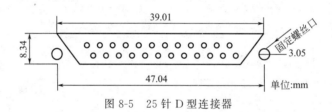

图 8-5　25 针 D 型连接器

尽管 RS-232C 规定的是 25 针连接器，但实际应用中并未将 25 个引脚全部用满，最简单的通信只需 3 根引线，最多的也不过用到 22 根。所以在上位计算机与数字设备的通信中使用的连接器有 25 针的，也有 9 针的，具体采用哪一种，用户可根据实际需要自行配置。

② 接口的电气特性。RS-232C 采用负逻辑，规定逻辑"1"电平在－5～＋15V 范围内。这样在线路上传送的电平可高达±12V，较之小于＋5V 的 TTL 电平来说有更强的抗干扰性能。RS-232C 标准中还规定：最大传送距离为 15m（实际上可达约 30m），最高传送速率为 20Kbit/s。

③ 接口的信号功能。RS-232C 定义了 25 针连接器中的 20 条连线，其中在数字设备与上位计算机连接器中用到的信号线见表 8-2。

表 8-2　RS-232C 引脚的信号定义

引脚	信号	说明
1	保护地	（可以不用）
2	TXD	发送数据
3	RXD	接收数据
4	RTS	请求发送
5	CTS	允许发送
6	DSR	数据装置准备好
7	信号地	信号地
8	DCD	载波检测
20	DTR	数据终端准备好
22	振铃指示	响铃信号

目前机电一体化控制系统大多都有 RS-232C 接口。其 RS-232C 端口规格见表 8-3，可连接与这些规格相符合的设备。

表 8-3　RS-232 C 端口的规格表

引脚	缩写	名称	方向
1	FG	接地	—
2	SD(TXD)	发送数据	输出
3	RD(RXD)	接收数据	输入
4	RS(RTS)	请求发送	输出
5	CS(CTS)	清除发送	输入

续表

引脚	缩写	名称	方向
6	—	不用	—
7	—	不用	—
8	—	不用	—
9	SG	信号地	—
连接器配合	FG	接地	—

（2）RS-422A，RS-423A 与 RS-499，RS-485 接口标准　虽然 RS-232C 是目前广泛应用的串行通信接口，但 RS-232 还存在着一系列不足之处，如传送速率和距离有限，没有规定连接器等，因而产生了不同的 25 针设计方案，这些方案有时还不兼容，每根信号线只有一根导线、两个传送方向，仅有一根信号地线，存在潜在的地线回流问题。为了解决上述问题，EIA 于 1977 年制定了新标准 RS-499。

① RS-499 标准。其特点是支持较高的数据传送速率，支持较远的传送距离，制定了连接器的技术规范，提供了平衡电路改进接口的电气特性。

EIA 的 RS-449 标准定义了 RS-232C 中所没有的 10 种电路功能，规定用 37 脚的连接器，实际上目前广泛使用的 RS-422A 和 RS-423A 是 RS-499 标准的子集。

EIA 推荐的串行通信的主要性能参数见表 8-4。

表 8-4　EIA 推荐的串行通信的主要性能参数

性能 ＼ 接口	EIA RS-232C	EIA RS-423A	EIA RS-422A	单位
操作方式	单端	单端	差分	
最大电缆距离	15	500	1200	m
最大数据速率	20K	300K	10M	bit/s
驱动器输出电压,开路	±25	±6	在输出之间为 6	V(最大)
驱动器输出电压,加载输出	±5～±15	±3.6	在输出之间为 2	V(最大)
驱动器断电输出阻抗	$R_0=300\Omega$	在 ±6V 为 $100\mu A$	在 ±6V 为 $100\mu A$	最小
驱动器输出电路电流	±500	±150	±150	mA
驱动器输出摆动速率	$30V/\mu s$	摆动速率必须基于电缆长度和调制速率进行控制	不必控制	
接收器输入阻抗 R_{ik}	3～7	≥4	≥4	kΩ
接收器输入阈值	±3 之间	±0.2 之间	±0.2 之间	V(最大)
接收器输入电压	±25 之间	±12 之间	±12 之间	V(最大)

② RS-422A 和 RS-485 及其应用。在许多工业环境中，要求用最少的信号线完成通信任务，目前在一体化控制系统局域网中广泛应用的 RS-485 串行接口总线正是在此背景下产生的。它实际上是 RS-422A 的变形，与 RS-422A 不同点在于 RS-422A 为全双工，RS-485 为半双工，RS-422A 采用两对平衡差分信号线，而 RS-485 只需其中的一对。RS-485 对于多站

互联的应用是十分方便的，在点对点远程通信时，可采用 RS-422/485 互联方案，其电气连线如图 8-6 所示。

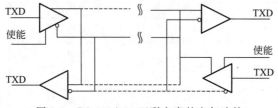

图 8-6　RS-422/485 互联方案的电气连接

以上电路可以构成 RS-422A 串行接口（图 8-6 中虚线连接），也可以构成 RS-485 接口（图 8-6 中实线连接），RS-485 串行口在一体化系统局域网中应用很普遍，西门子 S7 系列 PLC 采用的就是 RS-485 串行口。

应注意的是，由于 RS-485 互联采用半双工通信方式，某个时刻两个站中只有一个站可以发送出去，而另一个站只能接收数据，因此发送电路必须有使能信号加以控制。

RS-485 串行口用于多站互联十分方便，可以节省昂贵的信号线，并且可以远距离传送数据，因此将它们联网构成分布式控制系统十分方便。

（3）RS-232C/422A 转换电路　在工程应用中，有时为把远距离（如数百米）的两台或多台带有 RS-232C 接口的设备连接起来，进行通信或组成分散式系统，这时不能用 RS-232C 串行接口直接连接，但可以采用 RS-232C/422A 转换电路进行连接，即在现有的 RS-232C 串行接口上附加转换电路。两个转换电路之间采用 RS-422A 方式连接。转换电路原理如图 8-7 所示。

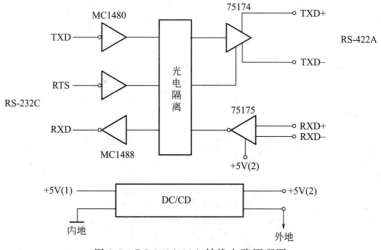

图 8-7　RS-232/422A 转换电路原理图

8.2　机电一体化局域网的组网

将地理位置不同而又具有各自独立功能的多台计算机所构成的机电一体化控制系统，通过通信设备和通信线路相互连接起来，就称为机电一体化控制系统网络。网络中每个数字设备或交换信息的设备称为网络的站或结点。

机电一体化局域网一般地理范围有限，通常在几十米到几千米，数据通信传送速率高，误码率低，网络拓扑结构比较规则，网络控制一般趋于分布式以减少对某个结点的依赖，避免或减少了一个结点故障对整个网络的影响，价格比较低廉。

8.2.1 机电一体化局域网的要素

网络的拓扑结构、介质访问控制、通道利用方式、传送介质，是局域网的四大要素。

（1）网络拓扑结构要素 是指网络中的通信线路和结点间的几何布置，用以表示网络的整体结构外貌，它反映了各个模块间的结构关系，对整个网络的设计、功能、可靠性和成本都有影响。常见的有三种拓扑结构形式。

① 星形拓扑网络是由中央结点为中心与各结点连接组成的，网络中任何两个结点要进行通信，都必须经过中央结点控制，其网络结构如图 8-8(a) 所示。

a. 星形网络的特点是结构简单，便于管理控制，建网容易，线路可用性强，效率高，网络延迟时间短，误码率较低，便于程序集中开发和资源共享，但系统花费大，网络共享能力差，负责通信协调工作的上位计算机负荷大，通信线路利用率不高，且系统对上位计算机的依赖性也很强，一旦上位机发生故障，整个网络通信就得停止。在小系统、通信不频繁的场合可以应用。星形网络常用双绞线作为传送介质。

b. 上位计算机（称主机、监控计算机、中央处理机）通过点到点的方式与各现场处理机（称从机）进行通信，就是一种星形结构。各现场机之间不能直接通信，若要进行相互间数据传送，必须通过作为中央结点的上位计算机协调。

② 环形网络中各个结点通过环路通信接口或适配器连接在一条首尾相连的闭合环形通信线路上，环路上任何结点均可以请求发送信息，请求一旦被批准，便可向环路发送信息。

a. 环形网中的数据主要是单向传送，也可以是双向传送。由于环线是公用的，一个结点发出的信息必须穿越环中所有的环路接口，信息中目的地址与环上某结点地址相符时，数据信息被该结点的环路接口所接收，而后信息继续传向下一环路接口，一直流回发送该信息的环路接口结点为止。环形网络结构如图 8-8(b) 所示。

b. 环形网的特点是结构简单，挂接或摘除结点容易，安装费用低。由于在环形网络中数据信息在网中是沿固定方向流动的，结点间仅有一个通路，大大简化了路径选择控制。某个结点发生故障时，可以自动旁路，系统可靠性高，所以工业上的信息处理和自动化系统常采用环形网络的拓扑结构。但结点过多时，会影响传送效率，全网络响应时间变长。

③ 总线型网络是利用总线把所有的结点连接起来，这些结点共享总线，对总线有同等的访问权。总线型网络结构如图 8-8(c) 所示。

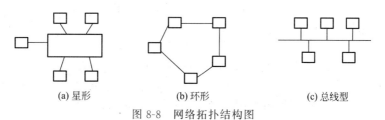

(a) 星形 (b) 环形 (c) 总线型

图 8-8 网络拓扑结构图

a. 总线型网络采用广播方式传送数据，任何一个结点发出的信息经过通信接口（或适配器）后，沿总线向相反的两个方向传送，可以使所有结点接收到，各结点将目的地址是本站站号的信息接收下来。这样无需进行集中控制和路径选择，其结构和通信协议都比较简单。

b. 在总线型网络中，所有结点共享一条通信传送链路，因此同一时刻网络上只允许一个结点发送信息。一旦两个或两个以上结点同时发送信息就会发生冲突。在不使用通信指挥器 HTD 的分散通信控制方式中，常需规定一定的防冲突通信协议。常用的有令牌传送总线网（Token-passing-bus）和带冲突检测的载波监听多址控制协议 CSMA/CD（Carrier Sense Multiple Access with Collision Detection）。

c. 总线型网络结构简单、易于扩充，设备安装和修改费用低，可靠性高，灵活性好，可连接多种不同传送速率、不同数据类型的结点，也易获得较宽的传送频带，网络响应速度快，共享资源能力强，常用同轴电缆或光缆作传送介质，特别适合于一体化控制应用，是工业一体化控制局域网中常用的拓扑结构。

（2）介质访问控制　是指对网络通道占有权的管理和控制。局域网上的信息交换方式有两种：一种是线路交换，即发送结点与接收结点之间有固定的物理通道，且该通道一直保持到通话结束，如电话系统；另一种是分组交换或"包交换"，即把编址数据组从一个转换结点传到另一个转换结点，直到目的站，发送结点的数据和接收结点之间无固定的物理通道，如某结点出现故障，则通过其他通道把数据组送到目的结点。介质访问控制主要有两种方法。

① 令牌传送方式。这种方式对介质访问的控制权是以令牌为标志的。令牌是一组二进制码，网络上的结点按某种规则排序，令牌被依次从一个结点传到下一个结点，只有得到令牌的结点才有权控制和使用网络，已发送完信息或无信息发送的结点将令牌传给下一个结点。在令牌传送网络中，不存在控制站，不存在主从关系。这种控制方式结构简单，便于实现，成本不太高，可在任何一种拓扑结构上实现。但一般常用总线型和环形结构，即"Token Bus"和"Token Ring"。其中尤以"Token Bus"颇受工业界青睐，因为这种结构便于实现集中管理、分散式控制，很适合于工业现场。

② 争用方式。这种方式允许网络中的各结点自由发送信息。但当两个以上的结点同时发送，则会出现线路冲突，故需要做些规定加以约束。目前常用的是 CSMA/CD 规约（以太网规约），即带冲突检测的载波监听多址协议。这种协议要求每个发送结点要"先听后发、边发边听"。即发送前先监听，在监听时，若总线空则可发送，忙则停止发送。发送的过程中还应随时监听，一旦发现线路冲突则停止发送，且已发送的内容全部作废。这种控制方式在轻负载时优点突出，控制分散，效率高。但重负载时冲突增加，则传送效率大大降低。而令牌方式恰恰在重负载时效率高。

（3）通道的利用方式　仍采用基带方式和频带方式。

（4）传送介质　也是采用同轴电缆、双绞线、光缆等。

8.2.2　机电一体化局域网络协议和网络体系结构

一体化系统网络如同计算机网络一样，也是由各种数字设备和终端设备等通过通信线路连接起来的复合系统。在系统中由于数字设备型号、通信线路类型、连接方式、同步方式、通信方式等的不同，给网络各结点间的通信带来了不便。

（1）网络协议　由于不同系列、不同型号的计算机、PLC 通信方式各有差异，造成了通信软件需要依据不同的情况进行开发，这不仅涉及到数据的传输，而且还涉及到一体化系统网络的正常运行，因此在网络系统中，为确保数据通信双方能正确而自动地进行通信，对应通信过程中的各种问题，制定了一整套的约定，这就是网络系统的通信协议。

① 通信协议又称网络通信规程（Protocol），是一组约定的集合，是一套语义和语法的规则，用来规定有关功能部件在通信过程中的操作。

② 通信协议不仅要具备识别和同步的通信功能，还要具备正确传输的保证、错误检测和修正等信息传输功能。

（2）网络体系结构　通常是以高度结构化的方式来设计。一体化控制系统的控制问题是一个复杂的问题，需要将其分解成既相对独立又有一定联系的体系结构，这样就可以将网络系统进行分层，各层执行各自承担的任务，层与层之间设有接口。

① 层次结构的好处是有利于控制系统的智能化、网络化的实现。分层后，每一层都有相对独立的功能，不必关心下一层是如何实现的，只需完成自己所担负的任务，并向上一层提供服务。适应性强，易于实现和维护，易于和其他网络相连。

② 网络体系结构通常可以从网络组织结构、网络配置和网络体系结构三个方面来描述。

a. 网络组织结构指的是从网络的物理实现方面来描述网络的结构。

b. 网络配置指的是从网络的应用来描述网络的布局、硬件、软件等。

c. 网络体系结构是指从功能上来描述网络的结构，至于体系结构中所确定的功能怎样实现，由网络生产厂家来解决。

8.2.3 机电一体化局域网络的参考模型

局域网络为了保证通信的正常运行，除了具有良好、可靠的通信信道外，还需通信各方遵守共同的协议，才能保证高效、可靠的通信。

(1) OSI 层次结构 1979 年国际标准化组织（ISO）提出了开放系统互连参考模型 OSI/RM（Open System Interconnection/Reference Model）。该模型规定了 7 个功能层，每层都使用自己的协议，目的就是使各终端设备、PLC、操作系统各进程之间互相交换信息的过程能逐步实现标准化。凡遵守这一标准的系统之间可以互相连接使用，而不对相应的信息变换和通信加以任何控制。这 7 层协议结构如图 8-9 所示。

① 物理层（Physical）在信道上传送未经处理的信息。该层协议涉及通信双方的机械、电气和连接规程。如接插件型号，每根线的定义，"0"、"1"电平规定，Bit 脉宽，传送方向规定，如何建立初始连接，如何拆除连接等。

② 数据链路层（Data Link）的任务是将可能有差错的物理链路改造成对网络层来说是无差错传送线路。它把输入的数据组成数据帧，并在接收端检验传送的正确性：若正确，则发送确认信息；若不正确，则抛弃该帧，等待发送端超时重发。

图 8-9 网络分层结构图

③ 网络层（Network）也称为分组层。它的任务是使网络中传送分组，规定了分组在网络中是如何传送的。网络层控制网络上信息的切换和路由的选择，因此本层要为数据从源点到终点建立物理和逻辑的连接。

④ 传输层（Transport）的基本功能是从会话层接收数据，把它传到网络层，并保证这些数据正确地到达目的地。该层控制端到端数据的完整性，确保高质量的网络服务，起到网络层和会话层之间的接口作用。

⑤ 会话层（Session）控制一个通信会话进程的建立和结束。该层检查并确定一个正常的通信是否会发生。如果没有发生，该层必须在不丢失数据的情况下恢复会话，或根据在会话不能正常发生的情况下终止会话。

⑥ 表示层用于实现不同信息格式和编码之间的转换。常用的转换方式有正文压缩，即将常用的词用缩写字母或特殊数字编码，消去重复的字符和空白等。提供加密、解密，不同计算机之间文件格式的转换，不相容终端输入、输出格式的转换等。

⑦ 应用层（Application）的内容，要根据对系统的不同要求而定。它规定了在不同情况下所允许的报文集合和对每个报文所采取的动作。这一层负责与其他高级功能通信，如分布式数据库和文件传送。

(2) IEEE 802 参考模型 美国电气电子工程师学会（IEEE）1980 年 2 月提出局域网络

协议草案（即 802 协议），将 OSI 模型的最低两层分为三层，即物理信号层、介质访问层和逻辑链路控制层。它们的对应关系如图 8-10 所示。

① 物理信号层（PS）完成数据的封装/拆装、数据的发送/接收管理的功能，并通过收发器收、发数据信号。

② 介质访问控制层（MAC）支持介质访问，并为逻辑链路控制层提供服务。

③ 逻辑链路控制层（LLC）支持数据链接收功能、数据流控制、命令解释及产生响应等，并规定局域网逻辑链路控制协议（LNLLC）。

（3）802 协议的介质访问技术　802 协议中定义了三种介质访问技术，即 802.3（CSMA/CD）、802.4（Token Bus）和 802.5（Token Ring）。

① IEEE 802.3 规约又称"以太网"规约。这是一种适合于总线局域网的介质访问控制方法，如图 8-11 所示。

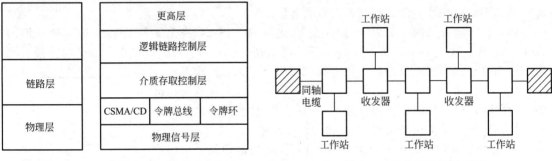

图 8-10　IEEE802 模型和 OSI 模型对应关系　　　　图 8-11　总线局域网示意图

为使总线局域各站点的信息发送和接收不产生相互冲突，必须制定传送控制规程，即载波检测多路访问/冲突检测 CSMA/CD（carrier sense multiple access/collision detect）。该规程下的工作流程如图 8-12 所示。

② IEEE 802.4 令牌总线规约。其内容包括令牌传送总线的介质访问控制方法和物理规范。它的基本特征是在一条物理总线上实现一个逻辑环，如图 8-13 所示。

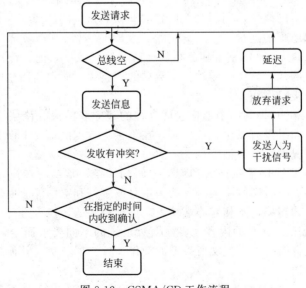

图 8-12　CSMA/CD 工作流程

图 8-13　令牌总线逻辑环

该逻辑环上的结点都有上游结点和下游结点的地址。令牌按规定顺序传递，总线上的结点可以成为逻辑环上的结点，也可以不加入逻辑环。

③ IEEE 802.5 是令牌环规约。内容包括令牌环介质访问控制方法和物理层规范。它的拓扑结构为环形，如图 8-14 所示。

环形拓扑结构是点到点的连接，不像总线结构那样是多点连接，故令牌传递比总线型结构的要简单。其逻辑环是固定的，而总线型的逻辑环是不固定的，故其令牌传递和维护算法比总线型的简单。

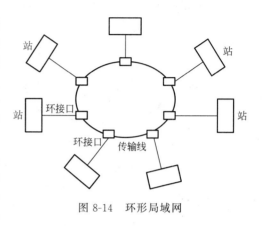

图 8-14　环形局域网

8.3　机电一体化现场总线的组网

在机电一体化系统中，许多设备和装置，如传感器、调节器、变送器、执行器等都是通过信号电缆与计算机、PLC、变频器和触摸屏相连的。当这些装置和设备相距较远、分布较广时，会使电缆线的用量和铺设费用随之大大增加，造成整个项目的投资成本增高、系统连线复杂、可靠性下降、维护工作量增大、系统进一步扩展困难等问题，因此迫切需要一种可靠、快速、能经受工业现场环境、成本低廉的通信总线，将分散的各种设备连接起来，实施对其监控。

8.3.1　机电一体化现场总线概述

现场总线（Field Bus）始于 20 世纪 80 年代，90 年代技术日趋成熟，受到世界各自动化设备制造商和用户的广泛关注。PLC 的生产厂商也将现场总线技术应用于各自的产品之中，构成工业局域网的最底层，使得机电一体化网络系统实现了真正意义上的自动控制领域发展的一个热点，给传统的工业控制技术带来了又一次革命。现场总线技术实际上是实现现场级设备数字化通信的一种工业现场层的网络通信技术，按照国际电工委员会 IEC 61158 的定义，现场总线（Field Bus）是"安装在过程区域的现场设备/仪表与控制室内的自动控制装置/系统之间的一种串行、数字式、多点通信的数据总线。"也就是说，基于现场总线的系统是以单个分散的，数字化、智能化的测量和控制设备作为网络的节点，用总线相连，实现信息的相互交换，使得不同网络、不同现场设备之间可以信息共享，现场设备的各种运行参数状态信息以及故障信息等通过总线传送到远离现场的控制中心，而控制中心又可以将各种控制、维护、组态命令送往相关的设备，从而建立起具有自动控制功能的网络。通常将这种位于网络底层的自动化及信息集成的数字化网络，称之为现场总线（Field Bus）系统。

8.3.2 机电一体化现场总线主要特点

(1) 全数字化通信 传统的现场层设备与控制器之间采用一对一所谓 I/O 接线的方式，I/O 模块接收或送出 4~20mA/1~5 V DC 信号。而采用现场总线技术后只用一条通信电缆，就可以将控制器与现场设备（智能化，具有通信口）连接起来，信号传输是全数字化的，实现了检错、纠错的功能，提高了信号传输的可靠性。

(2) 可以实现彻底的分散性和分布性 采用现场总线控制系统（FCS），它的控制单元全都可以分散到现场，控制器利用路由器实现现场设备的控制，因此 FCS 可以认为是一个彻底的分布式控制系统。

(3) 具有较强的信息集成能力 传统的控制器获取的信息是有限的，采用现场总线后，连接的可以是智能化设备，所以控制器可以从现场获取大量的信息，实现设备状态故障、参数信息的一体化传送。

(4) 节省连接导线，降低安装和维护费用。

(5) 具有互操作性和互换性 传统的自动化系统不开放，系统的软硬件一般只能使用一个厂家的产品，不同厂家、不同产品间缺乏互操作性和互换性。采用现场总线后，可实现互联设备间、系统间的信息传送和沟通，不同生产厂家的性能类似的设备都可以进行互换。

现场总线的分布式系统与其他分布式系统的主要特征比较见表 8-5。

表 8-5　FCS 与其他系统的比较

比较项目	FCS 系统	其他系统
监控能力	强	差
工作可靠性	高	高
实时性	好	中
造价	低	中/高
体系结构与协议的复杂性	较简单	中/复杂
通信速度	中/较高	高
适应工业环境能力	强	弱

8.3.3 国际上主要的现场总线

目前国际上有数十种现场总线，它们各有各的特点，应用的领域和范围也各不相同。现将国际上几种主要的总线列于表 8-6。

表 8-6　主要的总线

现场总线的类型	研发公司	标准	投入市场时间	应用领域	速率/(bit/s)	最大长度	站关数
Profibus	德国 SIEMENS	EN5017O IEC 61158-3	1990 年	工厂自动化 过程自动化 楼宇自动化	9.6K~12M	100km	126
Control Net	美国 Rock Well	SBI. DD241 IEC 61158-2	1997 年	汽车 化工 发电	5M	30km	99

续表

现场总线 的类型	研发公司	标准	投入市 场时间	应用领域	速率 /(bit/s)	最大 长度	站关数
AS-Interfacc	德国 由 11 个公司 联合研发 现已成立 ASI 国际协会	EN 50295	1993 年	过程自动化	168K	100m 可用中 继器加长	31
CAN Bus	德国 Bosch	ISO 11898	1991 年发布 技术规范	汽车制造机器 人液压系统	125K～1M	10km	

8.3.4　机电一体化现场总线国际标准协议和今后的发展趋势

现场总线的国际标准从 1984 年开始着手制定，经过多年各方的共同努力，终于在 1999 年底 IEC 61158 现场总线的国际标准获得正式通过，在该标准中共采用了 8 种类型：

IEC 61158-1　IEC 技术标准
IEC 61158-2　Control Net
IEC 61158-3　Profibus
IEC 61158-4　P-Net

现场总线的发展过程，由于其性价比吸引着众多的自动控制设备制造厂的注意，每一种总线的产生都有一定的应用背景，并与一个或多个公司的利益和发展有关，这就导致了 1999 年 IEC 61158 没有形成一个统一的总线格式的局面，可以预料今后现场总线的发展将多种总线并存，在竞争中相互取长补短。作为自动化领域中的支柱，PLC 也必将越来越多地应用现场总线构成各种现场总线控制系统（FCS）。

8.4　机电一体化的组网链接系统

在机电一体化控制系统中，随着计算机通信网络技术的日益成熟，自动控制系统也从传统的集中式控制向多级分布式控制方向发展，这就要求构成控制系统的 PLC、变频器、触摸屏等数字控制设备必须要有通信及联网的功能，能够与计算机、不同系列不同型号的数字设备以及其他通信接口的不同类的产品，相互连接，远程通信，构成功能更强的网络。下面以 PLC 为典型进行机电一体化的组网链接系统讲述。

8.4.1　上位链接系统

将计算机与控制系统中的 PLC 连接起来，计算机作为上位机，PLC 作为下位机进行通信，就构成了 PLC 网络的上位链接系统（Host link 系统）。

计算机作为上位机，可以提供良好的人机界面，进行全系统的监控和管理。PLC 作为下位机，执行可靠有效的分散控制。在计算机与 PLC、PLC 与 PLC 之间，通过通信网络实现信息的传送和交换。在系统中，一般计算机仅用于编程、参数设定和修改，图形和数据的在线显示，并没有直接参与现场控制，现场上的控制执行者是 PLC，因此，即使是计算机出了故障，也不会影响整个生产过程的正常进行，大大地提高了系统的可靠性。这种控制系统在机电一体化的自动化（FA）、柔性制造系统（FMS）以及计算机集成制造系统（CIMS）中发挥着重要的作用。

上位链接系统的关键是计算机与 PLC 的通信。要实现通信就得解决如何连接和怎样进行通信的问题。

(1) 上位链接系统的构成　上位链接系统是由上位通用计算机（或工业计算机）、PLC 的上位链接模块（Host Link 模块）、LINK 适配器、电缆以及作为下位机的 PLC 构成。其中 Host Link 模块和 Link 适配器对某些型号的 PLC 可省去不用。

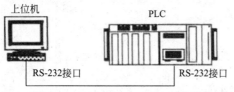

图 8-15　RS-232C（1∶1）连接通信

在 Host link 系统中可以采用两种通信接口：RS-232C 或 RS-422。

① 当 PLC 用自身的 RS-232C 接口时，通常只可与一台计算机进行通信，距离为 15m（即 1∶1 连接通信），如图 8-15 所示。

采用 RS-232C 进行（1∶1）连接时，可选用以下器件：

a. PLC 自带的 RS-232C 口；

b. 上位链接单元；

c. 采用通信板进行连接。

② 当 PLC 使用 RS-422 接口或外设端口时，则需要通过适配器连接，如图 8-16 所示。通常一台计算机可与多台 PLC 进行通信，但最多只能有 32 台 PLC 连接到上位机，通信距离最大可达 500m（即 1∶N 连接通信）。

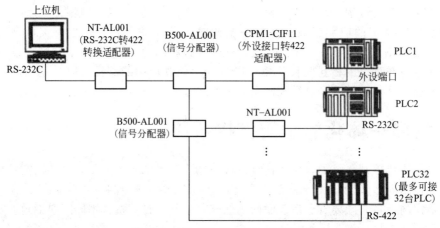

图 8-16　RS-422（1∶N）连接通信

采用 RS-422 进行（1∶N）连接时，可选用以下器件：

a. 使用外设口，则需用外设口转 RS-422 口的适配器，如 CPM1-CIFl1，如图 8-16 所示；

b. 使用 RS-232C 口，则需用 RS-232C 与 RS-422 转换的适配器，如 NT-AL001，如图 8-16 所示；

c. 要分支，则需用信号分配器将一路 RS-422 信号转成两路 RS-422 信号，如 B500-AL001；

d. 若上位机链接模块（如 C200H-LK202）带 RS-422 端口，则可直接连接，也可采用通信板进行连接。

③ 上位机可选用通用计算机或工业控制计算机，这些计算机一般都具有进行串行通信的 RS-232C 接口。常用的 9 芯和 25 芯的 D 型插口如图 8-17 所示。

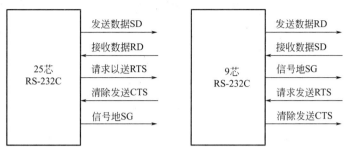

图 8-17　RS-232C 接口的 D 型插头

　　④ LINK 适配器在系统中常用于 Host Link 模块与上位计算机之间的分支连接，或是作为光缆的接口，或是上述功能兼而有之。

　　⑤ 上位链接模块（Host Link 模块）。由于 PLC 与计算机之间采用的是串行通信，而 PLC 和计算机的数据信息是并行传送的，因此要实现 PLC 与计算机的通信就必须要有并行信号和串行信号间的转换以及相应的传送协议。能起这样作用的在计算机方面是 RS-232 串行口，在 PLC 方面就是 PLC 的上位机链接模块。

　　⑥ 电缆。Host Link 模块与上位计算机连接的电缆可以分 RS-232 电缆、RS-422 电缆和光缆。根据实际需要，可以采用上述三种中的一种，也可以混合使用。但应注意以下几点。

　　a. RS-232 型（如 C200H-LK201）模块，可以直接与上位机 RS-232 接口相连，规定最大长度为 15m（实际使用中可达到 30m）。相应的 SD 和 RD 线应交叉连接，如图 8-18 所示。

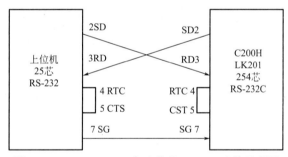

图 8-18　PLC RS-232C 与上位机 RS-232 连接示意图

　　b. RS-422 型（如 C20011-LK202）模块，需通过 LINK 适配器（3G2A9-AL004-E）与上位机 RS-232 接口，最大长度为 500m，如图 8-19 所示。

　　c. 光缆型（如 C200H-LK1-1-P）模块，需要通过 LINK 适配器方能与上位机 RS-232 接

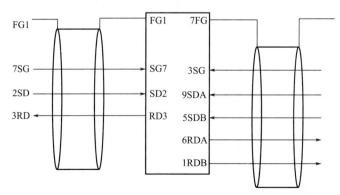

图 8-19　RS-422 通过 LINK 适配器与上位机 RS-232 连接示意图

口连接，其最大长度取决于光缆的类型和 Host Link 模块的实际型号。以"-P"为后缀的型号，若使用 APF（全塑光缆）其光缆长度为 20m；若使用 PCF 光缆（金属包皮的塑料光缆）长度为 200m。没有"-"后缀的型号，使用 PCF 光缆其长度为 800m。

（2）上位链接系统结构　分为使用 RS-232 电缆的"Simple Link"系统、使用光缆的串行"Multiple Link"系统、使用光缆的并行"Multiple Link"系统和使用 RS-232C 及 RS-422 电缆的"Multiple-Link"系统四种结构。

① 在"Simple Link"系统中用 RS-232 电缆将 Host Link 模块直接连到上位机的系统中，一个 Host Link 模块可与一台上位机相连，也就是"Simple Link"，如图 8-20（a）所示，上位计算机与 Host Link 间不需 EV1 适配器。可用于这种系统的 Host Link 模块有如下几种：3G2A5-LK201-EV1、C200H-LK201、C500-LK203 和 3G2A6-LK201、3G2A7-LK201-3V1 等。值得注意的是：Host Link 所在的那个 PLC 可能还有另外一个 Host Link 模块与另外一台上位机相连，这样上位机与 PLC 间需要适配器，如图 8-20(b) 所示。

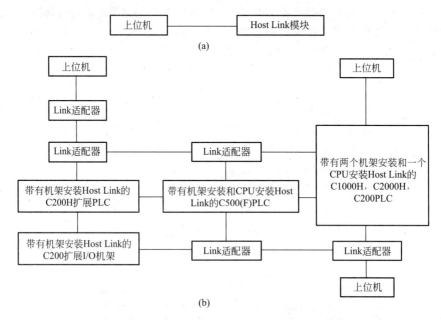

图 8-20　Simple Link 系统（使用 RS-232 电缆）

② 在"Multiple Link"串行系统中使用光缆如图 8-21 所示，图中通过光缆可将多个 Host Link 模块串行地连接起来。然而，如果其中一个模块出现了电源故障或连接故障，则这种串行的连法将导致后继的 Host Link 中模块终止运行［如果使用了诸如 3G2A9-AL002-

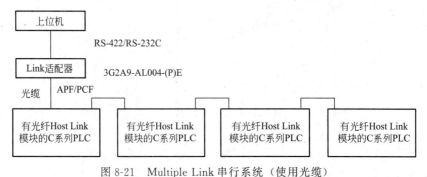

图 8-21　Multiple Link 串行系统（使用光缆）

（P）这样的 Link 适配器，则可防止上述现象的出现。这种 Link 适配器可以跳过不正常连接的 Host Link 模块，从而保证系统的其他部分正常运行]。用于这种系统的 Host Link 有机架安装型 C200H-LK1O1P、3G2A5-LK1O1-（P）EV、C500-LK103（-P）和 CPU 安装型 3G2A6-LK101-（P）EV1。

③ 并行"Multiple Link"系统（使用光缆）如图 8-22 所示。即使是连到一个 Link 适配器分支线上的一个 Host Link 模块出现电源故障，信号仍会传递到其他 Host Link 模块上。

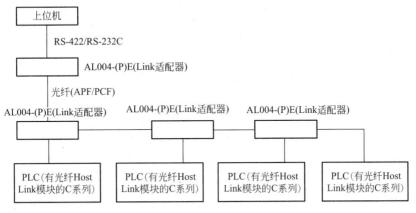

图 8-22　Multiple Link 并行系统（使用光缆）

④ "Multiple-Link"系统（使用 RS-232C 和 RS-422 电缆）如图 8-23 所示。为保证数据的正常传送，从适配器支路到 Host Link 的分支不超过 10m。用于 RS-422 电缆连接的 Host Link 有：机架安装型 C200H-LK202、3G2A5-LK-201-EV1、C500-LK203 和 CPU 安装型 3G2A6-LK202、3G2A7-LK202-EV1。

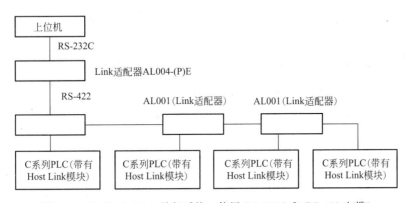

图 8-23　Multiple Link 并行系统（使用 RS-232C 和 RS-422 电缆）

8.4.2　下位链接系统

（1）系统的构成　PLC 与远程 I/O 单元、远程终端或链接单元等部件链接，就可以构成一个用于分散控制的下位链接系统，也称之为 I/O Link 系统。

（2）系统的分类　按照连接分为电缆型和光缆型，按照传输功能再分为远程 I/O 系统、I/O 链接系统、光传输 I/O 系统和混接系统等。

① 电缆型和光缆型。系统间的连接可以通过电缆也可以通过光缆。按照下位链接系统的连接来划分，可以分为电缆下位系统和光缆下位系统，如图 8-24 所示。

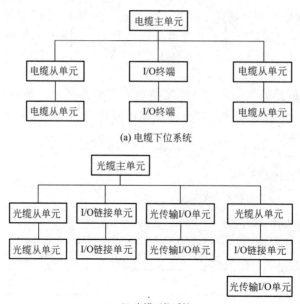

(a) 电缆下位系统

(b) 光缆下位系统

图 8-24　下位链接系统

② 远程 I/O 系统、I/O 链接系统、光传输 I/O 系统和混接系统中根据链接系统的 I/O 单元又分为四类：

a. 由远程 I/O 主单元与远程 I/O 从单元或远程终端构成的远程 I/O 系统；

b. 由远程 I/O 主单元与 I/O 链接单元构成的 I/O 链接系统；

c. 由远程 I/O 主单元与光传送 I/O 单元构成的光传送 I/O 系统。

上述三种类型系统进行混接就构成了混接系统。

(3) 系统介绍　下位链接系统是由远程 I/O 基本系统、I/O 链接系统和光传送 I/O 系统所构成，如果将三者混接，就构成了混接系统。

① 远程 I/O 基本系统的构成如图 8-25 所示。

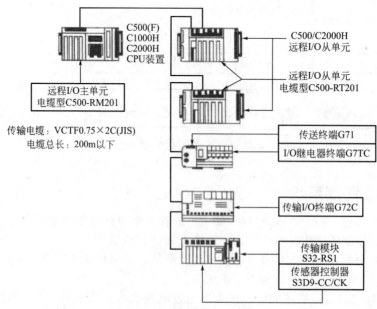

图 8-25　远程 I/O 基本系统（C500-RM201）的构成

② I/O 链接系统通过 I/O 链接单元，可将多台 PLC 机连接到同一个下位链接系统。在多台 PLC 上编程，即通过多台 PLC 的控制，实现大规模分散控制。I/O 链接单元直接与远程 I/O 主单元连接，使数据在下位链接系统中的 PLC 之间进行交换。每台 PLC 根据自己内部的程序及交换得到的数据进行独立控制，通常一台 PLC 控制机电一体化系统中的某生产线或装配线上的一个工序，某一个工序出现故障时不会影响其他工作。

I/O 链接系统不仅可以用光缆直接连接，也可以通过适配器进行连接。使用适配器可以避免传送系统掉电引起的混乱，如图 8-26 所示。

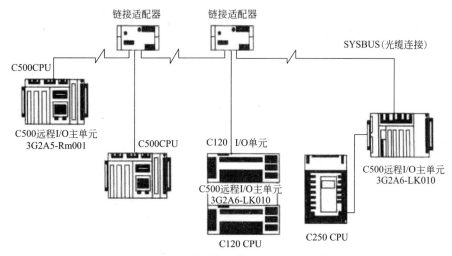

图 8-26　下位链接系统中适配器的连接

③ 光传送 I/O 系统是由远程 I/O 主单元与光传送 I/O 单元连接构成的下位链接系统，是实现分散 I/O 控制的理想系统。当控制地点多而分散，每一地点要控制的 I/O 点数又很有限，此时就适合用光传送 I/O 系统进行集散控制。光传送 I/O 系统的结构如图 8-27 所示。

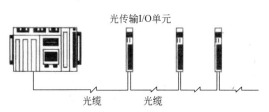

图 8-27　下位链接的光传送 I/O 系统结构

每个光传送单元提供 8 个点的输入输出，一台 PLC 最多可以连接 64 个光传送 I/O 单元，并且在 32 个单元之后要用一个中继器。光传送系统也可以通过适配器连接。

④ 混接系统是由光缆下位链接系统中的远程 I/O 系统、I/O 链接系统、光传送 I/O 系统混接后，构成各种高水平的集散控制系统，如图 8-28 所示。

（4）通道与结束端的设定　在下位链接系统中，每个远程 I/O 主单元可以控制传送终端和传送 I/O 终端，合计可达 32 台（对 C1000H、C2000H 而言）。为使系统能够正常地通信，必须设定远程 I/O 从单元地址，而对传送终端和传送 I/O 终端设定通道号。

① 远程 I/O 从单元的地址设定。远程 I/O 从单元的地址通过从单元上的 DIP 开关进行设置。如 C2000H 的远程 I/O 从单元和其他 SYSMAC 机型连接时，把远程 I/O 从单元的主单元种类设定开关设定在"C2000H 以外（ON）"远程 I/O 从单元设定地址后，远程 I/O 主单元就能够识别安装在远程 I/O 从单元所在扩展机架上的 I/O 单元。安装远程 I/O 主单

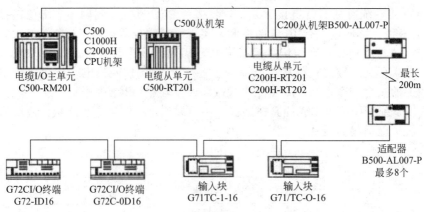

图 8-28 电缆下位链接混合系统

元的 PLC 根据主单元的安装位置及从单元的地址，自动地给扩展机架上的 I/O 单元分配通道号，如图 8-29 所示。

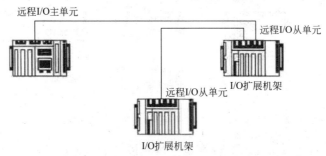

图 8-29 I/O 单元通道分配示意图

② I/O 链接单元与光传送 I/O 单元通道号设定。远程 I/O 主单元连接了 I/O 链接单元或光传送 I/O 单元，如图 8-30 所示。

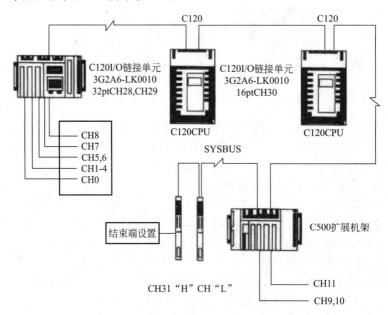

图 8-30 I/O 链接单元与光传送通道分配

小型机的 I/O 链接单元（3G2C7-LK011）占用一个输入通道和一个输出通道，其他的 I/O 链接单元 [3G2A5-LK010-(P)E 或 3G2A6-LK010-(P)E] 可以是 16 点的或 32 点的，通过 I/O 链接单元背面的四路 DIP 开关可以选不同 I/O 点数，如图 8-31 所示。

I/O 链接单元和光传送单元地址也是通过各自单元上的 6 位 DIP 开关进行设置，如图 8-32 所示。若链接单元是 32 点的，将占用两个连续通道，在 DIP 开关上设置第一个通道号。

设置图示	功能
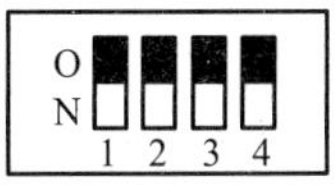	16点输入
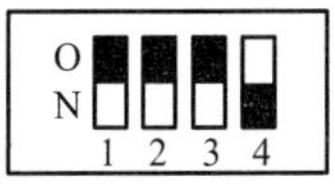	16点输出
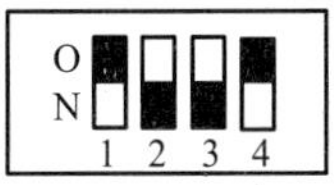	16点输入 16点输出
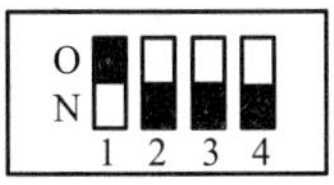	32点输出

图 8-31 I/O 链接单元 DIP 开关的 I/O 点数设置

设置图示	功能
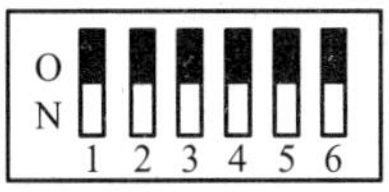	CH0 非结束端
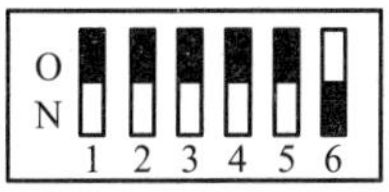	CH0 结束端
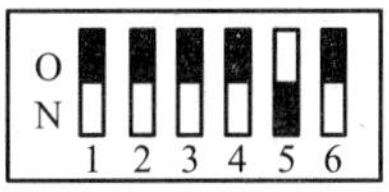	CH1 非结束端
	CH1 结束端
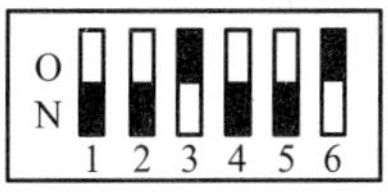	CH27 非结束端
	CH28 结束端

注：在ON位的值加权后加起来即为通道号

图 8-32 I/O 链接单元 DIP 开关设置地址及结束端

每个光传送 I/O 单元占用一个通道的 8 位，可以是输入也可以是输出，根据型号而定。两个同位输入或同位输出的光传送 I/O 单元设置在同一个通道。

当系统中接有中继器时，中继器后面的 I/O 链接单元、光传送 I/O 单元的地址仍设置为 00～31，但它们的实际地址应为 32＋设置值。

③ 结束端的设定。接通电源后，远程 I/O 单元首先检查是否有 I/O 链接单元，远程 I/O 从单元或光传送单元被设置为结束端，如果有结束端，主单元确认那些连接到 SYSBUS 上的 I/O 单元。主单元与这些 I/O 单元之间可以进行数据传送，而那些没有连接到 SYSBUS 上或电源未接通的 I/O 单元将被主单元忽略。为保证系统完整，最好将最远处的 I/O 链接单元、远程 I/O 从单元或光传送单元作为结束端。

若将远程 I/O 从单元或 I/O 链接单元设置为结束端，通过各自的 6 位 DIP 开关的第 6 位进行设置。而光传送 I/O 单元的结束端设置是通过将 I/O 单元外部接线 1 和 0 短接来完成的。

（5）下位链接系统的操作步骤

① 确认与 CPU 相连的最后一个单元通道号。

② 设置远程 I/O 从单元的地址，设置 I/O 链接单元及光传送 I/O 单元的地址，使之不与已占用的通道号重叠，并且不超过主单元 PLC 最大点数。

③ 远程 I/O 从单元（型号-RT002）、I/O 链接单元和光传送 I/O 单元上都有两个光纤插座，远程 I/O 主单元可以接其中任何一个。

④ 将连接到 SYSBUS 上的最后一个单元设置为结束端，并检查是否是唯一的结束端。

⑤ 接通系统电源。

⑥ 当远程 I/O 主单元上的"END-RS"指示灯熄灭后，用编程器完成 I/O 表登记。

⑦ 检查新安装的远程 I/O 从单元、I/O 链接单元和光传送单元是否登记正确。

完成上述各步操作任务之后，就可以对 PLC 编程，使下位连接系统运行。

（6）数据传送 在下位链接系统中，光传送 I/O 单元、I/O 链接单元及装有远程 I/O 从单元的扩展 I/O 机架上的 I/O 单元，相对于主单元 PLC 都有各自的地址，主单元 PLC 对待 CPU 机架上的 I/O 单元，一样可直接通过这些 I/O 单元输入或输出数据。

8.4.3　同位链接系统

同位链接系统是通过 PLC 链接单元将 PLC 连接起来而构成的，它在 LR 数据区建立公共数据区，用来在同位链接系统中的所有 PLC 之间传送数据。

（1）系统的特点 数据传送不需要占用 I/O 位，不减少系统 I/O 点数，适用于大规模控制的场合。同位链接系统中数据传送的位数不像下位链接系统中最大为 32 位，它可以超过 32 位。同位链接系统能够实现多级自动化，一台 PLC 可以有四级子系统，每个子系统最多可连接 32 台 PLC，数据很容易地在各个子系统间传送。

在系统中 PLC 的链接是通过 PLC 链接单元及适配器来实现的。链接单元的作用是周期性地把写入 PLC LR 区的数据（每个 PLC 指定一部分 LR 区作为写入区，各 PLC 互不重复）传送给其他 PLC 的 LR 区。这样若别的 PLC 要用这个数据，可读它自己的 LR 中相应地址的内容；若要传数据给别的 PLC，就向它自己的 LR 区相应的地址（指定供其写用的地址）写入数据。于是 PLC 链接系统中的各 PLC 间的通信就可以实现了。

PLC 链接与 I/O 链接相比有以下特点：

① 它不需要 I/O 点，故用它后，不减少可利用的 I/O 点数（对 C200H 有一定影响，因链接单元为机架安装，要占 I/O 槽位 C1000H/C2000H，通道分配为自由定位方式，故不受影响）；

② 传送数据量大（可为整个 LR 区），比 I/O 链接要大得多；

③ I/O 链接通信只能在上位机间进行（下位机间通信要靠上位机转换），而 PLC 链接不分上下位机，只要同处于一个系统，就可在多台 PLC 间进行。

（2）系统的构成 PLC 链接系统根据连接的方式可分为单级系统和多级系统两类。

① 单级系统。有单链和多链之分。

a. 单链系统是由两个 PLC 链接，这是最简单的 PLC 链接。若两个 PLC 不需要长距离通信，用 RS-485 标准电缆分别与两个 PLC 链接单元 RS-485 口相连即可。若两个 PLC 距离较远，也可再经过两个光电转换适配器，分别进行光电/电光转换，中间用光缆传信号，即可达到较远距离通信的目的。

b. 多链系统（Multilink System），为多个 PLC 间的链接，如图 8-33 所示。该系统 PLC 间的链接需要 4 个 PLC 链接单元、2 个链接适配器。使用链接适配器的目的是建立分支，以使在两个 PLC 相连后还可接一个 PLC。

② 多级系统（Multilevel System）。因为一台 PLC 最多可以安装两个 PLC 链接单元，如果在一个 PLC 链接系统中，有一台 PLC 具有两个 PLC 链接单元，那么整个系统就是多级系统。

a. 多级系统是由若干个子系统构成的，在子系统中，安装有两个 PLC 链接单元的 PLC

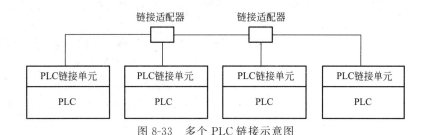

图 8-33　多个 PLC 链接示意图

为牵头 PLC（polling）或称数据传送 PLC，其他的为被联系（polled）。这时牵头的与被联系的不是上、下位机的关系。由于牵头 PLC 上安有两个 PLC 链接单元，分属两个子系统，因而给牵头的 PLC 增加了一个任务，那就是要用程序进行两个子系统间的数据交换。

b. 在链接系统中仅有一个牵头 PLC 的系统有两个子系统，即两级系统。若有两个牵头的，则有 3 个子系统，为三级系统；3 个牵头的，则有 4 个子系统，为四级系统。

c. 多级系统主要靠牵头 PLC 实现子系统间的数据传送。牵头的 PLC 中，有一个链接单元应设置为 0（即轮询单元），作为它所联系的 PLC 的头。图 8-34 所示的为四级系统，因为它有 3 个牵头 PLC。

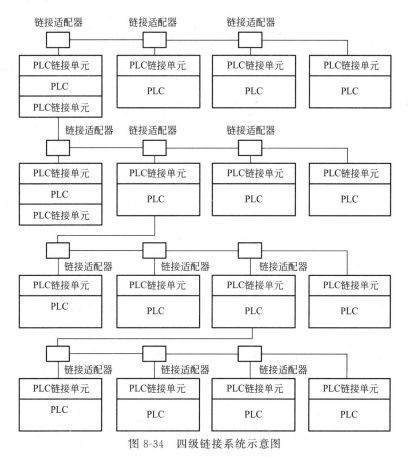

图 8-34　四级链接系统示意图

d. 子系统要设定级号，级号只能定为 0 或 1，编级号的目的是划分 LR 区的使用。

e. PLC 链接系统中，PLC 间的连接可以是电缆也可以是光缆。对于电缆连接的 PLC 链接系统，连接适配器与 PLC 的支路电缆长应小于 10m，链接系统电缆的总长度应小于 500m

（使用 RS-485 或 RS-422），以保证系统安全可靠。对于光缆连接的 PLC 链接系统，系统总长度不受限制。

（3）系统 PLC 链接单元的最大配置 PLC 链接系统可连接的 PLC 总数受到 PLC 可传送的点数限制，即它可由系统的级数、PLC 的型号及 PLC 链接单元设置的模式三个因素决定。系统配置是有一定限制的，级数一般不多于 4 级，PLC 的个数也是有限制的。如 C200H 用 LK401 链接时，多级配置只能接 16 个 PLC，单级时可达 32 个。这个限制主要来自 LR 区的容量。

（4）LR 区数据 PLC 链接系统使用 LR 区交换数据，在同一个 PLC 链接子系统或单级系统中，所有 LR 区内容是保持一致的。为此，在一个子系统中 LR 区按照链接单元上开关设置，划分给了多个子系统所属的所有 PLC，并且每台 PLC 只将数据写到所分配给它的 LR 区。当 PLC 写入到其数据区时，在 PLC 链接子系统中所有其他的 PLC 的 LR 区里的数据在下一个轮周期里被更新，然后其他的 PLC 才能读到该数据，并用它与写入数据的那台 PLC 协调动作。因此每一台 PLC 把数据写到它的"写入区"，并从由同一子系统里的所有其他的 PLC 链接单元写入的"写入区"里读出数据。任何影响 LR 区内容的动作，都会在所有 PLC 的 LR 区里得到反映。

一个单级系统的数据传送如图 8-35 所示。图中箭头表示数据在 PLC 链接系统的流向。

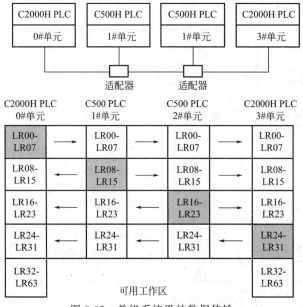

图 8-35 单级系统里的数据传输

"写入区"是由该链接单元写入的区，"读出区"是由该单元读出的区（即由另外的单元写入的）。LR 区所有未用部分可以用作编程工作位。

每个 PLC 链接单元所分配的单元编号，决定了 LR 区某个部分分配给它。这些单元编号也决定了每个 PLC 链接单元是轮询单元（0 号单元），还是被查询单元（非 0 号单元）。当为 0 号时，PLC 链接单元设置好所能用的 LR 位总数，并为每个 PLC 链接单元分配好单元号，那么 LR 区就自动地被分配给每个 PLC 链接单元。

在多级系统里，所有 PLC 的 LR 区被分成两半，其中一半被分配给其中一个子系统。不管它实际上是否存在两个子系统都是这样的，也就是一个 PLC 链接单元装入一个多级系统，那么它就只能使用它的一半 LR 区。

处在两个子系统中的牵头 PLC（数据传送 PLC）含有来自两个子系统的所有 LR 区数据，并且具有分配给它的"写入数据区"。而仅带一个 PLC 链接单元的任何 PLC 只含有来自该子系统里的 LR 区数据。那么牵头 PLC 的 LR 区通过对数据传送编程，使它在 LR 区上半部和下半部之间移动数据，实现两个子系统之间的数据交换。

（5）LR 区的划分 要实现链接通信，必须在 LR 区中给系统每个 PLC 分配一个写数区。这个区要多大？在哪里？这就是 LR 区的划分。

①为了进行 LR 区的划分，首先必须知道与 PLC 连接系统有关的继电器，PLC 链接系统所涉及的继电器见表 8-7。

表 8-7　与链接系统有关的继电器区

型号继电器区　　　　PLC	C1000H、C2000H	C250、C500、C500F
PLC 链接继电器区 LR	LR0000-LR6315（1024 个点）	LR0000-LR3115（512 个点）
错误监控继电器区	24708-24715 24808-24815 24908-24915 25008-25015	5808-5815 6208-6215
运行监控继电器区	24700-24707 24800-24807 24900-24907 25000-25007	5800-5807 6200-6207

② 划分的基本原则主要有 5 条。

a. 划为链接使用的 LR 区的范围应为系统中各 PLC 都能接受。这对用相同型号的 PLC 链接没问题。当型号不同的 PLC 链接时，如 C500 机，其 LR 区才 32 字，而 C1000H 定为 64 字，C500 就不能接受。故在这种系统中，链接使用 LR 区只有 32 字，如图 8-36 所示。

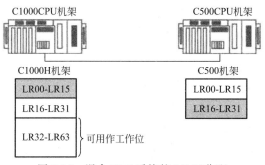

图 8-36　混合 PLC 系统的 LR 区分配

b. LR 区要充分利用。对 C500、C1000，若用于链接的 LR 小于 32B，如 16B，C500、CI000H 都能接受，若未能充分利用，限制了数据交换量，自然不可取。

c. 各 PLC 等分链接 LR 区。这与系统的设定方式有关。不等分自然也可以，但互相要能识别。

d. 在多级系统中，链接用的 LR 区分为两区，0 级子系统用上半区，1 级子系统用下半区。

e. 各子系统中的所有 PLC 都有编号，牵头 PLC 指定为 0 号，其他依次增加，次序不受限制。这个号与 LR 的写数区对应。

③ LR区分区表。PLC链接单元能够在每台PLC之间传送2～32个通道（32～512点）信息。LR区的划分是根据链接单元及系统级数确定的。下面分别给出几种PLC的LR区划分表。

a. 单级系统。单级系统中C2000、C1000、C200在PLC的LR区划分，见表8-8。

表8-8 单级系统中C2000、C1000、C200在PLC的LR区划分

通道	LR位/单元	17~32 32(2B)	9~16 64(4B)	5~8 128(8B)	3~4 256(16B)	2 512(32B)
0	1	#0单元	#0单元	#0单元	#0单元	#0单元
2	3	#1单元				
4	5	#2单元	#1单元			
6	7	#3单元				
8	9	#4单元	#2单元	#1单元		
10	11	#5单元				
12	13	#6单元	#3单元			
14	15	#7单元				
16	17	#8单元	#4单元	#2单元	#1单元	
18	19	#9单元				
20	21	#10单元	#5单元			
22	23	#11单元				
24	25	#12单元	#6单元	#3单元		
26	27	#13单元				
28	29	#14单元	#7单元			
30	31	#15单元				
32	33	#16单元	#8单元	#4单元	#2单元	#1单元
34	35	#17单元				
36	37	#18单元	#9单元			
38	39	#19单元				
40	41	#20单元	#10单元	#5单元		
42	43	#21单元				
44	45	#22单元	#11单元			
46	47	#23单元				
48	49	#24单元	#12单元	#6单元	#3单元	
50	51	#25单元				
52	53	#26单元	#13单元			
54	55	#27单元				
56	57	#28单元	#14单元	#7单元		
58	59	#29单元				
60	61	#30单元	#15单元			
62	63	#31单元				

若用 LK003-E 或用 LK003 方式下的 LK009-E-(V1)，见表 8-9。

表 8-9 用 LK003-E 或用 LK003 方式下的 LKOO9-E-(V1)

通道	LR 位/单元	5～8 32(2B)	5～8 64(4B)	3 或 4 128(8B)	2 256(16B)
0	1	♯0 单元	♯0 单元	♯0 单元	♯0 单元
2	3	♯1 单元			
4	5	♯2 单元	♯1 单元		
6	7	♯3 单元			
8	9	♯4 单元	♯2 单元	♯1 单元	
10	11	♯5 单元			
12	13	♯6 单元	♯3 单元		
14	15	♯7 单元			
16	17		♯4 单元	♯2 单元	
18	19				
20	21		♯5 单元		
22	23	可用作工作位			♯1 单元
24	25		♯6 单元		
26	27			♯3 单元	
28	29		♯7 单元		
30	31				

b. 多级系统。当多级 PLC 链接系统的一个系统中有 C250、C500、C5OOF 时，LR 区的划分见表 8-10。

表 8-10 LR 区划分

LR 区的划分	通道	单元 序号	5～8	3 或 4	2
第 0 级 LR 区划分	0	1	♯0 单元	♯0 单元	♯0 单元
	2	3	♯1 单元		
	4	5	♯2 单元	♯1 单元	
	6	7	♯3 单元		
	8	9	♯4 单元	♯2 单元	♯1 单元
	10	11	♯5 单元		
	12	13	♯6 单元	♯3 单元	
	14	15	♯7 单元		

续表

LR区的划分　序号／单元／通道		5~8	3或4	2
第1级LR区划分	16　17	#0单元	#1单元	#0单元
	18　19	#1单元		
	20　21	#2单元	#2单元	
	22　23	#3单元		
	24　25	#4单元	#3单元	#1单元
	26　27	#5单元		
	28　29	#6单元	#4单元	
	30　31	#7单元		

当多级 PLC 链接系统的一个子系统中的所有 PLC 都是 C2000H、C1000H 或 C200H，则再在每一级子系统中对部分 LR 区进行划分。

由 LR 区划分表可以看出：单级系统可以在整个 LR 区划分，将每一部分分配给系统中的一个 PLC。多级系统中的 LR 区总是先分成两部分，前一部分属于 0 级，后一部分属于 1 级，其后再在每一级子系统中对每部分 LR 区进行划分。

8.4.4　SYSMAC 网络链接系统

（1）SYSMAC 网络链接系统的特点　SYSMAC 网络链接系统是通过网络链接单元、网络服务板（NSB）和网络服务单元（NSU）连接 PLC 和计算机所构成的高速局域网系统。它具有操作简单、响应速度快的特点，双回路、传送试验、回路结构等功能使它可靠性高、适用性强。

这种系统与 PLC 链接系统主要不同之处如下。

① 不仅使用 LR 区作为链接，还可使用 DM 作为链接。使用区的大小，编号由 SYSMAC 链接单元（简称 SLK）开关设定，或由编程设定。后者的写数据区可按情况分配。由于链接的区域增大，可交换的数据也就多了。如 C1000H 组成的系统，交换数字可达 2966。

② 数据传送的速率可高达 2Mbit/s，比 PLC 链接系统仅 128Kbit/s 的波特率要高得多。

③ 数据传送开始、停止及传送间隔可用工厂智能终端（FIT）设定，较为灵活。

④ 还可使用 NETWORK READ 和 NETWORK WRITE 的指令与 SYSMAC 链接单元间交换数据，这类指令作为程序的一部分驻留在有关 PLC 用户存储器中。

⑤ 用 FIT 可实现远程编程及监控。在任一 PLC 上，安装 FIT，对同一级（LEVEL）或同一子系统的 PLC 在线编程及对其监控。

⑥ 高可靠性。出错或出故障时，牵头 PLC 可自动接替补单元而不用停止系统的工作。还有点与点之间的测试功能，可保证系统的高可靠性。

系统配置与 PLC 链接系统类似，不同的是，这里的牵头 PLC 要起控制数据传送的作用。它接受有关命令，可控制数据传送的启、停。

CV500 PLC 仅有 SYSMAC 链接单元，只能组成 SYSMAC 链接系统。由它组成的系统用光缆传送时最长可达 10km，用电缆可达 1km。

在 OMRON 公司提供的几类系统中以 SYSYMAC 网络链接系统综合能力最强。它是环形局域网，可把其他几个系统连接成它的子系统，并以此组成更大的网络。也还可以与计算机集成制造系统（CIMS）连接，以形成更强的控制与管理工厂生产过程的能力。

（2）SYSMAC 网络链接系统构成 SYSMAC 网络链接系统由一个线路服务器及最多126 个结点（带有网络链接单元的 PLC 或 NSB、NSU）组成，系统用两根光缆连接。

系统任何两个结点之间可以进行通信。线路服务器的作用就是控制网络链接系统的通信。SYSMAC 网络链接系统由以下部件构成。

① IBM PC/AT 或兼容机，它通过上位单元与 PLC 网络相连，用以编程，并在网络上建立节点。

② 网络服务板（NET WORK SERVERCE BOARD NSB）。它是一种接口，用于把网络与 IBM PC/AT 或兼容机相连，NSB 插在计算机的扩展槽中，再用光缆把 NSB 与邻近点相连。

③ 网络服务单元（NET WORK SERVERCE UNIT NSU）。它也是一种接口，用于网络与上位计算机（比 IBM PC/AT 档次更高）相连。这个上位机是整个网络的上位机。NSU除了可作为上位机与网络链接系统的接口外，还可作为 PLC 或 ASCII 单元等与网络链接系统的接口。

④ 线路服务器（LINE SERVER）。用以网络的通信管理，由它给网络上的各结点允许发起通信的信号——令牌（Token）。

⑤ 网络链接单元，作为 PLC 与网络的接口。

⑥ 桥（Bridge 或称桥连接器），用以连接两个 SYSMAC 网络，网络中可含有 SYSMACLINK 及 SYSNAC BUS1/2，并用桥对两个 SYSMAC NET 网络也进行链接，进而组成庞大的工厂自动化控制系统。

⑦ 主电源。用以运行光缆传送线路的工作。

SYSMAC 网络结构如图 8-37 所示。

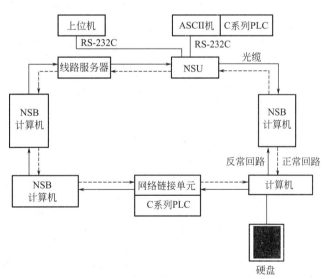

图 8-37　SYSMAC 网络结构图

网络链接系统有两个回路，分别是正常回路和反向回路。无论何时，只要正常回路出现故障，不能传送数据，系统则自动使用反向回路，从而保证系统能继续工作，提高了系统的可靠性。

网络链接系统中的结点之间最大距离可以达到 1km，如果使用中继器则可达 3km。两个或多个网络连接在一起，可以构成更高级的控制系统，如图 8-38 所示。

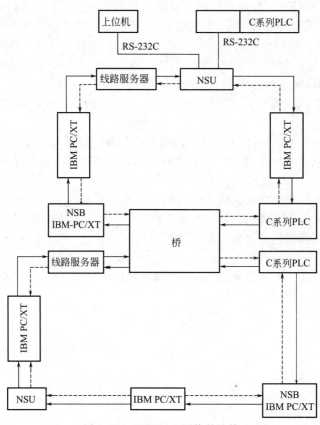

图 8-38   SYSMAC 网络的连接

每两个 SYSMAC 网络链接系统间需要一个桥接器，每个系统中最多包含 20 个桥连接器，即它最多只能与 20 个其他的网络连接，桥连接也属于系统中的一个结点。

（3）常用的网络装置   常用的网络装置见表 8-11。

表 8-11   常用的网络装置

网络装置	型号
线路服务器	S3200-LSU03-01E
NSU	S3200-NSUA1-00E
NSB（用于 IBM AT）	S3200-NSB11-E
桥连接器	S3200-NSUG4-00E
SYSMAC 网络链接单元	C500-SNT31-V3

（4）数据传送   SYSMAC 网络链接系统的拓扑结构为环形，介质访问控制采用令牌方式而不是争用方式。令牌（TOKEN RING）是二进制码。网络上的结点是按照某种规则排序的，令牌依次从一个节点传到下一个结点。当一个节点检测到令牌空，才可与其他结点进行通信。通信时先置令牌忙，待通信完成后，再置令牌空，为别的结点使用令牌进行通信提供机会。数据交换有两种方法。

① Dadagram，即由需通信的节点执行网络通信指令，如图 8-39 所示。

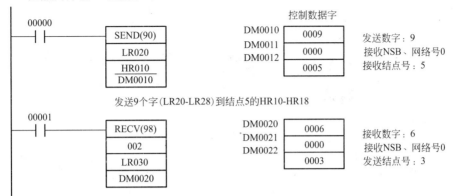

在结点号为1的PLC上编程：

发送9个字(LR20-LR28)到结点5的HR10-HR18

发送9个字(LR20-LR28)到节点5的HR10-HR18

注：SEND(90)：网络发送指令
RECV(98)：网络接收指令

(a)

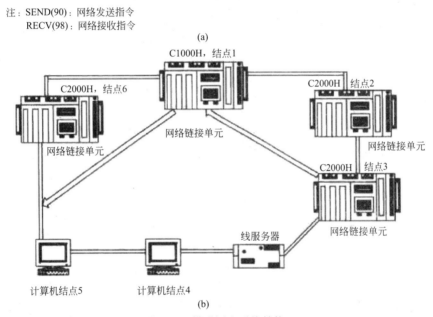

(b)

图 8-39 梯形图和系统结构

SEND(90)/RECV(98)［对 CV 系列机为 SEND(192)/RECV(193)及 CMNDC(194)］发起通信与指定结点进行通信。无需通信对象运行程序，但完成通信后，通信对象应返回相应的应答信号。CV 系列机用于与 C 系列机通信时（同组在一个环网内），CV 机置 C 模式。仅用 CV 系列时置 CV 模式，后一种通信能力更强。不仅网内，而且远隔两个环网间的节点也可用这种方式进行直接通信。

② 可以进行网络系统中的数据链接，如图 8-40 所示。

在 SYSMAC 网络链接系统中可以将 PLC 分组，在每组内部建立公共数据区，用于组内 PLC 之间进行数据连接。一个系统中最多可有 4 个 PLC 组，每组内最多可有 32 台 PLC，但系统内 PLC 总数不超过 126。数据链接区不仅可为 LR 区还可以是 DM 区，或者两者都用。这由 SYSMAC NET LINK 单元 DIP 开关设定，也可用图形编程器在 IR、HR 和 DM 设链接区，但要对每一个链接的节点建立链接表。数据连接使数据交换十分方便，简化了系统设计。

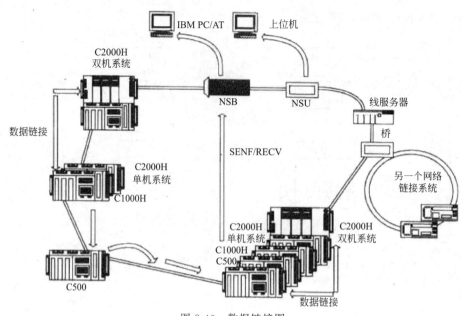

图 8-40　数据链接图

思 考 题

1. 在机电一体化控制系统的组网连接中，组网控制数据的传输方式有哪些？各自有何特点？

2. 在机电一体化控制系统的组网连接中，组网控制线路的通信方式有哪些？各自有何特点？

3. 在机电一体化控制系统的组网连接中，如何确定组网控制传输速率？

4. 在机电一体化控制系统的组网连接中，如何组成组网差错控制？

5. 在机电一体化控制系统的组网连接中，组网串行通信接口标准是什么？

6. 机电一体化局域网的要素是什么？

7. 举例说明机电一体化局域网络协议和网络体系结构。

8. 分析机电一体化局域网络参考模型的功能。

9. 机电一体化现场总线主要特点有哪些？它与局域网在应用中有何区别？

10. 在机电一体化的组网链接系统中，上位链接系统如何形成？如何工作？

11. 在机电一体化的组网链接系统中，下位链接系统如何形成？如何工作？

12. 在机电一体化的组网链接系统中，同位链接系统如何形成？如何工作？

13. 机电一体化的 SYSMAC 网络连接系统如何工作？

第 **9** 章
机器人控制技术

机器人控制技术是在控制工程、计算机应用、人工智能和机构学等多学科的基础上发展起来的一项综合性技术，这项技术高度集成了机电一体化控制技术的核心，已经逐渐形成一门新兴的"机器人"学科。

研制机器人的目的在于为人类服务，在社会生产和科学实验等活动中，可以将那些单调、繁重以及对健康有害、对生命有危险的劳动（如水下深处、宇宙空间、瓦斯污染的矿井、原子能辐射等场所的作业）交给机器人去完成，借以改善人们的工作条件。

机器人是以多品种、小批量自动化生产为服务对象，在柔性制造系统（FMS）、计算机集成制造系统（CIMS）和其他机电一体化的系统中得到广泛应用。

9.1 机器人的构成、运动与分类

9.1.1 机器人的构成

如图 9-1 所示，单个机器人系统一般由操作机、驱动单元、控制装置和为使机器人进行作业而要求的外部设备组成。机器人的控制框图如图 9-2 所示，主要是由操作机、驱动单元、控制系统和人工智能系统构成。

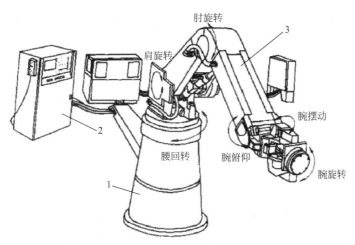

图 9-1 机器人系统的组成

1—机座；2—控制装置；3—操作机

（1）操作机（又称执行系统） 操作机是机器人完成作业的实体，具有和人手臂相似的动作功能，是可在空间抓放物体或进行其他操作的机械装置，通常由下列部分构成。

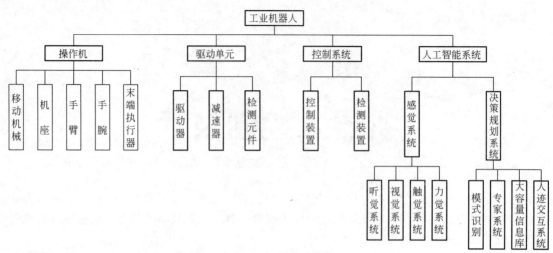

图 9-2　机器人组成框图

① 末端执行器（又称手部）。是操作机直接执行工作的装置，并可设置夹持器、工具、传感器等，是工业机器人直接与工作对象接触以完成作业的机构。

② 手腕。是支承和调整末端执行器姿态的部件，主要用来确定和改变末端执行器的方位和扩大手臂的动作范围，一般具有 2～3 个回转自由度以调整末端执行器的姿态。有些专用机器人可以没有手腕而直接将末端执行器安装在手臂的端部。

③ 手臂。由操作机的动力关节和连接杆件等构成，是用于支承和调整手腕和末端执行器位置的部件。手臂有时不止一条，而且每条手臂也不一定只有一节（如关节型），有时还应包括肘和肩的关节，因而扩大了末端执行器姿态的变化范围和运动范围。

④ 机座。有时称为立柱，是工业机器人机构中相对固定并承受相应力的基础部件。可分固定式和移动式两类，移动式机座下部安装了移动机构，可以扩大机器人的活动范围。

（2）驱动单元　机器人的驱动单元由驱动器、减速器、检测元件等组成，是为操作机各部件提供动力和运动的装置。驱动器是将电能或流体能等转换成机械能的动力装置，通常是电动机、液压或气动装置。驱动不同，传动装置也有所不同。

（3）控制装置　控制装置是由人对机器人的启动、停机及示教进行操作的一种装置，它指挥机器人按规定的要求动作。控制装置包括检测（如传感器）和控制（如计算机）两部分，可用来控制驱动单元，检测其运动参数是否符合规定要求，并进行反馈控制，这就是闭环控制。

（4）人工智能系统　对于智能机器人，还应有人工智能系统。它主要由两部分组成：一部分为感觉系统（硬件），主要靠各类传感器来实现其感觉功能；另一部分为决策、规划智能系统（软件），包括逻辑判断、模式识别、大容量数据库和规划操作程序等功能。

在实际使用的机器人中，不一定要具备上面所提到的功能中的全部装置，但一般工业生产中实用的工业机器人，至少应具有操作机、驱动单元和控制装置中的大部分内容。

9.1.2　机器人的运动系统

为了用简洁的线条和符号来表达机器人的各种运动及结构特征，在国标 GB/T 12643—90 中规定了机器人各种运动功能的图形符号，如表 9-1 所示，利用这些代表性符号，可以简便地绘制出机器人机构的简图。机器人的运动，主要是机器人的自由度、工作空间和机械结构类型三个方面。

表 9-1 机器人运动功能图形符号

名称	图形符号		工业机械人结构简图
	正视	侧视	
移动副			
回转副			
螺旋副			直角坐标型　　圆柱坐标型
球面副		—	
末端执行器		—	球坐标型　　关节型
机座		—	

（1）机器人的运动自由度　机器人的运动自由度是指确定一个机器人操作机位置时所需的独立运动参数的数目，是表示机器人动作灵活程度的参数。机器人实现操作功能的操作机，其运动是由各连接杆件的运动复合而成的。各连接杆件在三维空间运动，故属于空间机构。由于驱动和结构上的原因，在大多数情况下，其运动副实际上只用回转副（Rotary Vice）、移动副（Mobile deputy）、螺旋副（Screw pair）及球面副（Spherical pair）四种。由若干个连接杆件和运动副（关节）组合而成的机器人机构，是一多自由度的空间开式运动链型机构。

由空间机构的分析可知，一个做空间运动的自由杆件具有 6 个自由度（3 个独立的移动和 3 个独立的回转）。当两杆件组成运动副后，即引入了约束条件，回转副、移动副和螺旋副的约束条件都是 5 个，所以它们都只有一个独立运动（自由度）。因此，也可以说机器人的运动自由度数就是机器人能独立运动（回转和移动）的关节数目。

一般固定程序的机械手，动作比较简单，自由度也比较少。机器人自由度越多，动作的灵活性和通用性就越好，有些高级的智能型机器人的自由度超过 6 个。机器人操作机的自由度数应与原动件数相等。自由度越多，结构和控制就越复杂。在计算机器人的自由度时，末端执行器或夹持器的动作是不计入的，因为这个动作并不改变工件（或工具）的位置和姿态。

（2）机器人的工作空间和机械结构类型　工作空间是指机器人正常运行时，手腕参考点能在空间活动的最大范围，是机器人的主要技术参数。机器人所具有的自由度数目，因选用的运动关节的类型及配置的不同，其工作空间的形状亦不同。而每个运动关节所形成运动的变化量，如直线移动的距离、回转角度的大小，则影响工作空间的尺寸大小。为了确定机器人的手臂（末端执行器）在空间的位置，一般需要由机座和手臂（包括肩和肘）提供 3 个位置自由度，用 3 个位置坐标来表示。为了能调整手部（末端执行器）夹持工件（或工具）在空间的状态（方位），需要由手腕提供 3 个姿态自由度，用 2 个角度来表示。操作机应具备几个自由度，取决于机器人动作功能的要求，对于动作要求比较简单的机器人（机械手），自由度数可以少于 6 个，对于动作要求较复杂、通用性强的机器人，自由度数可超过 6 个。目前，工业生产中使用的机器人多为 4～6 个自由度，专用机械手可以只有 2～3 个自由度。

（3）机器人的机械结构类型　为实现末端执行器（手部）在空间的位置而提供的 3 个自由度，可以有不同的运动（自由度）组合，通常可以将其机械结构设计成如下五种类型。

① 直角坐标型。如图 9-3 所示，其运动部分由 3 个相互垂直的直线移动组成（PPP），其工作空间图形为长方体。它在各个轴向的移动距离，可在各坐标轴上直接读出，直观性强，易于位置和姿态的编程计算，定位精度高，结构简单，但机体所占空间体积大、灵活性较差。

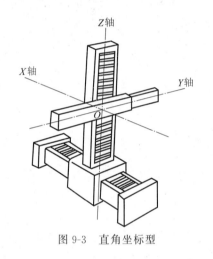

图 9-3　直角坐标型

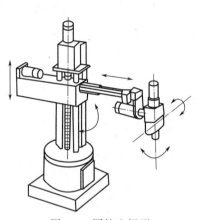

图 9-4　圆柱坐标型

② 圆柱坐标型。如图 9-4 所示，这种运动形式是通过一个转动、两个移动，共 3 个自由度组成的运动系统（RPP），工作空间图形为圆柱形。它与直角坐标型比较，在相同的工作空间条件下，机体所占体积小，而运动范围大。

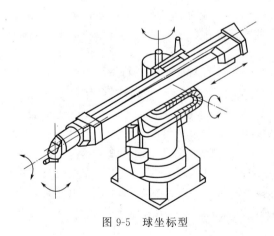

图 9-5　球坐标型

③ 球坐标型。又称极坐标型，如图 9-5 所示。它是由两个转动和一个直线移动所组成（代号 RRP），即一个回转、一个俯仰和一个伸缩运动组成，其工作空间图形为一球体，可以做上下俯仰动作并能够抓取地面上或较低位置的工件，具有结构紧凑、工作空间范围大的特点，但结构较复杂。

④ 关节型。又称回转坐标型，如图 9-6 所示。这种机器人的手臂与人体上肢类似，其前 3 个关节都是回转关节（代号 RRR）。这种机器人一般由立柱和大小臂组成，立柱与大小臂间形成肩关节，大臂与小臂间形成肘关节，其特点是工作空间范围大，动作灵活，通用性

强，能抓取靠近机座的物体。

⑤ 平面关节型。如图 9-7 所示。采用两个回转关节和一个移动关节，两个回转关节控制前后、左右运动，而移动关节则实现上下运动。这种型式又称 SCARA 型装配机器人。它结构简单，动作灵活，多用于装配作业中，特别适合小规格零件的插接装配，如在电子工业零件的接插、装配中应用广泛。

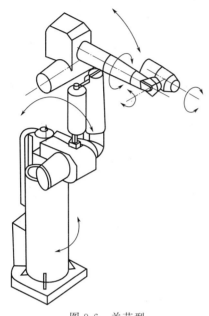
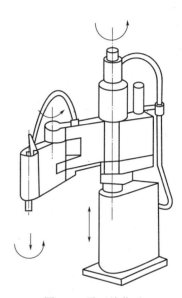

图 9-6　关节型　　　　　　图 9-7　平面关节型

机器人的机械结构类型，除上面介绍的五种基本类型外，还可以根据作业运动的需要，对机器人的自由度数和关节的配置进行不同的组合。

9.1.3　机器人的分类

目前机器人还没有统一的分类标准，大致有以下几种分类方法。

(1) 按使用范围分类　有固定程序专用机器人和可编程序通用机器人之分。

① 固定程序的专用机器人（机械手）。通常根据主机的特定要求设计成固定程序（或简单的可变程序）。这种机器人（机械手）多为气动或液动，用行程开关、机械挡块来控制其工作位置，工作对象单一，动作较少，结构与系统简单，价格低廉。

② 可编程序的通用机器人。工作程序可变，以适应不同的工作对象，通用性强，适合于以多品种、中小批量生产为特点的柔性制造系统。

(2) 按使用行业、部门和用途分类　有工业机器人、采掘机器人、军事用途机器人和服务机器人之分。

① 工业机器人又可按作业类型分为锻压、焊接、表面喷涂、装卸、装配、检测等机器人。

② 采掘机器人如海洋探矿机器人等。

③ 军事用途机器人。

④ 服务机器人如医疗机器人、家用机器人、教学机器人等。

(3) 按机械结构、坐标系特点分类　可分为直角坐标型、圆柱坐标型、球坐标型和多关节型。

（4）机器人运动控制方式分类　有点位控制机器人、连续轨迹控制机器人、军事用途机器人和服务机器人之分。

① 点位控制（PTP）机器人。就是由点到点的控制方式。这种控制方式只能在目标点处准确控制机器人末端执行器的位置和姿态，完成预定的操作要求。目前应用的工业机器人中，很多是属于点位控制方式的，如上下料搬运机器人、点焊机器人等。

② 连续轨迹控制（CP）机器人。机器人的各个关节同时做受控运动，准确控制机器人末端执行器按预定的轨迹和速度运动，并能控制末端执行器沿曲线轨迹上各点的姿态。弧焊、喷漆和检测机器人等均属连续轨迹控制方式。

（5）按驱动方式分类　可分为液压驱动式、气动式、电力驱动式。

9.2　机器人的控制

9.2.1　机器人的特点及对控制功能的基本要求

控制系统的功能是控制机器人操作机的操作以满足作业的要求。在作业中，机器人的工作任务是要求操作机的末端执行器按规定的点位或轨迹运动，并保持预定的姿态，在运动中或在规定的某些点位执行作业规定的操作。

对工业机器人的控制功能大致有如下的基本要求和特点。

（1）实现对位姿、速度、加速度等的运动控制功能　在机器人的各类作业中，运动的控制方式主要有两种。

① 点位控制方式（PTP控制）。这种控制方式考虑到末端执行器在运动过程中只在某些规定的点上进行操作，因此只要求末端执行器在目标点处保证准确的位姿以满足作业质量要求，面对达到目标点的运动轨迹（包括移动的路径和运动的姿态）则不做任何规定，如图9-8（a）所示。这种控制方式易于实现，但不易达到较高的定位精度，适用于上下料、搬运、点焊和在电路板上安插元件等，只要求在目标点处保持末端执行器准确的位姿的作业中。

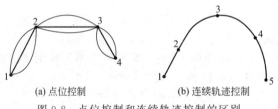

(a) 点位控制　　　　(b) 连续轨迹控制

图 9-8　点位控制和连续轨迹控制的区别

② 连续轨迹控制方式（CP控制）。这种控制方式要求末端执行器严格按预定的轨迹和速度在一定精度要求内运动，以完成作业要求，这就必须保证机器人各关节连续、同步地实现相应的运动，如图9-8（b）所示。这种连续轨迹运动，可看成是若干密集的点位运动的总和，这些密集的点位就构成连续的轨迹曲线。若预定的点足够密，就能用点位控制的方法实现所需精度的连续轨迹运动。这些预定点可由规定的曲线直接得出，将这些预定点的参数按每一个关节（自由度）的位置信息存入存储器，作为控制给定值，即可进行控制操作。通常连续轨迹运动是利用插补拟合技术来得到足够密的预定点，这样可避免存储量过大的缺点。CP控制比较复杂，除需插补运算外，还要进行多关节同时做受控运动才能实现。通常弧焊、喷涂及检测作业机器人都需采用CP控制方式。

（2）机器人控制系统应具有存储和示教功能　要使机器人具有完成预定作业任务的功

能，须先将要完成的作业示教给机器人，这个操作过程称为示教。将示教内容记忆下来，称为存储。使机器人按照存储的示教内容进行动作，称为再现，所以机器人的动作是通过示教→存储→再现的过程来实现的。在早期的普及型机器人的控制中，是利用行程开关、挡块、凸轮及各类顺序控制器来实现示教→存储→再现这一过程的。由于计算机性能的提高和价格下降，目前大多数机器人都采用计算机控制，用不同的方法完成示教编程，实现自动完成预定的作业任务，关键在于控制系统具有记忆功能，能存储完成作业所需的全部信息。

机器人示教主要有两种方式：一种是间接示教方式，一种是直接示教方式。

① 间接示教方式。是一种人工数据输入编程方法。它将数值、图形等与作业有关的指令信息，采用离线编程方法，利用机器人编程语言离线编制控制程序，经穿孔纸带、磁带、键盘、图像读取装置等输入媒介体，输入计算机存储器。这里涉及到机器人控制中的很多技术问题，如轨迹插补拟合技术、坐标变换、轨迹规划等。离线编程方法具有不占用机器人工作时间、可利用标准的子程序和 CAD 数据库中的资料、加快编程速度、能预先进行程序优化和仿真检验等优点。

② 直接示教方式。是一种在线示教编程方式，它又分成两种形式，一种是人工引导末端执行器示教编程方法（又称手把手示教），另一种是示教盒示教编程方法。

a. 手把手示教是指由操作者直接用手把着机器人的示教手柄，使工业机器人的末端执行器完成预定作业要求的全部运动（路径和姿态）。同时计算机按一定采样间隔测量出运动过程的全部数据，记入存储器。采样率一般在每分钟 3000～5000 个点，其间隔主要取决于所要求的运动轨迹准确度、平滑性要求和计算机存储容量。这样一组数据经必要的修正，就完成了连续轨迹运动的控制程序。再现工作过程时，以相同的间隔时间顺序取出程序中各点的数据，使机器人重复"示教"。点位运动方式也可用示教手柄引导机器人末端执行器按顺序到达各预定点，在各预定点按下编程按钮，测出该点的全部有关数据并记入存储器，再做必要的编辑，即完成点位运动的控制程序。这种编程方法的特点是操作简便，能在较短时间内完成复杂轨迹的编程，但编程点的位置准确度较差。此外现场操作还存在人身和有害环境的不安全因素，为此可采用机械模拟装置进行示教，但将使准确度下降，增加设备费用。

b. 示教盒示教编程是目前机器人最常用的示教方法。示教盒是一种以微处理器为基础的编程装置，它包括一组控制操作运动的按钮，一组实现编程和修改的按钮以及运行、测试按键等。示教盒的形式很多，大多为一种手提式的小型操作按钮盘。操作者操纵示教盒上的不同按钮，控制机器人操作机各关节单轴运动或多关节协调运动，以形成空间直线或曲线运动，达到规定位置，完成示教编程操作。与手把手示教方法相比，此方法示教过程较安全，但编程精度不高。

（3）对外部环境的检测和感觉功能　随着传感技术的发展和对机器人性能要求的提高，要求机器人具有对外部状态变化的适应能力，具有对有关信息进行检测、识别、判断、逻辑思维等功能，这就是已开始用于工业生产的具有感觉的（包括视觉、触觉）第二代机器人和正在开发、研制中的第三代机器人（智能机器人）。

9.2.2　机器人控制系统的分类

机器人控制系统从基本工作原理和系统结构，可以分成非伺服型控制系统和伺服型控制系统两类。

（1）非伺服型控制系统　图 9-9（a）所示为未采用反馈信号的开环非伺服型控制系统框图。系统的控制程序是在进行作业之前预先编定，作业时程序控制器按程序根据存储数据控制驱动单元带动操作机运动，在控制过程中没有反馈信号。采用步进电动机驱动，以离散的步距实现顺序控制的机器人都属于这一类型。图 9-9（b）所示为采用开关反馈的非伺服型控制系统框图。在该系统中利用机械挡块、行程开关等在预定位置上发出反馈信号，用以启动或停止某一运功。机械挡块位置可调整（作业运动期间不可调整）。若在运动线路上设置多个挡块或利用带微处理器的可编程序控制器，则可实现更为复杂、灵活的控制。这种非伺服型控制系统适用于作业相对固定、作业程序简单、运动精度要求不高的场合，具有费用省、操作、安装、维护简单的特点。

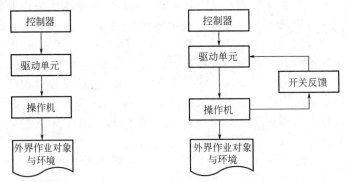

(a) 采用反馈信号的开环非伺服型控制系统　　(b) 采用开关反馈的非伺服型控制系统

图 9-9　非伺服型控制系统

（2）伺服型控制系统　图 9-10(a) 为一种典型机器人闭环伺服控制系统框图，其特点是系统中采用检测传感器连续测量关节位置、速度等关节参数，并反馈到驱动单元构成闭环伺服系统。在伺服系统控制下，各关节的运动速度、停留位置由有关的程序控制，而程序的编制、修改简便灵活，所以能方便地完成各种复杂的操作。其系统结构虽比非伺服型控制复杂，价格较高，但仍得到广泛应用。目前绝大多数高性能的多功能机器人都采用伺服型控制系统。

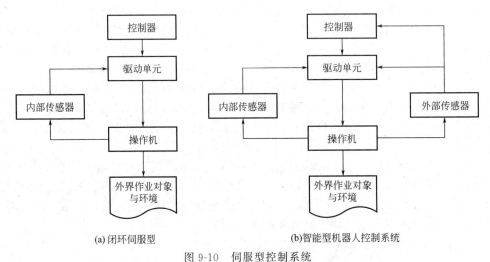

(a) 闭环伺服型　　　　　　　　(b)智能型机器人控制系统

图 9-10　伺服型控制系统

9.2.3　机器人控制系统的组成

机器人控制系统中的控制器和各类传感器是极其重要的组成部分，目前，多数机器人都属于程序控制机器人。它是在预先编好的、不变的程序控制下进行工作的，图 9-10(b) 所示的智能型机器人控制系统还具有对外部环境信息的反馈和适应能力。

实现机器人控制的控制器有许多种，其中最简单的一种称为限位器式点位控制器，其作业顺序信息常采用矩阵板（插销板）来编排，动作的位置顺序则由挡块来存储，以实现变换程序的目的。矩阵板是一种顺序存储器，这种控制器用挡块定位，开关量控制，存储信息很少，是一种简易、低功能的控制器。另一种是点位控制器，其作业顺序信息是用机械式顺序鼓（又称步进旋转式分配器）来存储，其存储装置可以是磁鼓、磁带或穿孔带等。这种控制器在存储容量、定位点数和定位精度等控制性能上比前一种控制器有较大提高。机器人动作再现时，其速度可以和示教时的速度无关，可以按所要求的速度另行设定。即各关节的运动速度可以设定，也可以将顺序鼓和矩阵板配合使用来进行程序控制，这样可使结构简化。

当计算机技术引入机器人控制器后，使机器人的性能有了大幅度的提高，极大地增强了机器人进行复杂作业的能力。机器人语言的引入，更使机器人的操作大为简化，计算机极强的计算能力、逻辑判断能力，开发了具有感觉的第二代和具有人工智能的第三代机器人。

9.2.4　机器人的计算机控制

计算机控制系统是机器人的核心部分，由计算机实现控制算法，接收并处理各种信号，形成并发出所需的控制指令，它决定了控制性能的优劣，也决定了机器人使用的方便程度。

（1）计算机控制系统的结构形式　计算机控制系统有三种结构：集中控制、主从控制和分布式控制。

① 集中控制。是用一台功能较强的计算机实现全部控制功能。随着计算机技术的进步和机器人控制质量的提高，控制过程中要完成各种运算，如轨迹控制的插补计算、坐标变换、伺服系统中补偿量的计算等，包括矩阵、三角函数等大量的实时运算，通常需在 $15\sim50\text{ms}$ 之内完成，这要在一个微型计算机上实现是困难的，往往集中式控制不能满足需要。

② 主从式控制结构。日本 20 世纪 70 年代生产的 Motorman 机器人（五关节，直流电机驱动）和 PT600 及我国 20 世纪 80 年代中期研制的"天龙一号"、"上海一号"等弧焊机器人都属于主从式结构，如图 9-11 所示。

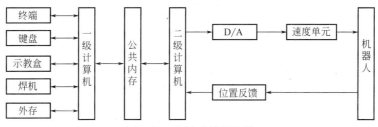

图 9-11　主从式控制结构

a. 一级计算机（一级机）为主机，它担当系统管理、机器人语言编译和人机接口功能，同时也利用它的运算能力完成坐标变换和轨迹插补，并定时地把运算结果作为关节运动的增量值送到公共内存，供二级计算机（二级机）读取。

b. 二级计算机（二级机）完成全部关节位置数字控制，从公共内存读给定值，也把各关节实际位置送回到公共内存中，供一级机使用。公共内存是由容量为几千比特的双口 RAM 或普通静态 RAM 加上总线控制逻辑电路组成。由于功能分散，控制质量较集中式控制明显提高。这类系统的控制效率较快，一般可达 15ms，即每 15ms 刷新一次给定，并实现位置控制一次。系统两个微机总线之间基本没有联系，仅通过公共内存交换数据，是一个松耦合关系，这对采用更多的微机进一步分散功能是很困难的。

c. 分布式结构是开放型的，可以根据需要增加更多的处理器，以满足传感器处理和通信的需要。这种结构功能强，速度快，是当今机器人计算机控制系统的主流，现代机器人控制系统中常用。即上一级主控计算机负责整个系统管理以及坐标变换和轨迹插补运算等,下一级由许多微处理器组成,每一个微处理器控制一个关节运动,它们分别接收主控制微型计算机向各关节发出的位置、速度等运动指令信号,用以实时控制操作机各关节运行。由于下一级微处理器并行地完成控制任务,因而提高了工作速度和处理能力。这些微处理器和主控级联系是通过总线形式的紧耦合,如图9-12所示。

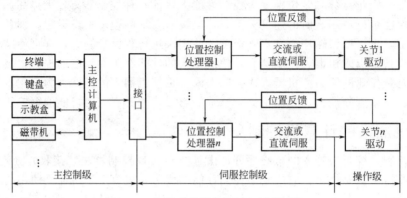

图9-12　分布式结构的计算机控制系统

　　控制系统的工作过程反映了操作人员、主控制级、伺服控制级和操作机之间的联系。操作人员利用控制键盘或示教盒输入作业要求(如要求主机和分布式控制机器人末端执行器在两点之间沿直线移动)。主计算机接到指令后分析解释指令,确定两点间的直线运动参数,进行插值计算,完成坐标变换,最后得出相应的各关节协调运动参数。经过 D/A 转换输出到伺服控制级作为各伺服系统的给定信号,实现各关节的运动。控制操作机完成两点间沿直线的运动,操作者可直接监视操作机运动,也可从显示器控制屏上得到有关运动的信息。

　　(2) 机器人的伺服控制系统　机器人操作机的每一个关节分别由一个伺服控制系统驱动,其关节运动参数来自于主控制计算机的输出。图9-13所示为一具有位置和速度反馈的典型伺服控制系统,它的结构组成如下。

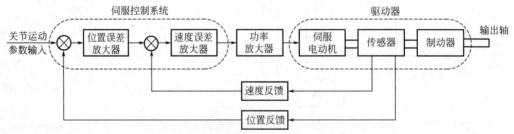

图9-13　带位置和速度反馈的伺服控制系统

　　① 伺服控制器基本部件是比较器、误差放大器和各种补偿器。输入信号除参考信号外,还有各种反馈信号,从而构成具有位置、速度反馈回路的伺服系统。控制器可以采用模拟器件组成,主要用集成运算放大器和阻容耦合实现比较、补偿和放大等功能,构成模拟伺服系统。控制器也可以采用数字器件,如采用微处理器组成数字伺服系统。其中比较、补偿、放大等功能由软件完成,这种系统灵活,便于实现各种复杂的控制,获得较高的性能指标。

　　② 功率放大器的作用是将控制器输出的控制信号放大,驱动伺服机构运动。由于机器人伺服驱动功率不大,但快速性要求较高,常采用脉宽调制(PWM)放大原理,选用双极型大功率管或功率场效应管。在一些大型电力驱动机器人中可采用晶闸管功率放大。

③ 电伺服驱动器通常由电动机、位置传感器、速度传感器和制动器组成。其输出轴直接和操作机关节轴相连接，以完成关节运动的控制和关节位置、速度的检测，失电时制动器能自行制动，保持关节原位静止不动。

④ 计算机控制系统中的位置控制，都采用数字式位置控制，其中的执行电机已由直流伺服电机变为交流或直流无刷电机。对于交流无刷电机，可以采用电流、位置双闭环结构，这样系统频带更宽，响应更快。当然，如果希望系统有更大的伺服刚度，还可以采用电流、速度、位置三闭环结构。但对于直流无刷电机，只能采用电流、速度、位置三闭环，虽然直流无刷电机系统成本、造价低，但性能指标不及交流无刷电机系统。

⑤ 机器人中应用的位置传感器有电位计、差动变压器和光电码盘等。常用的速度传感器有直流测速发电机、交流测速发电机及含增量码盘的测速电路、光电码盘测速电路等。目前高精度电伺服工业机器人最常用的位置、速度传感器是绝对光电码盘，配合相应的 F/V 变换电路，可以同时检测位置和速度信息，并与伺服电机一起制成伺服驱动组件。

⑥ 在机器人的伺服电机轴上所配置的制动器，常由电磁铁、摩擦盘等组成。工作时，电磁铁线圈通电，摩擦盘脱开，关节轴可自由转动。失电时，在弹簧作用下，摩擦盘压紧电机输出轴，产生摩擦力而制动。制动器结构类型有多种，通常将制动器和伺服机构做成一体，使总体结构简化。伺服驱动机构是机器人的基础部件，目前已有在结构和性能上相互配套的模块组合化伺服驱动机构产品，从而有利于机器人设计。

（3）主控计算机 主控计算机的主要功能是建立操作者和机器人之间的信息通道，传递作业指令和参数，反馈工作状态，完成作业所需的各种计算，建立与伺服控制级之间的接口，它由以下几部分组成。

① 控制机主要完成从作业任务、运动指令到关节运动要求之间的全部运算，完成机器人与周边设备之间的运动协调，对主控计算机硬件方面的要求是运动速度和精度、存储容量及中断处理能力。大多数机器人采用 8086 十六位 CPU，配以 8087 协处理器以提高运算速度和精度，内存则根据需要配置 16KB～1MB。为提高中断能力，一般采用 8259 可编程中断控制器，使用中断方式实时进行机器人控制运行的监控。

② 外部设备，除显示器、控制键盘、软（硬）盘驱动器、打印机外，还有示教控制盒，利用示教盒可实现对各关节的控制，将机器人末端执行器位姿信息输入内存。一些新型机器人控制器，例如日本的 C 系列控制器，配备了彩色液晶显示的多功能触摸屏，机器人的所有控制操作，包括编程、示教、状态信息显示、系统辅助功能设定、通信、存储等均由它来完成。这种控制器具有友好的界面和丰富的菜单功能，并且体积小、重量轻、操作方便。

③ 机器人控制编程软件是机器人控制系统的重要组成部分，其功能主要包括指令的分析解释；运动的规划，根据运动轨迹规划出沿轨迹的运动参数；插值计算功能，按直线、圆弧或多项式插值，求得适当密度的中间点；坐标变换功能。

9.3 机器人的编程语言

给机器人编程是高效使用机器人的前提，机器人编程语言是方法、算法和编程技巧的结合。机器人中采用的主要编程方法是示教再现型编程，包括的形式有手把手引导末端执行器示教、示教盒示教和控制计算机键入示教。无语言的示教再现编程方法不足的是无法离线编程，编程效率低，对作业任务经常变动的机器人或对完成同样任务的多台机器人，都要分别进行在线示教编程，耗费许多工作时间。此外，也难以保证机器人达到较高的精度，无法接受外部（感觉）信息等。

采用语言编程方法的最大好处是可离线编程（或称预编程），使编程时间与机器人的作业时间重叠，提高了机器人的使用率；可实现多台机器人（或与其他设备联合）协调工作；可使机器人对传感器检测到的外部信息做出反应；可以利用程序的调用，将以前完成的过程或子程序结合到待编的程序中，对已编好的程序可方便地修改等。

对于作业位置精度要求不高的机器人，大多采用示教再现编程，而对作业位置精度要求较高的机器人，编程中还需考虑外界环境的变化，采用语言编程则比较方便。利用机器人编程语言中的数字运算来求解运动要达到的点，可以获得较高的精度。在离线编程情况下，可通过图形编程系统进行图形仿真，检验和优化所编程序。

9.3.1　机器人编程语言的分类

机器人的类型、作业要求、控制装置、传感信息种类等是多种多样的，所以编程语言也是各种各样，功能、风格差别都很大，机器人语言尚未制订统一的标准。通常把机器人编程语言按其功能和水平大致分为三类。

（1）面向运动的编程语言　这种语言以描述机器人操作机的动作为中心。其中一种初级的编程方法是关节级编程，其程序给出机器人操作机每一个位置和姿态的关节坐标。这种由编程人员用简单的编程指令直接给出关节坐标值的编程方法，由于其坐标较直观且简便，常应用在直角坐标型和圆柱坐标型机器人中。而用于多关节型机器人时，即使是完成动作简单的操作，首先也要进行较复杂的运动学方程求逆解的运算后，才能编程，而且得到的程序没有通用性。示教盒示教编程即属于这一类。

另一种语言编程方法是编程人员使用编程语言来描述操作机所要完成的各种动作序列，数据是末端执行器在基座坐标系（或绝对坐标系）中位置和姿态的坐标序列。语言的核心部分是描述末端执行器的各种运动语句，语言的指令由系统软件解释执行。在各关节的运动学方程求逆解运算时，运动的点与点之间要满足平滑和衔接的要求，也可提供简单的条件分支、应用子程序，接受简单的感觉信息。在动作执行之前对数据实时处理，占用内存较少，其指令语句有运动指令语句、运算指令语句、输入输出及管理语句等。

这类编程语言中有代表性的是类似于 BASIC 语言的 VAL 语言（Versatile Assembly Language），它是目前应用较多的一种工业机器人编程语言。

（2）面向任务的编程语言　这种语言是以描述作业对象的状态变化为核心，编程人员通过工件（作业对象）的位置、姿态和运动来描述机器人的任务。编程时只需规定出相应的任务（如用表达式来描述工件的位置和姿态，工件所承受的力、力矩等），而不需给出机器人操作机的动作序列。由编辑系统根据有关机器人环境及其任务的描述，做出相应的动作规则，如根据工件几何形状确定抓取的位置和姿态、回避障碍等，然后控制机器人完成相应的动作。

这类编程语言中有代表性的是针对装配机器人开发的 AutoPASS 语言（Automated Parts Assembly System 零件自动化装配系统）。它是一种实验性的、在计算机控制下进行机械零件装配的自动编程系统。这种编程语言面向作业对象和装配操作，而不直接面对装配机器人的运动。AutoPASS 自动编程系统的工作过程大致是：提出装配任务→作出装配工艺规程→编写 AutoPASS 源程序→确定初始环境模型→由 AutoPASS 的编辑系统处理源程序→生成装配作业方法和末端执行器状态指令码。

9.3.2　机器人几种编程语言

机器人编程语言最早是在 20 世纪 70 年代初期出现的，由 Stanford 大学人工智能实验室开发的 AL 语言。开发机器人编程语言的途径一条是根据某一种机器人的需要单独开发，另一条是在数控编程语言 APT 的基础上开发。按前一种途径开发的语言占多数。

（1）AML　它是由 IBM 公司开发的一种交互式面向任务的编程语言，专门用于控制制造过程（包括机器人）。它支持位置和姿态示教、关节插补运动、直线运动、连续轨迹控制和力觉，提供机器人运动和传感器指令、通信接口和很强的数据处理功能（能进行数据的成组操作），这种语言已商品化，可应用于内存不少于 192KB 的小型计算机控制的装配机器人。小型 AML 可应用微型计算机控制经济型装配机器人。

（2）LAMA　是一种将机械装配描述变为机器人程序的编程系统的一部分，是面向任务的编程语言，程序由 APT 语言写成。LAMA 允许编程员规定装配策略，能将手腕上的力分解成 X、Y、Z 三个方向的分力和力矩。

（3）MCL　是为工作单元离线编程而开发的一种机器人语言。工作单元可以是不只一种型式的机器人及外围设备、数控机械、触觉和视觉传感器。它支持几何实体建模和运动描述，提供手爪命令，软件是在 IBM360APT 基础上用 FORTRAN 和汇编语言写成的。

（4）SERF　是控制 SKILAM 机器人的语言，包括工件的插入、装箱、手爪的开合等。与 BASIC 相似，这种语言简单，容易掌握，具有较强的功能，如三维数组、坐标变换、直线及圆弧插补、任意速度设定、子程序、故障检测等。动作命令和 I/O 命令可并行处理。

（5）SIGLA　它是一种面向装配的语言。其主要特点是为用户提供了定义机器人任务的能力，在 Sigma 型机器人上的装配任务常由若干个子任务组成，如取螺钉旋具、在上料器上取螺钉、搬运该螺钉、螺钉定位、螺钉装入和拧紧螺钉等。为了完成对子任务的描述及将子任务进行相应的组合，SIGLA 语言还设计了 32 个指令定义字。SIGLA 语言支持多臂协调，手爪操作，触觉、力觉反馈，平行处理，工具操作，与外围设备的交互作用，相对于绝对运动以及回避碰撞的命令，能在微型计算机上运行。

9.4　气缸控制的气动机器人系统

9.4.1　机器人控制的设计

"机器人"就是"用电力驱动的人工制造的人"。机器人在替代人们不愿意从事的工作时，特别有用。如一些简单的重复工作和危险性大的作业环境。因此，制造一种利用气缸的个人计算机控制的机器人，减轻劳动强度，用在实际工厂的作业现场，这就是称为气动控制装置的机器人（气动机器人）。

9.4.2　气动机器人的特征

气动机器人如图 9-14 所示，其特征如下：

① 不论多少个气动执行机构，都可通过个人计算机输出的 ON/OFF 信息来工作；

② 通过气缸的任意组合，能随意地变更各部分的动作；

③ 连续动作或单个动作都能用程序实现；

④ 气缸的动作可以通过速度控制器来任意设置；

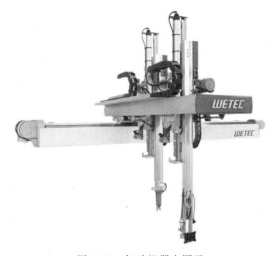

图 9-14　气动机器人图示

⑤ 气动控制不存在液压控制中的漏油问题，无需防漏油措施；

⑥ 通过更换接线，就能进行顺序控制器与执行机构的控制。

9.4.3　气动机器人驱动系统

来自个人计算机的信号，通过晶体管的放大，再驱动继电器。执行机构的气阀，由于需要用 DC24V 来驱动，所以其结构要通过继电器来接通和断开螺线管，如图 9-15 所示。也就是说，工作电压为 DC24 V 的螺线管，气阀的阀芯在继电器接通时被吸引，改变压缩空气的流向，就能控制气缸的移动。

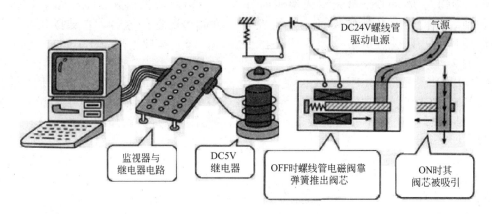

图 9-15　气动机器人控制系统图示

9.4.4　电路图

电路采用晶体管驱动控制的继电器电路，如图 9-16 所示。

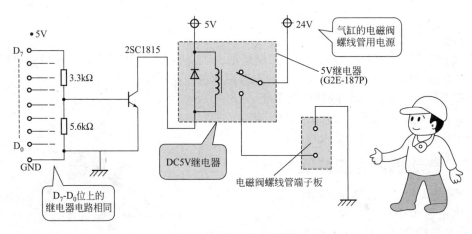

图 9-16　继电器电路结构

继电器电路（气缸所用的）也通过另外的电源供电，常用于驱动执行机构的控制中。但是，应当特别注意，连接在继电器上的所能控制的执行机构功耗，不要超过电源所允许的容量，如表 9-2 所示。

图 9-16 中接口的第 0 位到第 7 位与继电器连接。接在继电器上的二极管是为消除继电器断开时所产生的反电势的措施。

表 9-2　继电器的规格

开关部分

项目＼负载	电阻负载 cosϕ=1	感性负载 cosϕ=0.4 L/R=7(ms)
额定负载	AC220V, 0.5A DC24V, 1A	AC220V 0.2A DC24V 0.3A
额定电流	2A	
最大接点电压	AC220V, DC60V	
最大接点电流	1A	
最大接点功率	120V·A 30W	60V·A 15W
最小适用负载 (P级失效率参考值)	DC5V,1mA(DC0.1V,0.1mA) (高灵敏度类型)	

确定接点部分的规格

操作线圈

额定电压/V 型式＼项目		高灵敏度型		动作电压/V	返回电压/V	最大允许使用电压/V	消耗功率/mW
		额定电流/mA	线圈电阻/Ω				
DC	1.5	125	12	70%以下 (80%)	10%以上	110% (130%)	约450 (约200)
	3	66.7	45				
	5	41.7	120				
	6	33.3	180				
	9	22.5	400				
	12	17.1	700				
	24	8.6	2800				

9.4.5　气动执行机构

（1）气动执行机构的构造　气动执行机构的基本动作如图 9-17 所示，就是气缸的活塞杆的前进或后退。若在气缸动作的气道后方口或前方口送入压缩空气，则活塞及活塞杆就会运动。此时，压缩空气的流向是由电磁阀（螺线管阀）来控制的。图 9-18 所示中是用个人计算机控制，就是控制安装在各气缸上的电磁阀的动作。

（2）气源　压缩空气的气源就是指"使气缸动作的动力来源"，即动力源。通常，通过空气压缩机来提供压缩空气，如图 9-19 所示。其主要的结构为压缩空气发生源及让其压力能为气缸所用的调节部分（称为压力调节器）。这里所用的驱动气缸的气压为 5kgf/cm^2（约 4.9×10^5 Pa），并且必须用压力调节器来调节压力。

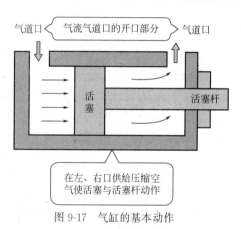

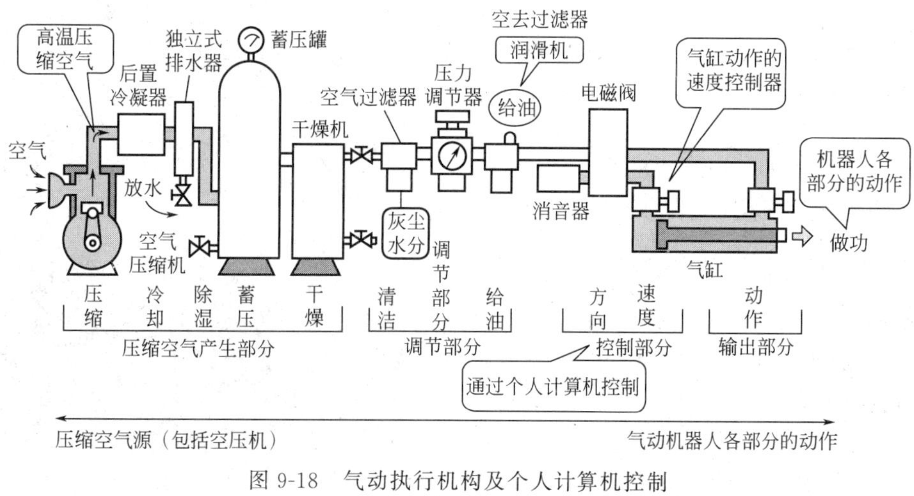

图 9-17　气缸的基本动作

图 9-18　气动执行机构及个人计算机控制

图 9-19 空气压缩机

9.4.6 气缸动作的组成

图 9-20 所示为螺线管的信号 OFF 时电磁阀的状态。通常带有两组对称出入口的"移动阀块"称为滑阀,通过弹簧的推力将它压在一端。因此,压缩空气从电磁阀的 OUT1 进入滑阀的另一边,活塞将气缸内的空气从 B 口排出,所以如图 9-20 所示,活塞杆退回。

当螺线管的信号 ON 时,电磁阀被磁化,如图 9-21 所示,阀芯被吸到另一端。因此压缩空气从 OUT2 进入 B 口,使活塞杆伸出,然后从 OUT1 排出空气。这样,切换送往螺线管的信号,使阀芯移动,就可改变压缩空气的方向,控制活塞杆的移动。

其基本原理与其他气动执行机构的动作相同。

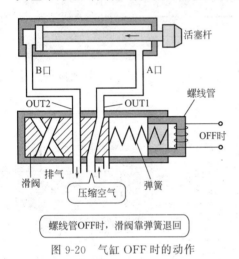

螺线管OFF时,滑阀靠弹簧退回

图 9-20 气缸 OFF 时的动作

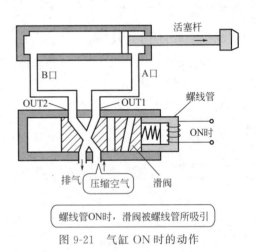

螺线管ON时,滑阀被螺线管所吸引

图 9-21 气缸 ON 时的动作

9.4.7 气动执行机构的种类

气动机器人使用如图 9-22 所示的三种气动执行机构。

(1) 气缸 手腕、肩、脚关节的伸缩动作(两个气缸的直线运动也可以组合成带有角度的复杂运动)。

(2) 气动机械手 机械手的抓、放动作。

(3) 转动执行机构 端部的转动动作。

9.4.8 气动机器人的构造

气动机器人气缸的构造如图 9-23 所示。机器人主体的主要材料是□25 磨光的方钢型材和 30mm 角钢。主体的底座用 25mm 左右的板材。

图 9-24 表示所用的气缸与各部分的动作。

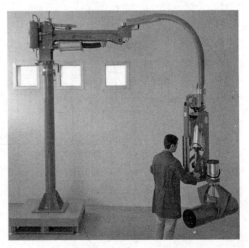

图 9-22 气动机器人的执行机构

［］内的气缸编号，可对照图上的相应编号。手腕的抬起与放下［气缸 0、气缸 1］（气缸直径 25mm，行程 75mm）；手腕的伸缩［气缸 2、气缸 3］（气缸直径 20mm，行程 50mm）；手的抓、放［气缸 4］（气动机械手、左右各 1 个）；脚的伸缩［气缸 5、气缸 6］（气缸直径 25mm，行程 50mm）；头部的转动［气缸 7］（旋转执行机构，转动 180°）。

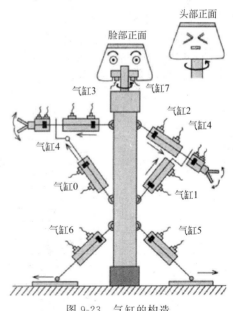

图 9-23 气缸的构造

因手腕的抬起与放下动作的幅度影响到整个机器人的动作幅度，所以要选用行程大的气缸。并且，手的抓、放动作是两个手同时控制的。这里对气动机器人的控制，只用 C 口的 8 位，所以能使左、右气动手同时控制，若用其他口，当然可以分开来独立控制。头部的转动，采用每次能旋转 180°的旋转执行机构，因此，脸部的正面与转 180°时的背面表情不同，当机器人的脸转动时，会觉得很有趣。气缸带有速度控制器，气缸的换向阀的工作电压为 DC24V。

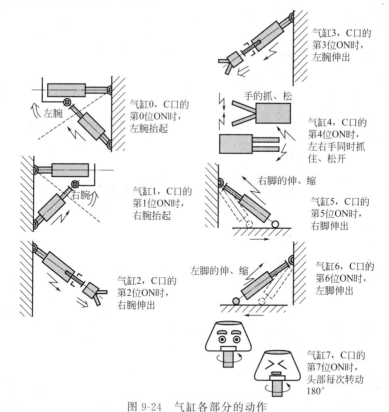

图 9-24 气缸各部分的动作

9.4.9 气动机器人程序的编制

若用继电器控制机器人的动作是通过硬件搭接逻辑程序来完成，所编制的程序是分别对继电器进行的 ON/OFF 控制。现在要让各气缸按时序连续地动作，其程序的编制是在 PLC

中实现的，如图 9-25 所示。

第 30 行每次选择一个气缸。

第 40 行从 C 口输出使气缸动作的信号。

（第 40 行的 $2^0 \sim 2^7$，作为数据是以"1，2，4，8，16，32，64，128"来输入的，使各个输入口位依次成为"1"）。

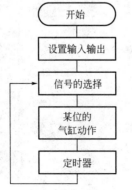

开始		10	REM 机器人
设置输入输出		20	OUT&HD6，&H80
信号的选择		30	FOR I=0 TO 7
某位的气缸动作		40	OUT&HD4，2⌐（表示乘方）
定时器		50	FOR T=0 TO 2000：NEXT T
		60	NEXT 1

图 9-25　气缸连续动作的程序

如图 9-26 所示，要使气缸 1、气缸 2、气缸 4 同时动作，只要把分配给气缸的相应各输入口同时从 C 口输出"ON"的数据即可。

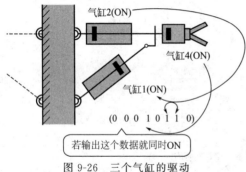

气缸2(ON)

气缸4(ON)

气缸1(ON)

(0 0 0 1 0 1 1 0)

若输出这个数据就同时ON

图 9-26　三个气缸的驱动

现在，因气缸 1 所对应的信号为 1，气缸 2 的信号为 2，气缸 4 的信号为 4，因此，此时的数据为

- 二进制数：(0001　0110)。
- 十六进制数：(&.H16)。

所以，若从 C 口输出数据 OUT &.HU4，&.H16，则如图 9-26 所示，三个气缸会"啪"的一下同时动作。&H16 也可改变为十进制数 OUT⌐&H D4，22，以这种方法依次组织数据，就能使机器人做各种动作。

9.5　双足步行机器人

对于双足步行机器人，如果限定了使用范围，并采用运算量最小的自由度和软件构成，就能够很容易地用速度较低的微处理器组成。另外，其执行机构和连杆等机构，如果不使用最先进的特殊产品，而是采用传统的技术和零件，通过优化组合就能够以较低的成本构成。

9.5.1　硬件的构成

小型双足步行机器人 Silf-H2 是由脚部、腕部和头部等共计 21 自由度的关节，以及 CCD 拍照模块、无线模块组成的人形机器人。其主要在娱乐领域中应用，所以尽量追求拟人的动作表现、小型轻量化和低成本。图 9-27 所示为机器人 Silf-H2 的外

图 9-27　双足步行机器人

观，表 9-3 所示为其规格。

表 9-3　Silf-H2 的规格

项　　目		规　　格
尺寸	高度	252mm
	宽度	95mm
	厚度	50mm
质　　量		730g
自由度	脚部	6 自由度×2
	腕部	3 自由度×2
	头部	2 自由度
	腰部	1 自由度
电　　机		DC 无心电机×21 个
传感器	关节角度	电位器×21 个
	图像	10 万像素 CCD
电　　池		Ni-MH(7.2V,2150mA·h)

（1）关节的自由度　关节的自由度如图 9-28 所示。脚部和腕部的自由度是对生成双足
步行机器人轨迹的难易度影响较大的重要设计项目之
一。设计中采用了比较容易实现的目标步态和动作，
其构成易于逆运动学的分析。所谓逆运动学是相对正
运动学而言，正运动学是从关节角度出发来求取机器
人末端的位置姿态；逆运动学是从末端（机械界面或
手爪端）位置姿态出发来求取机器人关节角度。

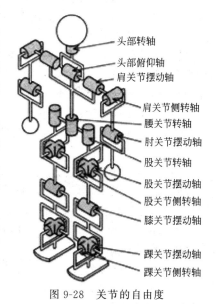

逆运动学的分析就是解决机器人由机械界面的位
置姿态 X 求关节角度 θ。如果不求解逆运动学问题，即
使制作完成机械界面（机器人的末端）的目标轨迹，
由于求不出实际用电机驱动机器人的轨迹，机器人还
是不能动。

由于机器人腿上股关节的侧转轴和摆动轴距离躯
干最近，是按侧转轴和摆动轴的顺序进行连接的。按
此顺序连接时，如果机器人由直立状态侧转 90°，则分
开两腿后，要向前方摆动时，只要使摆动轴转 90°即
可。但是，如果机器人由直立状态使摆动轴转 90°，则
向前方摆动后，要分开两腿移动时，需要使侧转轴转
90°后摆动轴再转 90°，所以很难实现敏捷地动作。

图 9-28　关节的自由度

由这一关节的连接顺序可以发现，它对操作性有较大的影响，决定了动作的自如程度。
因此，从可操作性的角度出发，在进行配置设计时应将容易实现的动作优先考虑。另外，在
做腿的逆运动学分析时，如果从股关节中心到膝关节中心的长度与从膝关节中心到脚踝关节

中心的长度相等，连接各关节中心为等腰三角形入手，能很容易地求得从股关节中心到 JCHY 脚踝关节中心的距离为等腰三角形的底边长度。因此，采用逆运动学的求解比较简单。

（2）执行模块　使用执行元件的关节时，由于各自所需转矩的转速不同，开发使用了 4 种不同特性的模块。图 9-29 所示为各种执行模块的外观。

图 9-29　各种执行模块的外观

　　上半身的执行元件只显示动作，不需要看是如何动作的，设计时选择小转矩、高转速。下半身的执行元件需要支撑机器人的体重，所以设计时选择了大转矩。特别是股关节的侧转轴和摆动轴以及膝关节的摆动轴承受的载荷较大，因此必须保证其执行元件的输出转矩是其他执行元件的一倍。另外，机器人还需要高速度地步行和跳跃，所以股关节和膝关节的各摆动轴要具有较高的转速。

　　设计执行元件时，需要特别注意减小减速机构的间隙。减小减速机构的间隙，可提高响应性能，角度控制也比较容易。对于这种执行机构，如果使用价格最低的直齿轮减速机构，为减小机构的间隙，在设计时要考虑到：

　　① 尽可能地提高最后一级的齿轮减速比；
　　② 支撑各齿轮的轴不应发生弯曲，应是粗而短的轴；
　　③ 齿轮模数尽可能小；
　　④ 尽量降低齿轮的级数。

　　当机器人的关节要承受冲击时，硬接触容易破坏，因此，要保证执行机构的柔性，应具有较好的后运转性能。在设计时按以下的配置进行选择，能够保证后运转性能良好：

　　① 选择使用转子转动惯量较小的电机；
　　② 尽量降低减速比；
　　③ 不使用蜗轮蜗杆等摩擦损失较大的传动机构。

　　设计的执行机构主要有两种类型：其一是直径大、转矩大、转速低的 AC 电机与减速比较小的减速器组合，属接近直接传动的类型；其二是转子转动惯量极小的杯型无心 DC 电机与减速比很大的减速器组合的类型。机器人 Silf-H2 为小型化和低成本，属后一种类型。

　　除了使用上述机构保证执行机构的柔性以外，还可以采取使用转矩传感器进行柔性控制的方法。配置选择也可参照表 9-4 所示。

表 9-4　执行元件的规格

项　目		规　格
上半身用	最高转速	230r/min
	最大转矩	15.7N·cm
	减速比	1/128.6
	齿轮级数	3 级
脚部用之一	最高转速	250r/min
	最大转矩	53.9N·cm
	减速比	1/118.4
	齿轮级数	3 级
脚部用之二	最高转速	220r/min
	最大转矩	34.3N·cm
	减速比	1/118.4
	齿轮级数	3 级
脚部用之三	最高转速	210r/min
	最大转矩	15.7N·cm
	减速比	1/141.4
	齿轮级数	4 级

9.5.2　控制回路的构成

控制回路的构成与机器人的传感器、可靠性、维护性及成本等因素有关，根据侧重点的不同，回路的构成也大不相同，所以这是重要的设计项目之一。

(1) 分散控制　制造大型的、需要可靠性和维护性能好的机器人通常采用分散控制。分散控制是将一个执行元件或一条腿作为一个模块处理，由安装的微处理器等进行局部的伺服控制。所有的模块都通过高速串行通道与中央处理器连接，进行统一控制。

(2) 中央集中控制　小型的、要求低成本且运动性能好的机器人通常采用中央集中控制。中央集中控制是将所有的执行元件都与中央处理器连接，所有的控制均在中央处理器内部进行，因此无需通过串行通路等进行通信，能够使控制的时间延迟达到最小。另外，由于在手脚上不安装控制回路，能够构成细长而且质轻的手脚，因此提高了手脚的运动性能。

机器人 Silf-H2 分别吸取了分散控制和中央集中控制的优点，是由介于两者之间的控制构成，其控制回路构成如图 9-30 所示。

这种控制是由运动控制器 1 控制腿部的执行元件，由运动控制器 2 控制上半身的执行元件。运动控制器 1 的微处理器是协调整体的主处理器，其他部分的微处理器与串行通路连接。控制各执行元件时，通过从微处理器发出的 PWM 信号控制 H 桥电机驱动器，驱动 DC 电机在四种状态（正转、反转、堵转、短路制动）中高速切换（如果能够很好地使用堵转和短路制动，就可以控制关节的黏性使之具有柔性，并能降低耗电量）。

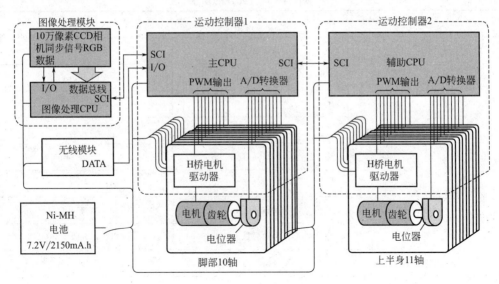

图 9-30   控制回路的构成

DC 电机的输出通过减速器传递给关节，使用电位器测量关节的角度。由于电位器输出的角度位是电压，所以要经过 A/D 转换器数字化后输入到微处理器中。

图像处理模块是将从 10 万像素的 CCD 相机输出的图像数据，直接装入微处理器的存储器中，进行图像处理。

对于自律型双足步行机器人，电池是影响其运动性能的极其重要的因素。选用高能量的电池，不仅要小型化、轻量化，而且要求电池的内部电阻小、放电特性好，能够在剧烈动作时产生大电流。机器人 Silf-H2 采用了放电特性好的镍氢电池。

9.5.3   软件的构成

双足步行机器人的控制必须使非常多的执行元件协调动作，要求进行统一的控制。因此，要将软件分成若干级，并将从上一级输入的动作命令传递到下一级的过程进行详细分解，最终对每一个执行元件的角度进行控制。软件的构成如图 9-31 所示。

（1）软件需求分析   软件要实现将机器人的动作分成步行等循环动作，以及问候、踢腿和拳击等单独动作，并对这些动作分别进行处理。对于循环动作，要事先设计好步行循环的周期和步长及加速度等步态参数，用这些参数生成脚部和腕部的轨迹。对于单独动作，要事先将脚部和腕部轨迹的数据系列制成运动数据库。

（2）软件设计要点   在设计步态参数和运动数据库中的目标轨迹数据时，要保证机器人的动作稳定，不会摔倒。

① 为了保证步行和动作稳定，控制常使用目标 ZMP 跟踪控制。所谓 ZMP（零力矩点），是控制作用于机器人上的重力和因机器人加、减速而产生的惯性力的合力向量与地面的交点，使该交点处于足底与地面接触点形成的无界线的支撑多边形的内侧，生成目标轨迹，并通过姿态传感器和足内传感器实时修正轨迹，以保证稳定的控制。

② 为了减小运动数据库的轨迹数据容量，对于单调动作部分只保留非常粗的数据。因此，控制时需要对数据进行插补，使其成为平滑的数据。

③ 脚尖和手部的轨迹坐标是通过逆运动学运算器转换成各关节的目标角度。关节的角度控制采用 PID 反馈控制。

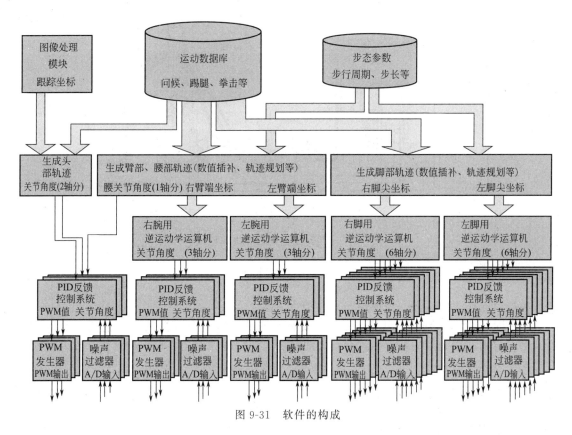

图 9-31　软件的构成

④ 由 A/D 转换器输入的关节角度中包含许多噪声,因此,需要使用低通滤波器和中间滤波器去除噪声,才能够实现平滑的角度控制。

9.6　焊接机器人

焊接机器人从应用功能上主要用于弧焊和点焊两种工艺,各自的应用范围是不同的。

9.6.1　弧焊机器人的应用范围

弧焊机器人的应用范围很广,除汽车行业之外,在通用机械、金属结构等许多行业中都有应用。弧焊机器人应是包括各种焊接附属装置在内的焊接系统,而不只是一台以规划的速度和姿态携带焊枪移动的单机。图 9-32 所示为焊接系统的基本组成。适合机器人应用的弧焊方法主要有惰性气体保护焊、二氧化碳保护焊、混合气体保护焊、二氧化碳保护药芯焊丝点弧焊、自保护药芯焊丝点弧焊、埋弧焊、钨极惰性气体保护焊和等离子弧焊接。

9.6.2　弧焊机器人的性能要求

在弧焊作业中,要求焊枪跟踪工件的焊道运动,并不断填充金属形成焊道。因此,运动过程中速度的稳定性和轨迹是两项重要的指标。一般情况下,焊接速度取 $5\sim50$mm/s。轨迹精度约为 $\pm(0.2\sim0.5)$mm。由于焊枪的姿态对焊缝质量也有一定影响,因此希望在跟踪焊道的同时,焊枪姿态的可调范围尽量大。还有其他一些性能要求:设定焊接条件(电流、电压、速度等)、抖动功能、坡口填充功能和焊接异常检测功能(断弧、工件融化),以及焊

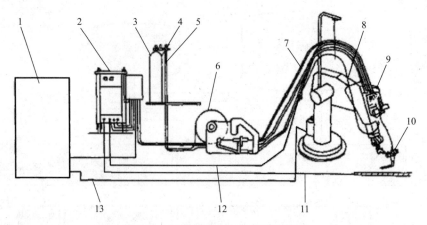

图 9-32   弧焊机器人系统的基本组成

1—机器人控制柜；2—焊接电源；3—气瓶；4—气体流量计；5—气路；6—焊丝枪；7—柔性导管；
8—弧焊机器人；9—送丝电机；10—焊枪；11—工件电缆；12—焊接电缆；13—控制/动力电缆

接传感器（起始焊点检测，焊道跟踪）的接口功能。

作业时，为了得到优质焊缝，往往需要在动作的示教以及焊接条件（电流、电压、速度）的设定上花费大量的劳力和时间，因此除了上述性能方面的要求，如何使机器人便于操作也是十分重要的。

9.6.3   点焊机器人的应用范围

汽车工业是点焊机器人一个典型的应用领域，一般装配每台汽车体需要完成 3000～4000 个焊点，而其中的 60% 是由机器人完成的。在有些大批量汽车生产线上，服役的机器人台数甚至高达 150 台。引入机器人可改善多品种混流生产的柔性，提高焊接质量，提高生产率，把工人从恶劣的作业环境中解放出来。

9.6.4   点焊机器人的性能要求

最初，点焊机器人只用于增强焊作业（向已拼接好的工件上增加焊点），后来，为了保证拼接精度，又让机器人完成定位焊作业，逐渐要求点焊机器人具有更全的作业性能。具体要求：

① 安装面积小，工件空间大；
② 快速完成小节距的多点定位（例如每 0.3～0.4s，移动 30～50mm 节距后定位）；
③ 定位精度高（±0.25mm），以确保焊接质量；
④ 持重大（490～980N），以便携带内装变压器的焊钳；
⑤ 示教简单，节省工时；
⑥ 安全可靠性好。

9.7   装配机器人

9.7.1   机器人装配线

机器人正式进入装配作业领域是在"机器人普及元年"的 1980 年前后，迄今为止，装配机器人的应用水平限于简单重复操作。引入装配作业的机器人早期主要用来代替装配线上手工作业的工序，随后工厂里很快出现了以机器人为主体的装配线。装配生产自动化的进展一直相当迟缓，原因在于装配生产过程即使被自动化，当产品更换时，准备工作也是十分繁重和耗时的。为解决这些困难，可选择装配机器人，通过程序的变更迅速适应作业内容的变化，从而组成一个装配 FMS。

（1）机器人装配线特征　具有以下特征：

① 由传送带依次输送零件，机器人在各自工位执行预先规划的装配工序，最后出来的是成品或半成品；

② 一台机器人针对某个工件完成一个至多个装配作业，而且作业是反复进行的；

③ 为了向机器人提供零件，需要若干台周边设备；

④ 只需经过简单的准备便可以适应多种产品的变更；

⑤ 除了布线等难以自动化的作业需由人来完成外，大多数装配可由机器人胜任；

⑥ 生产线包含自动检查工序在内；

⑦ 在多数情况下均有高一级计算机担任生产管理。

（2）机器人装配线的管理系统　图 9-33 所示是高层计算机生产信息管理系统的构成。图中机器人通过个人计算机与小型计算机相连接，后者发出有关机器人的动作程序、机型变更等生产指令，而成品数、次品数等实际生产数据又送回高层计算机，并作为工序管理调度和生产指令决策的依据。

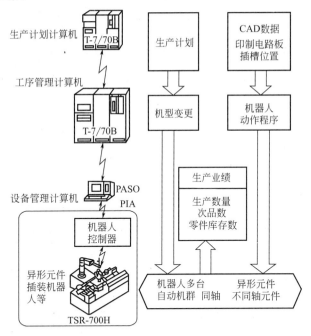

图 9-33　机器人装配线的生产信息管理系统

现有许多采用机器人的装配线已在家电产品生产现场运转，它们能适应多种产量与品种组合生产，有的生产线甚至一天 24h 连续运转。采用机器人进行装配的主要目的是降低成本，稳定质量，装配线引进机器人还有对早期建立的装配线易于进行改建的优点。

9.7.2　装配单元

还有一种装配单元的系统在中小批量产品装配生产自动化中发挥着作用，如图 9-34 所示，输送带上排列着两种类型的连杆，两台机器人承担涂抹润滑脂、压装轴承、卡箍、安装轴、链轮、碟形弹簧等多道装配作业。

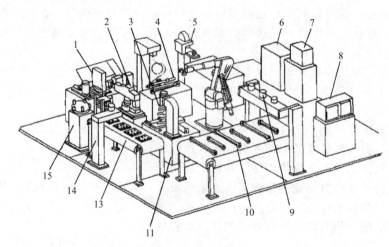

图 9-34　装配单元

1—给料器；2—装配机器人；3—润滑脂涂抹器；4—螺栓紧固器；5—加热护；6,7—机器人控制器；
8—视觉监视器；9,12,14—摄像机；10,13—传送带；11—压装机；15—工作台

（1）装配单元的概念　是以极少数的机器人完成多种装配作业，生产成品或半成品的装配系统。

（2）装配单元的构成　通常以机器人为中心，并有诸多周边设备，如零件供给装置、工件输送装置、夹具、涂抹器等与之配合，此外还常备有可换手等。如果零件的种类过多，整个系统将过于庞大，效率降低，这是不可取的。

（3）装配单元的应用　装配单元中，机器人的数量可根据产量选定，而零件供给装置等周边设备则视零件和作业的种类而定。与装配线比较，产量越少，装配单元的投资越大。装配单元今后尚待研究的问题有零件的供给方式和手的更换等。

9.7.3　装配机器人

装配机器人的组成分为手臂、手（手爪）、控制器、示教盒、传感器等几大部分。

（1）手臂　是装配机器人的主机部分，由若干驱动机构和支持部分组成。为适应各种用途，它有不同组成方式和尺寸。关节型机器人几乎都采取电机驱动方式，伺服电机速度快，容易控制，只有部分廉价的机器人采用步进电机。

（2）手爪　安装在手部前端，担负抓握对象的任务，相当于人手的功能。事实上用一种手爪很难适应形状各异的工件，通常按抓拿对象的不同需要设计特定的手爪。最近开始在一些机器人上配备各种可换手，以增加通用性。手爪的驱动以压缩空气居多，电机驱动的也占有一定比例。

（3）控制器　其作用是记忆机器人的动作，对手臂和手爪实施控制。控制器的核心是微型计算机，它能完成动作程序、手臂位置的记忆、程序的执行、动作状态的诊断、与传感器的信息交流、状态显示等功能。

（4）示教盘　主要由显示部分和输入键组成，用来输入程序，显示机器人的状态等。这是人机对话的主要渠道，显示部分一般采用 LCD。

9.7.4　装配机器人的周边设备

机器人进行装配作业时，除上面提到的机器人主机、手爪、传感器外，零件供给装置和

工件搬运装置也至为重要。无论从投资额的角度还是从安装占地面积的角度，它们往往比机器人主机所占的比例大。周边设备常由可编控制器控制，此外一般还要有台架、安全栏等。

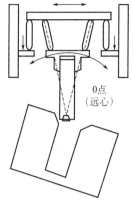

（1）手　由于手、双指气动手价格便宜，因而经常使用。该手的手指可以平行移动，有些手指可转动，一次能抓握几个零件。如果赋予手腕柔顺性，便可以在一定程度上消除装配时零件相互的定位误差，对配合作业很有利。图 9-35 所示是一个典型的柔顺手，称为远心柔顺（RCC）装置。

（2）传感器　装配机器人经常使用的传感器有视觉传感器、触觉传感器、接近觉传感器和力传感器等。

① 视觉传感器主要用于零件或工件位置补差，零件的判别、确认等。

图 9-35　RCC 的构造

② 触觉和接近觉传感器一般固定在指端，用来补偿零件或工件的位置误差，防止碰撞等。恰当地配置传感器，能有效地降低机器人的价格，改善它的性能。

③ 力传感器一般装在腕部，用来检测腕部受力情况，在精密装配或去飞边一类需要力控制的作业中使用。

（3）零件供给器　零件供给器的作用是保证机器人能逐个正确地抓拿待装配零件，保证装配作业正常进行。机器人利用视觉和触觉传感技术已经达到能够从散堆（适度的堆积）状态把零件分拣出来的水平，部分技术已投入实用。

① 用振动或回转机构把零件排齐，并逐个送到指定位置。送料器以输送小零件为主，实际上在引入装配机器人以前已有许多专用给料设备在小零件的装配线上服务。

② 大零件或易磕碰划伤的零件加工完毕后，一般应码放在称为"托盘"的容器中运输。托盘装置能按一定精度要求把零件送到给定位置，然后再由机器人一个一个取出。由于托盘容纳的零件有限，所以托盘装置往往带有托盘自动更换机构。

③ IC 零件通常排列在长形料盘内输送，对薄片状零件也有许多巧妙的方法，如码放若干层，机器人逐个取走装配等。

（4）输送装置　在机器人装配线上，输送装置承担把工件搬运到各作业地点的任务。输送装置中以传送带居多。从理论上讲，零件即使随传送带一起移动，借助传感器机器人也能实现所谓"动态"装配，但原则上作业时工件都处于静止，所以最常采用的传送带为游离式，这样，装载工件的托盘容易同步停止。输送装置的技术问题是停止精度、停止时间的冲击和减振，减振器可用来吸收冲击能。

思　考　题

1. 在 ISO 标准中机器人是如何定义的？
2. 机器人系统由哪几部分组成？各部分包含哪些内容？
3. 什么是机器人的自由度？
4. 机器人有哪些典型机械结构形式？请画出它们的机构简图。
5. 简述机器人的特点及对控制功能的基本要求。
6. 点位控制方式（PTP 控制）与连续轨迹控制方式（CP 控制）的特点与区别是什么？
7. 简述机器人伺服控制系统的构成与各部分的作用。
8. 气动机器人有哪些特征？

9. 试画出气动机器人驱动系统和气动执行机构的工作框图。

10. 气动机器人的气缸动作组成有哪些？如何配合？

11. 双足步行机器人的控制回路由哪些环节构成？

12. 双足步行机器人的软件的构成是什么？

13. 机器人的典型应用有哪些？

参 考 文 献

[1] 中国机械工业教育协会组．机电控制技术．北京：机械工业出版社，2001．
[2] 郭宗仁，吴亦锋，郭宁明．可编程序控制器应用系统设计及通信网络技术．北京：人民邮电出版社，2009．
[3] 吴志敏，阳胜峰．西门子PLC与变频器、触摸屏综合应用教程．北京：中国电力出版社，2009．
[4] 陈浩．案例解说PLC、触摸屏及变频器综合应用．北京：中国电力出版社，2007．
[5] 芮延年．机电一体化原理及应用．苏州：苏州大学出版社，2004．
[6] 三浦宏文．机电一体化实用手册．杨晓辉译．北京：科学出版社，2007．